信息安全工程师考前冲刺 100 题
（第二版）

施　游　朱小平　编著

中国水利水电出版社
www.waterpub.com.cn
·北京·

内 容 提 要

全国计算机技术与软件专业技术资格（水平）考试（简称“软考”），是目前行业内最具权威的资格水平考试。信息安全工程师考试属于中级软考，通过该考试并获得证书的人员，即已具备从事相应专业岗位工作的水平和能力。

信息安全工程师考试涉及知识面广、考点繁多，对于应试者存在较大的复习难度。本书根据作者多年的软考培训经验，以及对最新考试出题趋势的研判，对信息安全工程师考试的关键知识点及其考核方式进行了精心梳理，并对典型题目进行了分析、归类、整理、总结。全书通过思维导图描述整个考试的知识体系，以典型题目带动知识点进行复习并阐述解题的方法和技巧；通过对题目的选择和分析来覆盖考试大纲中的重点、难点及疑点。本书搭配《信息安全工程师5天修炼》（第二版）联合学习效果更好。

本书可作为参加信息安全工程师考试考生的自学用书，也可作为软考培训班的教材或培训辅导用书。

图书在版编目（CIP）数据

信息安全工程师考前冲刺100题 / 施游，朱小平编著.
2 版. -- 北京 : 中国水利水电出版社，2024. 7.
ISBN 978-7-5226-2539-3

Ⅰ. TP309-44

中国国家版本馆CIP数据核字第2024KS2590号

策划编辑：周春元　责任编辑：王开云　加工编辑：刘铭茗　封面设计：李　佳

书　　名	信息安全工程师考前冲刺100题（第二版） XINXI ANQUAN GONGCHENGSHI KAOQIAN CHONGCI 100 TI
作　　者	施　游　朱小平　编著
出版发行	中国水利水电出版社 （北京市海淀区玉渊潭南路1号D座　100038） 网址：www.waterpub.com.cn E-mail：mchannel@263.net（答疑） sales@mwr.gov.cn 电话：（010）68545888（营销中心）、82562819（组稿）
经　　售	北京科水图书销售有限公司 电话：（010）68545874、63202643 全国各地新华书店和相关出版物销售网点
排　　版	北京万水电子信息有限公司
印　　刷	三河市鑫金马印装有限公司
规　　格	184mm×240mm　16开本　17.5印张　422千字
版　　次	2020年2月第1版　2020年2月第1次印刷 2024年7月第2版　2024年7月第1次印刷
印　　数	0001—3000册
定　　价	58.00元

本书编委会

前　　言

全国计算机技术与软件专业技术资格（水平）考试是国内难度最大的计算机专业资格考试之一。自信息安全工程师开考以来，考试风格还没有完全确定下来，所以其通过率往往在 8%～20% 之间，考试本身具有一定难度。

对于这种应试型的考试来说，“采用题海战术”确实是不二法门。但问题是，互联网上的习题成千上万，是不是都需要做一遍呢？考生是否有足够的时间来做大量的习题呢？

“采用题海战术”只是考试通关手段的一种表象，通过题海战术应付考试，其有效的真实原因是“大规模地做题使知识点掌握得更全面”，是做题者命中了知识点，而不是题海战术本身。但在时间和精力有限的情况下，考生根本没有足够的时间采用题海战术，那要提高命中率，应该怎么办呢？

信息安全工程师考试中，基础知识考试有 75 道选择题，应用技术考试有 5 道案例题。编者通过研究信息安全工程师考试发现，该考试涉及的知识点往往也就 100 多个，大量的题目围绕着有限的知识点反复考核，一模一样的题目再次出现的概率也不低。为此，我们总结了信息安全工程师考试常考的知识点，并选出了具有代表性的题目。通过学习本书，可以让你有效规避题海战术却达到题海战术的效果。

本书作为“攻克要塞”软考冲刺 100 题系列教辅之一，秉承了软考冲刺 100 题系列一贯的风格，即通过关键题目来攻克知识难点和重点，花较少的时间来通过软考。因此，本书侧重点仍然在“题”，做典型的题，掌握典型的知识点。本书结构上完全匹配《信息安全工程师 5 天修炼》（第二版）一书，这样方便读者把握考试的考点侧重，并结合《信息安全工程师 5 天修炼》（第二版）一书展开复习。

感谢学员在教学过程中给予的反馈！

感谢合作培训机构给予的支持！

感谢中国水利水电出版社在此套丛书上的尽心尽力！

编者团队自知本书并不完美，研发团队也必然会持续完善本书。在阅读过程中，如果您有任何想法和建议，欢迎关注“攻克要塞”公众号，与编者团队进行交流。

编者

2024 年 1 月

目　录

前言
第 1 章　网络与信息安全概述 …… 1
1.1　信息安全的研究方向与现状 …… 1
1.2　信息安全的基本要素 …… 2
1.3　信息安全的目标和功能 …… 3
1.4　信息安全理论基础 …… 4
1.5　信息系统安全层次 …… 5
1.6　信息安全管理 …… 6
1.7　计算机系统安全 …… 6
第 2 章　网络安全法律与标准 …… 8
2.1　信息安全法律法规 …… 8
2.1.1　信息安全法律法规体系 …… 8
2.1.2　安全法规 …… 9
2.1.3　安全政策 …… 13
2.2　信息安全标准 …… 15
2.2.1　标准体系 …… 15
2.2.2　标准化组织 …… 15
2.2.3　信息安全管理标准 …… 16
第 3 章　密码学基础 …… 18
3.1　密码学基本概念 …… 19
3.1.1　密码体制 …… 19
3.1.2　古典密码及破译方法 …… 20
3.1.3　量子算法 …… 23
3.1.4　常用加密算法汇总分析 …… 24
3.2　分组密码 …… 24
3.2.1　分组密码的概念 …… 24
3.2.2　DES …… 25
3.2.3　IDEA …… 27
3.2.4　AES …… 28
3.2.5　SM1 和 SM4 …… 29
3.3　Hash 函数 …… 30
3.3.1　Hash 函数的安全性 …… 30
3.3.2　MD5 与 SHA-1 算法 …… 30
3.3.3　SM3 …… 31
3.4　公钥密码体制 …… 31
3.4.1　RSA 密码 …… 31
3.4.2　Diffie-Hellman 与 ElGamal 体制 …… 34
3.4.3　椭圆曲线与 SM2 …… 34
3.5　数字签名 …… 36
3.5.1　数字签名概述 …… 36
3.5.2　SM9 …… 37
3.6　密码管理 …… 38
3.6.1　密码管理过程 …… 38
3.6.2　对称密钥分配（Kerberos） …… 38
3.6.3　非对称密钥分配 …… 40
3.7　数字证书 …… 41
第 4 章　安全体系结构 …… 44
4.1　安全模型 …… 44
4.1.1　常见安全模型 …… 44
4.1.2　BLP 与 Biba 安全特性比较 …… 46
4.1.3　能力成熟度模型 …… 47
4.2　网络安全原则 …… 48
4.3　网络安全体系 …… 50
4.3.1　ISO 安全体系结构 …… 50
4.3.2　通用网络安全体系 …… 51
第 5 章　认证 …… 52
5.1　认证概述 …… 52

5.2 认证依据……53
5.3 常见的认证过程……53
5.4 常见的认证技术……54
5.4.1 口令认证……54
5.4.2 智能卡……55
5.4.3 单点登录……56
5.4.4 生物特征认证……56
5.4.5 其他认证方式……57
第 6 章 计算机网络基础……59
6.1 网络体系结构……60
6.1.1 OSI 参考模型……60
6.1.2 TCP/IP 参考模型……60
6.2 物理层……61
6.3 数据链路层……62
6.4 网络层……64
6.5 传输层……67
6.5.1 TCP……67
6.5.2 UDP……69
6.6 应用层……70
6.6.1 DNS……70
6.6.2 DHCP……71
6.6.3 WWW、HTTP……72
6.6.4 E-mail……73
6.6.5 FTP……74
6.6.6 SNMP……74
6.6.7 其他应用协议……75
6.7 网络安全协议……76
6.7.1 RADIUS……76
6.7.2 SSL、TLS……76
6.7.3 HTTPS 与 S-HTTP……77
6.7.4 S/MIME……78
第 7 章 物理和环境安全……80
7.1 物理安全……80
7.2 威胁物理安全的手段……81
7.3 机房安全……82
7.4 《信息安全技术 信息系统物理安全技术要求》……82
7.5 线路与设备安全……83
第 8 章 网络攻击原理……84
8.1 网络攻击分类……85
8.2 网络攻击模型……86
8.3 网络攻击过程……87
8.4 常见的网络攻击……87
8.5 常见的网络攻击工具……93
第 9 章 访问控制……95
9.1 访问控制基本概念……95
9.2 访问控制机制……96
9.3 访问控制类型……97
9.4 访问控制的管理……98
9.5 访问控制产品……99
第 10 章 VPN……100
10.1 VPN 隧道技术……100
10.2 IPSec……102
10.3 VPN 产品……103
第 11 章 防火墙……104
11.1 防火墙体系结构……104
11.2 常见的防火墙技术……106
11.3 防火墙规则……107
11.4 ACL……108
11.5 NAT……109
11.6 网络协议分析与流量监控……110
第 12 章 IDS 与 IPS……112
12.1 IDS……112
12.2 IPS……115
第 13 章 漏洞扫描与物理隔离……116
13.1 漏洞扫描概述……116
13.2 物理隔离……118
第 14 章 网络安全审计……120
14.1 安全审计系统基本概念……120
14.2 安全审计系统基本组成与类型……121

14.3 安全审计技术与产品 …………………… 122
第 15 章 恶意代码防范 …………………… 123
15.1 恶意代码概述 …………………… 123
15.2 计算机病毒 …………………… 125
15.3 木马 …………………… 126
15.4 蠕虫 …………………… 127
15.5 僵尸网络 …………………… 128
15.6 APT …………………… 129
15.7 逻辑炸弹、陷门、间谍软件、细菌 …… 129
第 16 章 网络安全主动防御 …………………… 130
16.1 黑名单与白名单 …………………… 130
16.2 流量清洗 …………………… 131
16.3 可信计算 …………………… 131
16.4 信息隐藏 …………………… 132
16.5 数字水印 …………………… 132
16.6 隐私保护 …………………… 134
16.7 网络陷阱 …………………… 135
16.8 匿名网络 …………………… 136
16.9 入侵容忍与系统生存技术 …………………… 137
第 17 章 网络设备与无线网安全 …………………… 138
17.1 交换机安全 …………………… 139
17.2 路由器安全 …………………… 139
17.3 VPN …………………… 140
17.4 无线网络安全 …………………… 141
第 18 章 操作系统安全 …………………… 145
18.1 操作系统安全概述 …………………… 146
18.2 Windows 基础 …………………… 148
18.3 Windows 安全策略 …………………… 149
18.4 Windows 安全体系 …………………… 150
18.5 Linux 基础 …………………… 151
18.6 Linux 命令 …………………… 152
18.7 Linux/UNIX 安全体系 …………………… 153
第 19 章 数据库系统安全 …………………… 155
19.1 数据库安全概述 …………………… 155
19.2 网络存储与备份 …………………… 157
19.3 数据库系统安全 …………………… 158
19.4 大数据安全 …………………… 160
第 20 章 网站安全与电子商务安全 …………………… 161
20.1 Web 安全威胁与防护 …………………… 161
20.2 Apache 系统安全 …………………… 163
20.3 IIS 安全 …………………… 164
20.4 电子商务安全 …………………… 165
第 21 章 云、工业控制、移动应用安全 …………………… 168
21.1 云安全 …………………… 168
21.2 工业控制安全 …………………… 169
21.3 移动互联网安全 …………………… 169
第 22 章 安全风险评估 …………………… 171
22.1 安全评估概念 …………………… 171
22.2 风险评估过程 …………………… 172
22.3 安全风险评估方法 …………………… 174
第 23 章 安全应急响应 …………………… 176
23.1 网络安全事件 …………………… 176
23.2 应急事件处置流程 …………………… 177
23.3 网络安全事件应急演练 …………………… 178
23.4 网络安全应急响应技术与常见工具 …… 178
23.5 计算机取证 …………………… 179
第 24 章 安全测评 …………………… 181
24.1 安全测评标准 …………………… 181
24.2 安全测评类型 …………………… 182
24.3 安全测评流程与内容 …………………… 182
24.4 安全测评技术与工具 …………………… 183
第 25 章 信息安全管理 …………………… 184
25.1 密码管理 …………………… 184
25.2 网络管理 …………………… 185
25.3 设备管理 …………………… 186
25.4 人员管理 …………………… 187
第 26 章 信息系统安全 …………………… 189
26.1 信息系统安全体系 …………………… 189
26.2 信息系统安全的开发构建 …………………… 191
第 27 章 案例分析 …………………… 192

27.1 密码学概念题 …… 192
试题一（共 15 分） …… 192
试题二（共 11 分） …… 193
试题三（共 13 分） …… 194
27.2 安全工具与设备配置题 …… 197
试题一（共 19 分） …… 197
试题二（共 20 分） …… 200
试题三（共 15 分） …… 202
试题四（共 20 分） …… 204
试题五（共 20 分） …… 206
27.3 访问控制 …… 210
试题一（共 10 分） …… 210
试题二（共 14 分） …… 212
27.4 程序安全与缓冲区溢出题 …… 214
试题一（共 8 分） …… 214
试题二（共 12 分） …… 216
试题三（共 15 分） …… 219
试题四（共 17 分） …… 222
27.5 符号化过程题 …… 225
试题一（共 18 分） …… 225
试题二（共 10 分） …… 226
27.6 Windows 安全配置 …… 228
试题一（共 6 分） …… 228
试题二（共 18 分） …… 230
27.7 Linux 安全配置 …… 234
试题一（共 15 分） …… 234
试题二（共 20 分） …… 235
27.8 恶意代码防护题 …… 238
试题一（共 15 分） …… 238
27.9 密码学算法题 …… 240
试题一（共 16 分） …… 240
试题二（共 17 分） …… 243
第 28 章 模拟试题 …… 246
28.1 基础知识试题 …… 246
28.2 应用技术试题 …… 254
试题一（15 分） …… 254
试题二（15 分） …… 255
试题三（15 分） …… 256
试题四（15 分） …… 258
试题五（15 分） …… 259
28.3 基础知识试题分析 …… 259
28.4 应用技术试题分析 …… 266
参考文献 …… 270

第1章 网络与信息安全概述

本章考点知识结构图如图 1-0-1 所示。

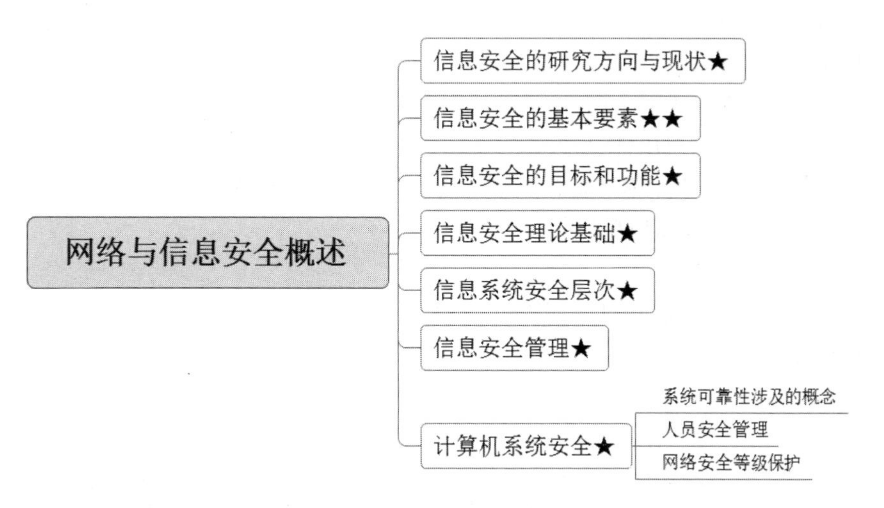

图 1-0-1　考点知识结构图

注：★号数量代表知识点的重要性，★越多代表知识点越重要。
例如：★代表零星考点，★★★★★代表非常重要的考点，下同。

1.1　信息安全的研究方向与现状

知识点综述

信息安全的研究方向包含密码学、网络安全、信息系统安全、信息内容安全、信息对抗等。

参考题型

- 网络空间安全的核心是______。

  A．信息安全　　B．信息处理　　C．信息传输　　D．信息存储

  ■ 试题分析 网络空间是所有信息系统的集合，网络空间安全的核心是信息安全。网络空间安全学科是研究信息的获取、存储、传输、处理等领域中信息安全保障问题的一门学科。

  ■ 参考答案 A

1.2 信息安全的基本要素

知识点综述

信息安全的基本要素主要包括机密性、完整性、可用性、可控性、可审查性等。扩展属性包括完整性、可用性、可控性等。虽然只是基本概念，但比较重要，基础知识与应用技术考试中都会涉及，考查的分值也不低。

参考题型

- 信息安全等级保护工作中，使用__（1）__三种属性即 C.I.A 划分信息系统的安全等级。

  A．完整性、可用性、可控性

  B．完整性、可用性、可审查性

  C．可用性、可控性、可审查性

  D．机密性、完整性、可用性

  ■ 试题分析 信息安全等级保护工作中，使用机密性、完整性、可用性三种属性划分信息系统的安全等级，这三个属性统称 C.I.A。

  ■ 参考答案 （1）D

- 网络信息不泄露给非授权的用户、实体或程序，能够防止非授权者获取信息的属性是指网络信息安全的__（2）__。

  A．完整性　　B．机密性　　C．抗抵赖性　　D．隐私性

  ■ 试题分析

  机密性：网络信息不泄露给非授权的用户、实体或程序，能够防止非授权者获取信息。

  完整性：网络信息或系统未经授权不能进行更改的特性。

  抗抵赖性：防止网络信息系统相关用户否认其活动行为的特性。

  隐私性：有关个人的敏感信息不对外公开的安全属性。

  ■ 参考答案 （2）B

- 在信息安全防护体系设计中，保证“信息系统中数据不被非法修改、破坏、丢失等”是为了达到防护体系的__（3）__目标。

  A．可用性　　B．保密性　　C．可控性　　D．完整性

  ■ 试题分析 保证“信息系统中数据不被非法修改、破坏、丢失等”是为了达到防护体系的

完整性目标。

■ **参考答案** （3）D

● 从安全属性对各种网络攻击进行分类，阻断攻击是针对<u>（4）</u>的攻击。

A. 机密性　　B. 可用性　　C. 完整性　　D. 真实性

■ **试题分析** 阻断攻击是针对可用性的攻击。该攻击针对计算机或网络系统，使得其资源变得不可用或不能用。

■ **参考答案** （4）B

● 如果未经授权的实体得到了数据的访问权，这属于破坏了信息的<u>（5）</u>。

A. 可用性　　B. 完整性　　C. 机密性　　D. 可控性

■ **试题分析** 机密性：保证信息不泄露给未经授权的进程或实体，只供授权者使用。

■ **参考答案** （5）C

● 确保信息仅被合法实体访问，而不被泄露给非授权的实体或供其利用的特性是指信息的<u>（6）</u>。

A. 完整性　　B. 可用性　　C. 保密性　　D. 不可抵赖性

■ **试题分析** 保密性：信息仅被合法用户访问（浏览、阅读、打印等），不被泄露给非授权的用户、实体或过程。

■ **参考答案** （6）C

● 未授权的实体得到了数据的访问权，这属于安全的<u>（7）</u>。

A. 机密性　　B. 完整性　　C. 合法性　　D. 可用性

■ **试题分析** 密码学的安全目标至少包含以下三个方面：

1）**保密性（Confidentiality）**：又称机密性，信息仅被合法用户访问（浏览、阅读、打印等），不被泄露给非授权的用户、实体或过程。

提高保密性的手段有：防侦察、防辐射、数据加密、物理保密等。

2）**完整性（Integrity）**：资源只有授权方或以授权的方式进行修改，所有资源没有授权则不能修改。保证数据完整性，就是保证数据不能被偶然或者蓄意地编辑（修改、插入、删除、排序）或者攻击（伪造、重放）。

影响完整性的因素有：故障、误码、攻击、病毒等。

3）**可用性（Availability）**：资源只有在适当的时候被授权方访问，并按需求使用。

保证可用性的手段有身份识别与确认、访问控制等。

■ **参考答案** （7）A

1.3 信息安全的目标和功能

知识点综述

网络安全的目标就是五个基本安全属性，即完整性、机密性、可用性、可控性、抗抵赖性。要实现网络安全的五个基本目标，网络应具备防御、监测、应急、恢复等基本功能。

参考题型

- 信息网络安全的基本功能中，______的含义是针对突发安全事件、网络攻击所采取的安全措施。

  A．监测　　B．防御　　C．监听　　D．恢复

  ■ 试题分析 防御是针对突发安全事件、网络攻击所采取的安全措施；恢复是发生突发安全事件后，所采取的恢复网络、系统正常的措施。

  ■ 参考答案 B

1.4　信息安全理论基础

知识点综述

信息安全理论基础包含的学科有：

（1）通用理论基础：包含数学、信息理论、计算理论。

（2）特有理论基础：包含访问控制理论、博弈论、密码学。

参考题型

- 1949 年，__（1）__发表了题为《保密系统的通信理论》的文章，为密码技术的研究奠定了理论基础，由此密码学成了一门科学。

  A．Shannon　　B．Diffie　　C．Hellman　　D．Shamir

  ■ 试题分析 《保密系统的通信理论》是香农（Claude Elwood Shannon）关于信息论的一篇著名论文。

  ■ 参考答案 （1）A

- __（2）__的定义是，一些个人、团队、组织面对一定的环境条件，在一定的规则约束下，依靠掌握的信息，同时或先后，一次或多次，从各自允许选择的行为或策略进行选择并实施，并各自取得相应结果或收益的过程。

  A．访问控制理论　　B．密码学　　C．博弈论　　D．信息学

  ■ 试题分析 博弈论：一些个人、团队、组织面对一定的环境条件，在一定的规则约束下，依靠掌握的信息，同时或先后，一次或多次，从各自允许选择的行为或策略进行选择并实施，并各自取得相应结果或收益的过程。

  访问控制理论：包含各种访问控制模型、授权理论。

  密码学：研究编制密码和破译密码的技术科学。

  信息学：研究信息的产生、获取、传输、处理、分类、识别、存储及利用的学科。

  ■ 参考答案 （2）C

- 信息理论属于信息安全理论的通用理论基础，__（3）__不属于信息理论。

  A．信息论　　B．控制论　　C．系统论　　D．博弈论

  ■ 试题分析 信息理论包含信息论、控制论、系统论，不包含博弈论。

  ■ 参考答案 （3）D

1.5 信息系统安全层次

知识点综述

信息系统安全层次可以划分为设备安全、数据安全、内容安全、行为安全四个层次。

参考题型

- 信息系统安全可以划分为四个层次。其中，设备稳定性表示设备在一定时间内不出故障的概率。则该性质应该属于信息系统安全层次中的__（1）__。

A．设备安全　　B．数据安全

C．内容安全　　D．行为安全

■ **试题分析** 信息系统安全可以划分为四个层次，具体见表1-5-1。

表1-5-1 信息系统安全层次

层次	属性	说明
设备安全	设备稳定性	设备一定时间内不出故障的概率
	设备可靠性	设备一定时间内正常运行的概率
	设备可用性	设备随时可以正常使用的概率
数据安全	数据秘密性	数据不被未授权方使用的属性
	数据完整性	数据保持真实与完整，不被篡改的属性
	数据可用性	数据随时可以正常使用的概率
内容安全	政治健康	略
	合法合规	
	符合道德规范	
行为安全	行为秘密性	行为的过程和结果是秘密的，不影响数据的秘密性
	行为完整性	行为的过程和结果可预期，不影响数据的完整性
	行为可控性	可及时发现、纠正、控制偏离预期的行为

■ **参考答案** （1）A

- 行为秘密性表示行为的过程和结果是秘密的，不影响数据的秘密性。该属性属于信息系统安全层次中的__（2）__。

A．设备安全　　B．数据安全

C．内容安全　　D．行为安全

■ **试题分析** 行为秘密性表示行为的过程和结果是秘密的，不影响数据的秘密性。该属性属于信息系统安全层次中的行为安全。

■ **参考答案** （2）D

1.6 信息安全管理

知识点综述

信息安全管理是信息安全管理方法、依据、流程、工具、评估等工作集合的总称。

信息安全管理要素包含：网络管理对象、网络脆弱性、网络威胁、网络风险、网络保护措施等。

参考题型

● 网络信息系统的整个生命周期包括：网络信息系统规划、网络信息系统设计、网络信息系统集成与实现、网络信息系统运行和维护、网络信息系统废弃 5 个阶段。网络信息安全管理重在过程，其中网络信息安全风险评估属于________阶段。

A．网络信息系统规划　　B．网络信息系统设计

C．网络信息系统集成与实现　　D．网络信息系统运行和维护

■ **试题分析** 网络信息系统规划阶段包含的安全活动有网络信息安全风险评估、标识网络信息安全目标、标识网络信息安全需求。

■ **参考答案** A

1.7 计算机系统安全

知识点综述

计算机系统安全是指为了保证计算机信息系统安全可靠运行，确保计算机信息系统在对信息进行采集、处理、传输、存储过程中，不受到人为（包括未授权使用计算机资源的人）或自然因素的危害，而使信息丢失、泄露或破坏，对计算机设备、设施（包括机房建筑、供电、空调等）、环境人员等采取适当的安全措施。

参考题型

● 人员安全管理是提高系统安全的最有效的一种手段。签订保密协议应该在人员安全管理的__（1）__时间段完成。

A．受聘前　　B．在聘中　　C．离职　　D．以上均可

■ **试题分析** 人员安全管理按受聘前、在聘中、离职三个时间段来实施。其中，“在聘中”阶段内人员安全管理的措施包含签订保密协议，实施访问控制、进行定期考核和评价等。

■ **参考答案** （1）B

● 容灾的目的和实质是__（2）__。

A．实现对系统数据的备份　　B．提升用户的安全预期

C．保持信息系统的业务持续性　　D．信息系统的必要补充

■ **试题分析** 容灾系统是指在相隔较远的异地，建立两套以上功能相同的系统，各系统之间相互监视健康状态便于进行切换，当一处系统因意外（如火灾、地震等）停止工作时，整个应用系

统可以切换到另一处，使得该系统功能可以继续正常工作。

容灾的目的和实质是保持信息系统的业务持续性。

■ **参考答案** （2）C

● 设备 A 的可用性为 0.98，如图 1-7-1 所示将设备 A 并联以后的可用性为<u>（3）</u>。

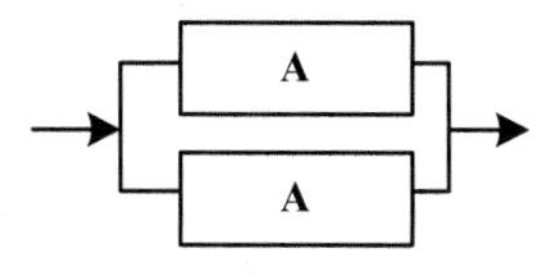

图 1-7-1 习题用图

A．0.9604　　B．0.9800　　C．0.9996　　D．0.9999

■ **试题分析** 并联系统可用性公式为 $R=1-(1-R1)\times(1-R2)\times\cdots\cdots\times(1-Rn)$

其中，$R1$ 和 $R2$ 均为 0.02，则 $R=1-0.02\times0.02=0.9996$。

■ **参考答案** （3）C

第2章

网络安全法律与标准

本章考点知识结构图如图 2-0-1 所示。

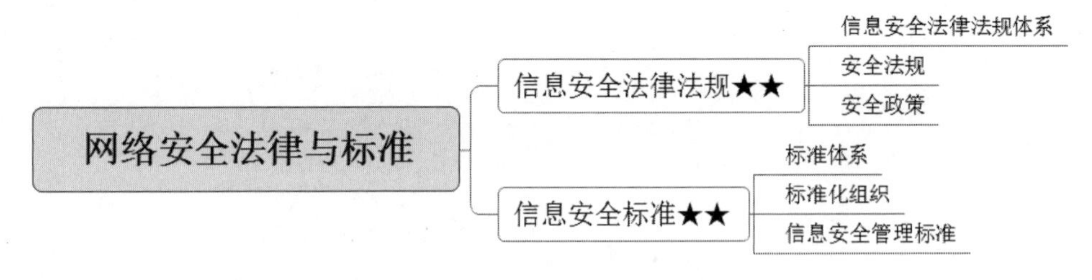

图 2-0-1　考点知识结构图

2.1　信息安全法律法规

2.1.1　信息安全法律法规体系

知识点综述

我国信息安全法规体系可以分为四层，分别为一般性法律规定、规范和惩罚信息网络犯罪的法律、直接针对信息安全的特别规定、具体信息安全技术和信息安全管理的具体规范。

参考题型

● 下列四个选项中，＿（1）＿属于规范和惩罚信息网络犯罪的法律。

A.《中华人民共和国刑法》　　B.《商用密码管理条例》

C.《计算机病毒防治管理办法》　　D.《计算机软件保护条例》

■ **试题分析**　我国信息安全法规体系可以分为四层，具体见表 2-1-1。

表 2-1-1　我国信息安全法规体系

法律层面	具体对应的法律、法规
一般性法律规定	《中华人民共和国宪法》《中华人民共和国国家安全法》《中华人民共和国保守国家秘密法》《中华人民共和国治安管理处罚条例》等 虽然没有专门针对信息安全的条款，但约束了信息安全相关的行为
规范和惩罚信息网络犯罪的法律	《中华人民共和国刑法》《全国人大常委会关于维护互联网安全的决定》
直接针对信息安全的特别规定	《中华人民共和国计算机信息系统安全保护条例》《中华人民共和国电信条例》《中华人民共和国计算机信息网络国际联网管理暂行规定》《计算机信息网络国际联网安全保护管理办法》
具体信息安全技术和信息安全管理的具体规范	《商用密码管理条例》《计算机病毒防治管理办法》《计算机软件保护条例》《中华人民共和国电子签名法》《金融机构计算机信息系统安全保护工作暂行规定》《计算机信息系统国际联网保密管理规定》

■ **参考答案**　（1）A

- 我国信息安全法规体系可以分为四层，分别为一般性法律规定、规范和惩罚信息网络犯罪的法律、直接针对信息安全的特别规定、具体信息安全技术和信息安全管理的具体规范。《中华人民共和国国家安全法》属于__（2）__。

  A．一般性法律规定

  B．规范和惩罚信息网络犯罪的法律

  C．直接针对信息安全的特别规定

  D．具体信息安全技术和信息安全管理的具体规范

■ **试题分析**　《中华人民共和国宪法》《中华人民共和国国家安全法》《中华人民共和国保守国家秘密法》《中华人民共和国治安管理处罚条例》等属于一般性法律规定。

■ **参考答案**　（2）A

2.1.2　安全法规

知识点综述

安全法规相关知识点包含《中华人民共和国刑法》对计算机犯罪规定、刑法追责的四类行为、《中华人民共和国网络安全法》《中华人民共和国计算机信息系统安全保护条例》《中华人民共和国保守国家秘密法实施条例》及其他安全法律法规等。考试主要考查《中华人民共和国网络安全法》《中华人民共和国计算机信息系统安全保护条例》等相关知识。

参考题型

- 2017 年 6 月 1 日，__（1）__开始施行。

  A．《中华人民共和国计算机信息系统安全保护条例》

  B．《计算机信息系统国际联网保密管理规定》

C.《中华人民共和国网络安全法》

D.《中华人民共和国电子签名法》

■ 试题分析 2017年6月1日，《中华人民共和国网络安全法》开始施行。

■ 参考答案 （1）C

- 2016年11月7日，十二届全国人大常委会第二十四次会议以154票赞成，1票弃权，表决通过了《中华人民共和国网络安全法》。该法律由全国人民代表大会常务委员会于2016年11月7日发布，自__（2）__起施行。

A．2017年1月1日　　B．2017年6月1日

C．2017年7月1日　　D．2017年10月1日

■ 试题分析 《中华人民共和国网络安全法》是为保障网络安全，维护网络空间主权、国家安全和社会公共利益，保护公民、法人和其他组织的合法权益，促进经济社会信息化健康发展制定。《中华人民共和国网络安全法》由全国人民代表大会常务委员会于2016年11月7日发布，自2017年6月1日起施行。

■ 参考答案 （2）B

- 《中华人民共和国网络安全法》明确了国家落实网络安全的职能部门和职责，其中明确规定由__（3）__负责统筹协调网络安全工作和相关监督管理工作。

A．中央网络安全与信息化小组　　B．国务院

C．国家网信部门　　D．国家公安部门

■ 试题分析 《中华人民共和国网络安全法》将现行有效的网络安全监管体制法制化，明确了网信部门与其他相关网络监管部门的职责分工。第八条规定，国家网信部门负责统筹协调网络安全工作和相关监督管理工作，国务院电信主管部门、公安部门和其他有关机关依法在各自职责范围内负责网络安全保护和监督管理工作。这种“1+X”的监管体制，符合当前互联网与现实社会全面融合的特点和满足我国监管需要。

■ 参考答案 （3）C

- 《中华人民共和国网络安全法》第五十八条明确规定，因维护国家安全和社会公共秩序，处置重大突发社会安全事件的需要，经__（4）__决定或者批准，可以在特定区域对网络通信采取限制等临时措施。

A．国务院　　B．国家网信部门

C．省级以上人民政府　　D．网络服务提供商

■ 试题分析 第五十八条 因维护国家安全和社会公共秩序，处置重大突发社会安全事件的需要，经国务院决定或者批准，可以在特定区域对网络通信采取限制等临时措施。

■ 参考答案 （4）A

- 计算机犯罪是指利用信息科学技术且以计算机跟踪对象的犯罪行为，与其他类型的犯罪相比，具有明显的特征，下列说法中错误的是__（5）__。

A．计算机犯罪具有隐蔽性

B. 计算机犯罪具有高智能性，罪犯可能掌握一些其他高科技手段

C. 计算机犯罪具有很强的破坏性

D. 计算机犯罪没有犯罪现场

■ **试题分析** 计算机犯罪与其他类型的犯罪相比，具有以下明显的特征：

第一，隐蔽性强。计算机系统被侵犯了而管理员、信息拥有者可能毫不知情；此外，侵入者很难留下个人信息。

第二，高智能性。与先进的信息科学密切相关，罪犯可能掌握一些高科技手段。

第三，破坏性强。计算机犯罪中的小操作可能造成巨大破坏。

第四，无传统犯罪现场。计算机犯罪只有数字空间的犯罪现场，包含受害人的计算机系统、中间途径、计算机系统组成的网络等。

第五，侦查和取证困难。犯罪人可以重复登录、匿名登录、隐藏 IP 地址数据加密与隐藏等方法躲避侦查。计算机犯罪的证据以数字形式存在，要为人所感知必须转化为文字、声音和图像等，取证相对困难，而且面临转化过程中的一系列法律问题。

第六，公众对计算机犯罪认识不如传统犯罪清晰。计算机犯罪往往没有鲜血和惨状，人们习惯将罪犯描述为天才，将黑客描述为侠士，而受害对象经常是公共利益，因此，公众对计算机和网络犯罪的危害性的认识不足。

第七，计算机犯罪的诱惑性强。

第八，计算机犯罪经常是跨国犯罪，而国际犯罪的司法管辖和协助本来就比较复杂，因此计算机跨国犯罪层出不穷。

■ **参考答案** （5）D

- 计算机取证是将计算机调查和分析技术应用于对潜在的，有法律效力的证据的确定与提取，以下关于计算机取证的描述中，错误的是__（6）__。

  A. 计算机取证包括保护目标计算机系统、确定收集和保存电子证据必须在开机的状态下进行

  B. 计算机取证围绕电子证据进行，电子证据具有高科技性、无形性和易破坏性等特点

  C. 计算机取证包括对以磁性介质编码信息方式存储的计算机证据的保护、确认、提取和归档

  D. 计算机取证是一门在犯罪进行过程中或之后收集证据的技术

■ **试题分析** 计算机取证是将计算机调查和分析技术应用于对潜在的、有法律效力的确定和提取。计算机取证时首先必须隔离目标计算机系统，不给犯罪嫌疑人破坏证据的机会。避免出现任何更改系统设置、损坏硬件、破坏数据或病毒感染的情况。

对现场计算机的一个处理原则是，已经开机的计算机不要关机，关机的计算机不要开机。如果现场计算机处于开机状态，应避免激活屏幕保护程序。同时应检查正在进行的程序操作，如果发现系统正在删除文件、格式化、上传文件、系统自毁或进行其他危险活动，立即切断电源。

■ **参考答案** （6）A

- 计算机取证是指能够为法庭所接受的、存在于计算机和相关设备中的电子证据的确认、保护、提取和归档的过程。以下关于计算机取证的描述中，不正确的是__（7）__。

A. 为了保证调查工具的完整性，需要对所有工具进行加密处理

B. 计算机取证需要重构犯罪行为

C. 计算机取证主要是围绕电子证据进行的

D. 电子证据具有无形性

■ 试题分析　计算机取证主要是围绕电子证据进行的。电子证据具有高科技性、无形性和易破坏性等特点。

计算机取证的特点是：

1）取证是在犯罪进行中或之后，开始收集证据。

2）取证需要重构犯罪行为。

3）为诉讼提供证据。

4）网络取证困难，且完全依靠所保护信息的质量。

5）为了保证调查工具的完整性，需要对所有工具进行 MD5 等校验处理。

■ 参考答案　（7）A

● 下列对国家秘密定级和范围的描述中，不符合《中华人民共和国保守国家秘密法》要求的是＿（8）＿。

A. 对是否属于国家和属于何种密级不明确的事项，可由各单位自行参考国家要求确定和定级，然后报国家保密工作部门备案

B. 各级国家机关、单位对所产生的秘密事项，应当按照国家秘密及其密级的具体范围的规定确定密级，同时确定保密期限和知悉范围

C. 国家秘密及其密级的具体范围，由国家行政管理部门分别会同外交、公安、国家安全和其他中央有关机关规定

D. 对是否属于国家和属于何种密级不明确的事项，由国家保密行政管理部门，或省、自治区、直辖市的保密行政管理部门确定

■ 试题分析　对是否属于国家秘密和属于何种密级不明确的事项，产生该事项的机关、单位应及时拟定密级和保密期限，并在十日内依照下列规定申请确定：

（一）属于主管业务方面的事项，应报有权确定该事项密级的上级主管业务部门确定。

（二）属于其他方面的事项，经同级政府保密工作部门审核后，拟定为绝密级的，须报国家保密工作部门确定；拟定为机密级的，由省、自治区、直辖市的或者其上级的保密工作部门确定；拟定为秘密级的，由省、自治区政府所在地的市和国务院批准的较大的市或者其上级的保密工作部门确定。

■ 参考答案　（8）A

● 《中华人民共和国密码法》对全面提升密码工作法治化水平起到了关键性作用，密码法规定国家对密码实行分类管理。依据《中华人民共和国密码法》的规定，以下密码分类正确的是＿（9）＿。

A. 核心密码、普通密码和商用密码

B．对称密码和非对称密码

C．分组密码、序列密码和公钥密码

D．散列函数、对称密码和公钥密码

■ **试题分析** 《中华人民共和国密码法》第六条定义了国家对密码实行分类管理，分为核心密码、普通密码和商用密码。

核心密码是指国家和军队的重要信息系统所使用的密码；普通密码是指非核心密码，不属于商用密码的密码；商用密码是指非核心密码、商业活动中使用的密码。

■ **参考答案** （9）A

2.1.3 安全政策

知识点综述

本部分包含的知识点有《信息安全等级保护管理办法》（公通字〔2007〕43号）、《计算机信息系统安全保护等级划分准则》（GB 17859—1999）、涉密信息系统的分级保护、《网络安全审查办法》等。

参考题型

● 依据《信息安全技术网络安全等级保护测评要求》的规定，定级对象的安全保护分为五个等级，其中第三级称为__（1）__。

A．系统审计保护级　　B．安全标记保护级

C．结构化保护级　　D．访问验证保护级

■ **试题分析** 依据《信息安全技术网络安全等级保护测评要求》，定级对象的安全保护等级分为五个，即第一级（用户自主保护级）、第二级（系统保护审计级）、第三级（安全标记保护级）、第四级（结构化保护级）、第五级（访问验证保护级）。

■ **参考答案** （1）B

● 依据国家信息安全等级保护相关标准，军用不对外公开的信息系统至少应该属于__（2）__。

A．二级及二级以上　　B．三级及三级以上

C．四级及四级以上　　D．五级

■ **试题分析** 第一级适用于一般的信息系统，其受到破坏后，会对公民、法人和其他组织的合法权益产生损害，但不损害国家安全、社会秩序和公共利益。

第二级适用于一般的信息系统，其受到破坏后，会对社会秩序和公共利益造成轻微损害，但不损害国家安全。

第三级适用于涉及国家安全、社会秩序和公共利益的重要信息系统，其受到破坏后，会对国家安全、社会秩序和公共利益造成损害。

第四级适用于涉及国家安全、社会秩序和公共利益的重要信息系统，其受到破坏后，会对国家安全、社会秩序和公共利益造成严重损害。

第五级适用于涉及国家安全、社会秩序和公共利益的重要信息系统的核心子系统，其受到破坏后，会对国家安全、社会秩序和公共利益造成特别严重损害。

依据国家信息安全等级保护相关标准，军用不对外公开的信息系统至少应该属于三级及三级以上。

■ 参考答案 （2）B

● 《计算机信息系统安全保护等级划分准则》（GB 17859—1999）中规定了计算机系统安全保护能力的五个等级，其中要求对所有主体和客体进行自主和强制访问控制的是__（3）__。

A．用户自主保护级　　B．系统审计保护级

C．安全标记保护级　　D．结构化保护级

■ 试题分析 **用户自主保护级**：本级的计算机信息系统可信计算基通过隔离用户与数据，使用户具备自主安全保护的能力。它具有多种形式的控制能力，对用户实施访问控制，即为用户提供可行的手段，保护用户和用户组信息，避免其他用户对数据的非法读写与破坏。

系统审计保护级：与用户自主保护级相比，本级实施了粒度更细的自主访问控制，它通过登录规程、审计安全性相关事件和隔离资源，使用户对自己的行为负责。

安全标记保护级：本级的计算机具有系统审计保护级的所有功能。还提供有关安全策略模型、数据标记以及主体对客体强制访问控制的非形式化描述；具有准确地标记输出信息的能力。

这个级别的特点是计算机信息系统可信计算基，对所有主体及其所控制的客体（例如进程、文件、设备）实施强制访问控制。该级别要求为主体及客体提供敏感标记，这类标记为等级、非等级分类组合，是实施强制访问控制的依据。

结构化保护级：本级的计算机信息系统可信计算基建立于一个明确定义的形式化安全策略模型之上，它要求将第三级系统中的自主和强制访问控制扩展到所有主体与客体。此外，还要考虑隐蔽通道。

访问验证保护级：本级的计算机信息系统满足访问监控器需求。访问监控器仲裁主体对客体的全部访问。访问监控器本身是抗篡改的；必须足够小，能够分析和测试。

■ 参考答案 （3）D

● 等级保护制度已经被列入国务院《关于加强信息安全保障工作的意见》之中。以下关于我国信息安全等级保护内容的描述不正确的是__（4）__。

A．对国家秘密信息、法人和其他组织及公民的专有信息以及公开信息和存储、传输和处理这些信息的信息系统分等级实行安全保护

B．对信息系统中使用的信息安全产品实行按等级管理

C．对信息系统中发生的信息安全事件按照等级进行响应和处置

D．对信息安全从业人员实行按等级管理，对信息安全违法行为实行按等级惩处

■ 试题分析 国家和地方各级保密工作部门依法对各地区、各部门涉密信息系统分级保护工作实施监督管理。

■ 参考答案 （4）D

2.2 信息安全标准

2.2.1 标准体系

知识点综述

依据《中华人民共和国标准化法》，标准体系分为四层，分别是国家标准、行业标准、地方标准、企业标准。

除此之外，国家质量技术监督局颁布的《国家标准化指导性技术文件管理规定》，补充了一种“国家标准化指导性技术文件”。

参考题型

- 在我国，依据《中华人民共和国标准化法》可以将标准划分为国家标准、行业标准、地方标准和企业标准四个层次。《信息安全技术 信息系统安全等级保护基本要求》（GB/T 22239—2008）属于<u>（1）</u>。

  A．国家标准　　B．行业标准

  C．地方标准　　D．企业标准

  ■ 试题分析 我国国家标准代号：强制性标准代号为 GB、推荐性标准代号为 GB/T。

  ■ 参考答案 （1）A

- 在我国的标准化代号中，属于推荐性国家标准代号的是<u>（2）</u>。

  A．GB　　B．GB/T　　C．GB/Z　　D．GJB

  ■ 试题分析 我国国家标准代号：强制性标准代号为 GB、推荐性标准代号为 GB/T、指导性标准代号为 GB/Z、实物标准代号 GSB。

  行业标准代号：由汉语拼音大写字母组成（如电力行业为 DL）。

  地方标准代号：由 DB 加上省级行政区划代码的前两位。

  企业标准代号：由 Q 加上企业代号组成。

  ■ 参考答案 （2）B

2.2.2 标准化组织

知识点综述

这部分知识点主要包含信息安全相关的国际标准组织和我国的信息安全标准化委员会等。

参考题型

- SC27 下设三个小组，<u>（1）</u>是需求、安全服务及指南工作组。

  A．WG1　　B．WG2　　C．WG3　　D．WG4

  ■ 试题分析 SC27（信息安全通用方法及技术标准化工作的分技术委员会）是国际标准化组织（International Organization for Standardization，ISO）和国际电工委员会（International Electrotechnical

Commission，IEC）组成的 JTC1（第一联合技术委员会）下的分技术委员会。

SC27 下设三个小组，具体职责如下：

- 第一工作组（WG1）：需求、安全服务及指南工作组。
- 第二工作组（WG2）：安全技术与机制工作组。
- 第三工作组（WG3）：安全评估准则工作组。

■ **参考答案** （1）A

- 全国信息安全标准化技术委员会的组织中，（2）的职责是研究信息安全标准体系；跟踪信息安全标准发展动态；研究、分析国内信息安全标准的应用需求；研究并提出新工作项目及工作建议。

A．WG1　　B．WG2　　C．WG3　　D．WG4

■ **试题分析** 全国信息安全标准化技术委员会的组织结构见表 2-2-1。

全国信息安全标准化技术委员会是在信息安全技术专业领域内，从事信息安全标准化工作的技术工作组织。委员会负责组织开展国内信息安全有关的标准化技术工作，技术委员会主要工作范围包括安全技术、安全机制、安全服务、安全管理、安全评估等领域的标准化技术工作。

表 2-2-1　全国信息安全标准化技术委员会的组织结构

工作组名称	各工作组职能
WG1（信息安全标准体系与协调工作组）	研究信息安全标准体系；跟踪信息安全标准发展动态；研究、分析国内信息安全标准的应用需求；研究并提出新工作项目及工作建议
WG2（涉密信息系统安全保密标准工作组）	研究提出涉密信息系统安全保密标准体系；制定和修订涉密信息系统安全保密标准，以保证我国涉密信息系统的安全
WG3（密码技术工作组）	密码算法、密码模块，密钥管理标准的研究与制定
WG4（鉴别与授权工作组）	国内外 PKI/PMI 标准的分析、研究和制定
WG5（信息安全评估工作组）	研究提出测评标准项目和制订计划
WG6（通信安全标准工作组）	研究提出通信安全标准体系，制定和修订通信安全标准
WG7（信息安全管理工作组）	信息安全管理标准体系的研究，信息安全管理标准的制定
大数据安全标准特别工作组	负责大数据和云计算相关的安全标准化研制工作

■ **参考答案** （2）A

2.2.3　信息安全管理标准

知识点综述

信息安全管理标准分为信息安全管理体系和技术与工程类标准两类。该知识点涉及的具体标准有《信息安全管理实施规则》（BS7799-1）、《信息安全管理体系规范》（BS7799-2）、《可信计算机系统评估准则》（Trusted Computer System Evaluation Criteria，TCSEC）。

参考题型

- BS7799 标准是英国标准协会制定的信息安全管理体系标准，它包括两个部分：《信息安全管理实施指南》和《信息安全管理体系规范和应用指南》。依据该标准可以组织建立、实施与保持信息安全管理体系，但不能实现______。

  A. 强化员工的信息安全意识，规范组织信息安全行为

  B. 对组织内关键信息资产的安全态势进行动态监测

  C. 促使管理层坚持贯彻信息安全保障体系

  D. 通过体系认证就表明体系符合标准，证明组织有能力保障重要信息

■ **试题分析** 如果通过体系认证，表明体系符合标准，证明组织有能力保障重要信息，能提高组织的知名度与信任度。

组织建立、实施与保持信息安全管理体系将会产生如下作用：

1）强化员工的信息安全意识，规范组织信息安全行为。

2）对组织的关键信息资产进行全面系统的保护，维持竞争优势。

3）在信息系统受到侵袭时，确保业务持续开展并将损失降到最低程度。

4）使组织的生意伙伴和客户对组织充满信心。

5）如果通过体系认证，表明体系符合标准，证明组织有能力保障重要信息，从而提高组织的知名度与信任度。

6）促使管理层贯彻信息安全保障体系。

组织可以参照信息安全管理模型，按照先进的信息安全管理标准 BS7799 建立组织完整的信息安全管理体系，并实施与保持该管理体系，形成动态的、系统的、全员参与、制度化的、以预防为主的信息安全管理方式，用最低的成本，达到可接受的信息安全水平，从根本上保证业务的连续性。

■ **参考答案** B

第3章 密码学基础

本章考点知识结构图如图 3-0-1 所示。

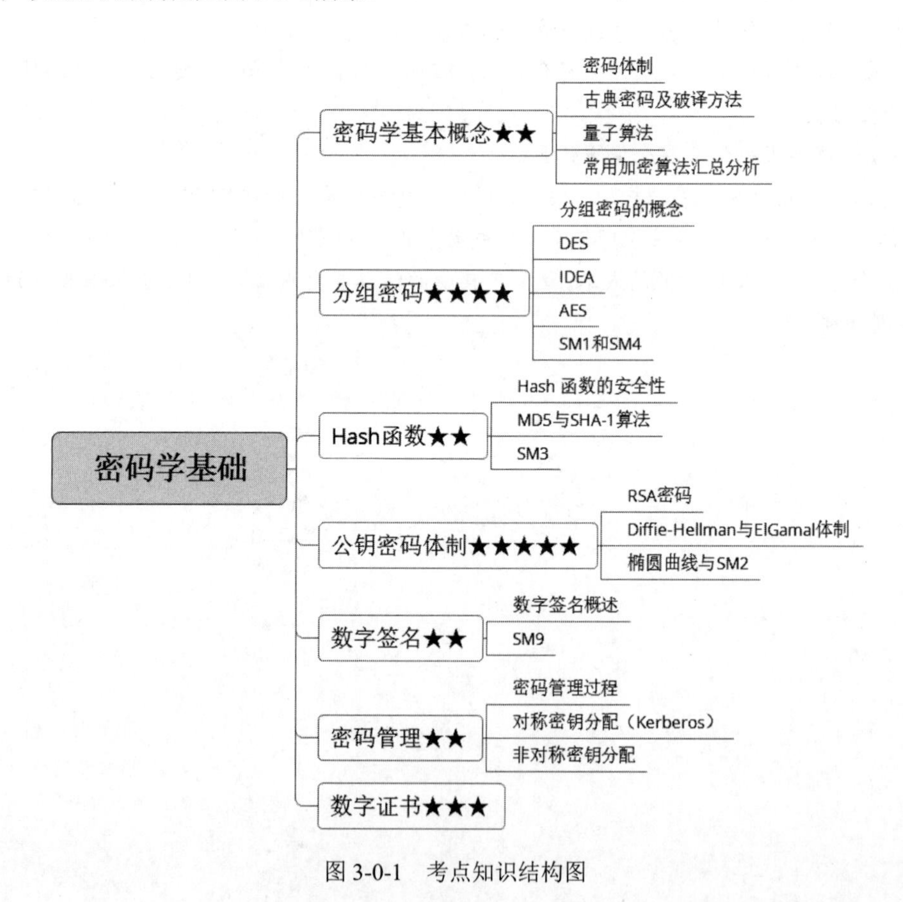

图 3-0-1　考点知识结构图

3.1 密码学基本概念

密码学是研究编制密码和破译密码的技术科学。密码学包含编码学（又称密码编制学）和破译学（又称密码分析学）。编码学研究编制密码保守通信秘密；破译学研究破译密码以获取信息。

3.1.1 密码体制

知识点综述

本节知识点涉及密码系统（又称密码体制）及组成（包括明文空间、密文空间、加密算法、解密算法、密钥空间）；加解密过程；密码学的安全目标（包括保密性、完整性、可用性），评估密码系统安全性主要有无条件安全、计算安全、可证明安全三种方法。

参考题型

- 以下关于加密技术的叙述中，错误的是__（1）__。

  A．对称密码体制的加密密钥和解密密钥是相同的

  B．密码分析的目的就是千方百计地寻找密钥或明文

  C．对称密码体制中加密算法和解密算法是保密的

  D．所有的密钥都有生存周期

■ **试题分析** 密码编码学主要研究把信息（明文）变换成没有密钥就不能解读或很难解读密文的方法，密码分析学的任务是破译密码或伪造认证密码。

对称密码体制中，加密算法和解密算法是公开的。

■ **参考答案** （1）C

- A 方有一对密钥(KA_{pub},KA_{pri})，B 方有一对密钥(KB_{pub},KB_{pri})，A 方给 B 方发送信息 M，对信息 M 加密为：$M' = KB_{pub}(KA_{pri}(M))$。B 方收到密文，正确的解决方案是__（2）__。

  A．$KB_{pub}(KA_{pri}(M'))$　　B．$KA_{pub}(KA_{pub}(M'))$

  C．$KA_{pub}(KB_{pri}(M'))$　　D．$KB_{pri}(KA_{pri}(M'))$

■ **试题分析** 加密密文为 $M' = KB_{pub}(KA_{pri}(M))$，则接收方 B 接收到密文 M'后：

首先用自己的私钥对 M'进行解密，即 $KB_{pri}(M')$，得到 $KA_{pri}(M)$，然后再用发送方 A 的公钥 KA_{pub} 对 $KA_{pri}(M)$进行解密，得到 M。

整个解密过程为：$KA_{pub}(KB_{pri}(M'))$。

■ **参考答案** （2）C

- 一个密码系统如果用 E 表示加密运算，D 表示解密运算，M 表示明文，C 表示密文，则下列描述必然成立的是__（3）__。

  A．E(E(M))=C　　B．D(E(M))=M　　C．D(E(M))=C　　D．D(D(M))=M

■ **试题分析** 明文 M 经 E 加密后，再经 D 解密，可以得到明文本身。

■ **参考答案** （3）B

● 从网络安全的角度看，以下原则中不属于网络安全防护体系在设计和实现时需要遵循的基本原则的是__（4）__。

A．最小权限原则　　B．纵深防御原则

C．安全性与代价平衡原则　　D．Kerckhoffs 原则

■ 试题分析　Kerckhoffs 原则认为，一个安全保护系统的安全性不是建立在它的算法对于对手来说是保密的，而是建立在它所选择的密钥对于对手来说是保密的。Kerckhoffs 原则属于密码理论原则。

■ 参考答案　（4）D

● 如果破译加密算法所需要的计算能力和计算时间是现实条件所不具备的，那么就认为相应的密码体制是__（5）__。

A．计算安全　　B．可证明安全　　C．无条件安全　　D．绝对安全

■ 试题分析　评估密码系统安全性主要有以下三种方法：

1）计算安全：如果破译加密算法所需要的计算能力和计算时间是现实条件所不具备的，那么就认为相应的密码体制是满足计算安全的。这意味着强力破解是安全的。

2）可证明安全：如果对一个密码体制的破译依赖于对某一个经过深入研究的数学难题的解决，就认为相应的密码体制是满足可证明安全的。这意味着理论保证是安全的。

3）无条件安全：如果假设攻击者在用于无限计算能力和计算时间的前提下，也无法破译加密算法，就认为相应的密码体制是无条件安全的。这意味着在极限状态上是安全的。

■ 参考答案　（5）A

● 如果对一个密码体制的破译依赖于对某一个经过深入研究的数学难题的解决，就认为相应的密码体制是__（6）__的。

A．计算安全　　B．可证明安全

C．无条件安全　　D．绝对安全

■ 试题分析　可证明安全：如果对一个密码体制的破译依赖于对某一个经过深入研究的数学难题的解决，就认为相应的密码体制是满足可证明安全的。

■ 参考答案　（6）B

3.1.2　古典密码及破译方法

知识点综述

该知识点包含攻击密码的方法与攻击密码的类型；古典密码（包括置换密码、代替密码、代数密码）；古典密码的破解方法等。

参考题型

● 分析者能够选择密文并获得相应明文的攻击密码的类型属于__（1）__。

A．仅知密文攻击　　B．选择密文攻击

C．已知明文攻击　　D．选择明文攻击

■ 试题分析　密码分析者的攻击密码类型见表 3-1-1。

表 3-1-1　攻击密码类型

攻击密码的类型	攻击者拥有的资源说明
仅知密文攻击（Ciphertext only attack）	密码分析者仅能通过截获的密文破解密码，这种方式对攻击者最为不利
已知明文攻击（Know plaintext attack）	密码分析者通过已知明文-密文对，来破解密码
选择明文攻击（Chosen plaintext attack）	密码分析者不仅可得到一些“明文-密文对”，还可以选择被加密的明文，并获得相应的密文。 差分分析属于选择明文攻击，通过比较分析有特定区别的明文在通过加密后的变化情况来攻击密码算法
选择密文攻击（Chosen ciphertext attack）	密码分析者可以选择一些密文，并得到相应的明文。这种方式对攻击者最有利。主要攻击公开密钥密码体制，特别是攻击数字签名

■ 参考答案　（1）B

● 研究密码破译的科学称为密码分析学。密码分析学中，根据密码分析者可利用的数据资源，可将攻击密码的类型分为四种，其中适于攻击公开密钥密码体制，特别是攻击数字签名的是__（2）__。

A．仅知密文攻击　　B．已知明文攻击

C．选择密文攻击　　D．选择明文攻击

■ 试题分析　所谓选择密文攻击是指密码分析者能够选择密文并获得相应的明文。这也是对密码分析者十分有利的情况。这种攻击主要适于攻击公开密钥密码体制，特别是攻击数字签名。

■ 参考答案　（2）C

● 密码分析的目的是__（3）__。

A．发现加密算法　　B．发现密钥或者密文对应的明文

C．发现解密算法　　D．发现攻击者

■ 试题分析　密码分析的目的是发现密钥或者密文对应的明文。

■ 参考答案　（3）B

● 密码分析学是研究密码破译的科学，在密码分析过程中，破译密文的关键是__（4）__。

A．截获密文

B．截获密文并获得密钥

C．截获密文，了解加密算法和解密算法

D．截获密文，获得密钥并了解解密算法

■ 试题分析　密码编码学主要研究把信息（明文）变换成没有密钥就不能解读或很难解读的密文的方法，密码分析学的任务是破译密码或伪造认证密码，破译密文的关键是截获密文，获得密钥并了解解密算法。

■ 参考答案　（4）D

● 密码分析者针对加解密算法的数学基础和某些密码学特性，根据数学方法破译密码的攻击方式称为__(5)__。

A．数学分析攻击　　B．差分分析攻击

C．基于物理的攻击　　D．穷举攻击

■ 试题分析　所谓数学分析攻击是指密码分析者针对加解密算法的数学基础和某些密码学特性，通过数学求解的方法来破译密码。数学分析攻击是基于数学难题的各种密码的主要威胁。为了对抗这种数学分析攻击，应当选用具有坚实数学基础和足够复杂的加解密算法。

差分分析攻击是一种选择明文攻击，其基本思想是：通过分析特定明文差分对相对应密文差分影响来获得尽可能大的密钥。

■ 参考答案　（5）A

● 凯撒密码体制是一种代表性的古典密码算法，在凯撒密码体制中，设置密钥参数 k=3，对明文“zhongguo”进行加密，则相应的密文为__(6)__。

A．ckrqjixr　　B．cdrqijxr　　C．akrajjxr　　D．ckrqjjxr

■ 试题分析　凯撒（Caesar）密码，就是把明文字母表循环右移 3 位后得到的字母表，具体见表 3-1-2。

表 3-1-2　原文与密文的对应表

原文	A	B	C	D	E	F	G	H	I	J	K	L	M
密文	D	E	F	G	H	I	J	K	L	M	N	O	P
原文	N	O	P	Q	R	S	T	U	V	W	X	Y	Z
密文	Q	R	S	T	U	V	W	X	Y	Z	A	B	C

对明文“zhongguo”进行加密，则相应的密文为 ckrqjjxr。

■ 参考答案　（6）D

● 移位密码的加密对象为英文字母，移位密码采用对明文消息的每一个英文字母向前推移固定 y 位的方式实现加密。设 key=3，则对应明文 MATH 的密文为__(7)__。

A．OCVJ　　B．QEXL　　C．PDWK　　D．RFYM

■ 试题分析　移位密码的加密对象为英文字母，移位密码采用对明文消息的每一个英文字母向前推移固定位的方式实现加密。

英文字母与数值之间的对应关系见表 3-1-3。

设 key=3，则加密变换公式为：c=(m+3)mod 26。

由于 M=12，则 c=(m+3)mod 26=15，加密后为 P。

由于 A=0，则 c=(m+3)mod 26=3，加密后为 D。

由于 T=19，则 c=(m+3)mod 26=22，加密后为 W。

由于 H=7，则 c=(m+3)mod 26=10，加密后为 K。

表 3-1-3 英文字母与数值的对应关系

英文字母	A	B	C	D	E	F	G	H	I	J	K	L	M
数值	0	1	2	3	4	5	6	7	8	9	10	11	12
英文字母	N	O	P	Q	R	S	T	U	V	W	X	Y	Z
数值	13	14	15	16	17	18	19	20	21	22	23	24	25

■ **参考答案** （7）C

- Vernam密码奠定了序列密码的基础，Vernam密码中，明文为1000100 1000001，密钥为1001100 1000001，则密文为__（8）__。

  A．0001000 1000001　　B．1000100 0000000

  C．1001100 1000001　　D．0001000 0000000

■ **试题分析** 设Vernam的明文序列 $M=(m_0,m_1,\cdots,m_{n-1})$，密钥序列 $K=(k_0,k_1,\cdots,k_{n-1})$，密文序列 $C=(c_0,c_1,\cdots,c_{n-1})$，则Vernam的加密过程为明文和密钥的二元序列，按位模2相加即可。具体公式如下：

$$c_i=m_i\oplus k_i \qquad i=0,1,\cdots,n-1$$

解密过程为密文和密钥的二元序列，按位模2相加即可。

$$m_i=c_i\oplus k_i$$

明文： 1000100 1000001

密钥： 1001100 1000001，明文与密钥按位异或后，得到密文。

密文： 0001000 0000000

■ **参考答案** （8）D

3.1.3 量子算法

知识点综述

本节知识点主要包含量子比特特征及实用的量子算法（Shor算法和Grover算法）的特点。

参考题型

- 实用的量子算法有______算法。两种算法均可以对RSA、ElGamal、ECC密码及DH密钥协商协议进行有效攻击。

  A．Dijkstra　　B．AES

  C．Floyd　　D．Shor

■ **试题分析** 实用的量子算法有Shor算法和Grover算法。两种算法均可以对RSA、ElGamal、ECC密码及DH密钥协商协议进行有效攻击。

■ **参考答案** D

3.1.4 常用加密算法汇总分析

知识点综述

本节知识点主要包含对称加密算法、非对称加密算法、哈希算法等常用算法的特点。这部分的题目均为考查各类具体加密算法的密钥长度、密钥特点等，相关对应的考题将在后面的具体加密算法章节中出现。本节中不再重复列举相关考题。

3.2 分组密码

3.2.1 分组密码的概念

知识点综述

该节知识点包括分组密码的概念、密码系统分类、分组密码加解密代数表示等知识。

参考题型

● 按照密码系统对明文的处理方法，密码系统可以分为__（1）__。

A．置换密码系统和易位密码

B．密码学系统和密码分析学系统

C．对称密码系统和非对称密码系统

D．分组密码系统和序列密码系统

■ **试题分析** 根据密文数据段是否与明文数据段在整个明文中的位置有关，可以将密码体制分为分组密码体制和序列密码体制。

分组密码每一次加密一个明文块，而序列密码每一次加密一位或一个字符。分组密码和序列密码在计算机系统中都有广泛的应用。

■ **参考答案** （1）D

● 以下说法，不正确的是__（2）__。

A．分组密码体制中每一次加密一个明文块

B．序列密码体制中密文仅与加密算法和密钥有关

C．序列密码体制每一次加密一位或一个字符

D．分组密码体制中密文仅与加密算法和密钥有关

■ **试题分析** 分组密码体制和序列密码体制的表述如下：

分组密码体制：每一次加密一个明文块，密文仅与加密算法和密钥有关。

序列密码体制：每一次加密一位或一个字符，密文除了与加密算法和密钥有关外，还与被加密明文部分在整个明文中的位置有关。

■ **参考答案** （2）B

3.2.2 DES

知识点综述

该节知识点包括使用密钥加密的块算法（Data Encryption Standard，DES）概念、DES 算法流程、弱密钥、半弱密钥、三重数据加密算法（简称 3DES）等知识。

参考题型

- 已知 DES 算法的 S 盒如下：

	0	1	2	3	4	5	6	7	8	9	10	11	12	13	14	15
0	1	5	7	1	12	8	3	0	7	4	11	8	13	8	11	10
1	9	1	11	10	6	6	2	8	9	8	6	9	7	9	3	9
2	3	0	2	6	6	5	12	14	5	4	7	8	14	10	5	9
3	11	11	1	10	6	6	4	8	3	4	14	10	4	5	5	14

如果该 S 盒的输入为 110011，则其二进制输出为__（1）__。

A. 0110　　B. 1001　　C. 0100　　D. 0101

■ **试题分析**　S 盒变换是一种压缩替换，通过 S 盒将 48 位输入变为 32 位输出。共有 8 个 S 盒，并行作用。每个 S 盒有 6 个输入，4 个输出，是非线性压缩变换。

设输入为 $b_1b_2b_3b_4b_5b_6$，则以 b_1b_6 组成的二进制数为行号，$b_2b_3b_4b_5$ 组成的二进制数为列号。行列交点处对应的值转换为二进制作为输出。对应的值，需要查询 S 盒替换表。

当 S 盒输入为“110011”时，第 1 位与第 6 位组成二进制串“11”（十进制 3），中间四位组成二进制“1001”（十进制 9）。查询 S 盒的 3 行 9 列，得到数字 4，得到输出二进制数是 0100。

■ **参考答案**　（1）C

- 已知 DES 算法 S 盒如下：

	0	1	2	3	4	5	6	7	8	9	10	11	12	13	14	15
0	7	13	14	3	0	6	9	10	1	2	8	5	11	12	4	15
1	13	8	11	5	6	15	0	3	4	7	2	12	1	10	14	9
2	10	6	9	0	12	11	7	13	15	1	3	14	5	2	8	4
3	3	15	0	6	10	1	13	8	9	4	5	11	12	7	2	14

如果该 S 盒的输入为 100010，则其二进制输出为__（2）__。

A. 0110　　B. 1001　　C. 0100　　D. 0101

■ **试题分析**　当 S 盒输入为“100010”时，第 1 位与第 6 位组成二进制串“10”（十进制 2），中间四位组成二进制“0001”（十进制 1）。查询 S 盒的 2 行 1 列，得到数字 6，得到输出二进制数是 0110。

■ **参考答案**　（2）A

● 已知DES算法S盒如下：

	0	1	2	3	4	5	6	7	8	9	10	11	12	13	14	15
0	12	1	10	15	9	2	6	8	0	13	3	4	14	7	5	11
1	10	15	4	2	7	12	9	5	6	1	13	14	0	11	3	8
2	9	14	15	5	2	8	12	3	7	0	4	10	1	13	11	6
3	4	3	2	12	9	5	15	10	11	14	1	7	6	0	8	13

如果该S盒的输入为110011，则其二进制输出为__（3）__。

A．1110　　B．1001　　C．0100　　D．0101

■ **试题分析**　110011对应的行为11，列为1001，也就是3行9列。查表得到14，转化二进制为1110。

■ **参考答案**　（3）A

● 在DES加密算法中，密钥长度和被加密的分组长度分别是__（4）__。

A．56位和64位　　B．56位和56位

C．64位和64位　　D．64位和56位

■ **试题分析**　DES分组长度为64比特，使用56比特密钥对64比特的明文串进行16轮加密，得到64比特的密文串。

■ **参考答案**　（4）A

● 在DES加密算法中，子密钥的长度和加密分组的长度分别是__（5）__。

A．56位和64位　　B．48位和64位

C．48位和56位　　D．64位和64位

■ **试题分析**　DES分组长度为64比特，使用56比特密钥对64比特的明文串进行16轮加密，得到64比特的密文串。

此题考查的是**子密钥**的长度，和往年试题不同，本题具有较大的迷惑性，一定要注意审题。DES的子密钥的长度是48位。

■ **参考答案**　（5）B

● 两个密钥三重DES加密：$C = E_{K1}[D_{K2}[E_{K1}[P]]]$，$K_1 \neq K_2$，其中有效的密钥为__（6）__。

A．56　　B．128　　C．168　　D．112

■ **试题分析**　3DES是DES的扩展，是执行了三次的DES。3DES安全强度较高，可以抵抗穷举攻击，但是用软件实现起来速度比较慢。

3DES有两种加密方式：

1）第一、三次加密使用同一密钥，这种方式密钥长度128位（112位有效）。

2）三次加密使用不同密钥，这种方式密钥长度192位（168位有效）。

■ **参考答案**　（6）D

- 在 DES 算法中，需要进行 16 轮加密，每一轮的子密钥长度为__(7)__。

  A. 16　　B. 32　　C. 48　　D. 64

  ■ 试题分析　64 位密钥经过置换选择 1、循环左移、置换选择 2，产生 16 个长 48 位的子密钥。

  ■ 参考答案　(7) C

- __(8)__属于对称加密算法。

  A. ElGamal　　B. DES　　C. MD5　　D. RSA

  ■ 试题分析　DES 属于对称加密算法。

  ■ 参考答案　(8) B

- 为了增强 DES 算法的安全性，NIST 于 1999 年发布了三重 DES 算法——TDEA。设 DES E_k 和 DES D_k 分别表示以 k 为密钥的 DES 算法的加密和解密过程，P 和 O 分别表示明文和密文消息，则 TDEA 算法的加密过程正确的是__(9)__。

  A.P→DES E_{k1}→DES E_{k2}→DES E_{k3}→O

  B.P→DES D_{k1}→DES D_{k2}→DES D_{k3}→O

  C.P→DES E_{k1}→DES D_{k2}→DES E_{k3}→O

  D.P→DES D_{k1}→DES E_{k2}→DES D_{k3}→O

  ■ 试题分析　NIST 于 1999 年 10 月 25 日采用三重 DES（Triple Data Encryption Algorithm，TDEA）作为过渡期间的国家标准，以增强 DES 的安全性，并开始征集高级加密标准算法（Advanced Encryption Standard，AES），其中，TDEA 算法的工作机制是使用 DES 对明文进行“加密→解密→加密”操作，即对 DES 加密后的密文进行解密再加密，而解密则相反。

  TDEA 的加密过程：P→DES E_{k1}→DES D_{k2}→DES E_{k3}→O。

  TDEA 的解密过程：P→DES D_{k1}→DES E_{k2}→DES D_{k3}→O。

  ■ 参考答案　(9) C

3.2.3　IDEA

知识点综述

该节知识点包含国际数据加密算法（International Data Encryption Algorithm，IDEA）概念知识。

参考题型

- IDEA 由上海交通大学教授来学嘉与 James Massey 共同提出，该算法密钥长度为__(1)__位；明文、密文分组长度__(2)__位。

  (1) A. 56　　B. 64　　C. 128　　D. 256

  (2) A. 56　　B. 64　　C. 128　　D. 256

  ■ 试题分析　IDEA 算法密钥为 128 位，明文、密文分组长度 64 位，已经应用于优良保密协议（Pretty Good Privacy，PGP）中。

  ■ 参考答案　(1) C　(2) B

3.2.4 AES

知识点综述

该节知识点包含 AES 概念、过程等知识。

参考题型

- AES 结构由以下四个不同的模块组成，其中__（1）__是非线性模块。

  A．字节代换　　B．行移位

  C．列混淆　　D．轮密钥加

■ 试题分析 字节代换是按字节进行的代替变换，也称为 S 盒变换，它是作用在中间状态每个字节上的一种非线性字节变换。

■ 参考答案 （1）A

- AES 采纳的算法是__（2）__。

  A．Blowfish　　B．IDEA　　C．Rijndael　　D．RC4

■ 试题分析 AES 采纳的算法是 Rijndael，该算法安全、性能好、效率高。

■ 参考答案 （2）C

- Rijndael 算法是一个数据块长度和密钥长度都可变的分组加密算法，其数据块长度和密钥长度都可独立地选定为__（3）__。

  A．大于等于 64 位且小于等于 256 位的 32 位的任意倍数

  B．大于等于 128 位且小于等于 256 位的 64 位的任意倍数

  C．大于等于 64 位且小于等于 256 位的 64 位的任意倍数

  D．大于等于 128 位且小于等于 256 位的 32 位的任意倍数

■ 试题分析 Rijndael 算法是一个数据块长度和密钥长度都可变的分组加密算法，其数据块长度和密钥长度都可独立地选定为大于等于 128 位且小于等于 256 位的 32 位的任意倍数。而美国颁布 AES 时规定数据块的长度为 128 位、密钥的长度可分别选择为 128 位、192 位或 256 位。

■ 参考答案 （3）D

- 下列关于 Rijndael 算法的说法，错误的是__（4）__。

  A．Rijndael 算法采用的是分组密码的通用结构

  B．Rijndael 算法采用的是对轮函数实施迭代的结构

  C．Rijndael 算法的轮函数结构采用的是 SP 结构

  D．Rijndael 算法的轮函数结构采用的是 Feistel 结构

■ 试题分析 Rijndael 算法仍然采用分组密码的一种通用结构：对轮函数实施迭代的结构。只是轮函数结构采用的是代替-置换网络（Substitution-Permutation Network）结构，没有采用 DES 的 Feistel 结构。

■ 参考答案 （4）D

- 1997 年 NIST 发布了征集 AES 算法的活动，确定选择 Rijndael 作为 AES 算法，该算法支持的密钥长度不包括__（5）__。

A．128 比特　B．192 比特　C．256 比特　D．512 比特

■ **试题分析** 在 AES 标准规范中，分组长度只能是 128 位，密钥的长度可以使用 128 位、192 位或者 256 位。

■ **参考答案** （5）D

3.2.5　SM1 和 SM4

知识点综述

该节知识点包含 SM1、SM4 算法的概念等知识。

参考题型

- SM4 是一种分组密码算法，其分组长度和密钥长度分别为__（1）__。

A．64 位和 128 位　B．128 位和 128 位

C．128 位和 256 位　D．256 位和 256 位

■ **试题分析** SM4 是一种对称加密算法，采用分组密码的加密方式，其分组长度和密钥长度分别为 128 位和 128 位。

■ **参考答案** （1）B

- 近些年国密算法和标准体系受到越来越多的关注，基于国密算法的应用也得到了快速发展。以下国密算法中，属于分组密码算法的是__（2）__。

A．SM2　B．SM3　C．SM4　D．SM9

■ **试题分析**

具体分析参见表 3-2-1。

表 3-2-1　国密与国际密码的对比表

商用国密			简介	对标国际密码算法
对称加密算法	分组密码	SM1	以芯片、IP 核形式，硬件部署	AES，4DES
		SM4	用途广泛，可用于大数据量的加密	AES，4DES
		SM7	轻量级分组密码，适合资源受限环境	AES，4DES
	序列密码	ZUC	流密码，明文密钥逐比特异或计算	RC4，SNOW 3G
非对称密码算法		SM2	基于椭圆曲线，由私钥算出公钥，用于数字签名、密钥交换、公钥加密	RSA，ECC，ECDSA
		SM9	基于双线性对，是标识密码算法，用户公钥与标识相关，私钥由 KGC 基于公钥生成，用于数字签名、密钥交换、公钥加密	IBE
密码杂凑算法		SM3	哈希算法，计算摘要	MD5，SHA 系列

■ **参考答案** （2）C

3.3 Hash 函数

3.3.1 Hash 函数的安全性

知识点综述

对 Hash 函数的攻击就是寻找一对碰撞消息的过程。对散列函数的攻击方法主要有两种：利用散列函数的代数结构攻击和穷举攻击。该节知识点还包含生日悖论、生日攻击法等。

参考题型

● 对 Hash 函数的攻击就是寻找一对______的过程。

A．密钥　　B．签名　　C．数字信封　　D．碰撞消息

■ **试题分析**　对 Hash 函数的攻击就是寻找一对碰撞消息的过程。

■ **参考答案**　D

3.3.2 MD5 与 SHA-1 算法

知识点综述

MD5 消息摘要算法（Message Digest Algorithm）由 MD2、MD3、MD4 发展而来，其消息分组长度为 512 比特，生成 128 比特的摘要。2004 年，王小云教授找到了 MD5 碰撞，并有专家据此伪造了标准的 X.509 证书，实现了真实的攻击。

SHA-1 算法的输入是长度小于 2^{64} 比特的任意消息，输出 160 比特的摘要。同样是王小云教授找到了 SHA-1 算法的碰撞，所以 SHA-1 的退出也只是时间问题。

参考题型

● 杂凑函数 SHA-1 的输入分组长度为 （1） 比特。

A．128　　B．258　　C．512　　D．1024

■ **试题分析**　安全哈希算法（Secure Hash Algorithm，SHA）主要适用于数字签名标准（Digital Signature Standard，DSS）里面定义的数字签名算法（Digital Signature Algorithm，DSA）。对于长度小于 2^{64} 位的消息，SHA-1 会产生一个 160 位的消息摘要。当接收到消息的时候，这个消息摘要可以用来验证数据的完整性。在传输的过程中，数据很可能会发生变化，那么这时候就会产生不同的消息摘要，如果原始的消息长度超过了 512，我们需要将它补成 512 的倍数。然后我们把整个消息分成一个个长为 512 位的数据块，分别处理每一个数据块，从而得到消息摘要。

■ **参考答案**　（1）C

● SHA-1 算法的消息摘要长度是 （2） 位。

A．128　　B．160　　C．256　　D．512

■ **试题分析**　SHA-1 算法的消息摘要长度是 160 位。

■ **参考答案**　（2）B

- MD5 是 (3) 算法，对任意长度的输入计算得到的结果长度为 (4) 位。

  (3) A. 路由选择　B. 摘要　C. 共享密钥　D. 公开密钥

  (4) A. 56　B. 128　C. 140　D. 160

■ 试题分析 消息摘要算法 5（MD5），把信息分为 512 比特的分组，并且创建一个 128 比特的摘要。

■ 参考答案 (3) B　(4) B

3.3.3 SM3

知识点综述

SM3 是国家密码管理局发布的安全密码杂凑算法，SM3 采用增强型的 Merkle-Damgard 结构。SM3 算法是把长度为 $l(l<2^{64})$ 比特的消息 m，经过填充和迭代压缩，生成长度为 256 比特的消息摘要。2018 年 10 月，第 4 版的 ISO/IEC10118-3：2018《信息安全技术杂凑函数 第 3 部分：专用杂凑函数》发布，该标准包含了 SM3 杂凑密码算法，SM3 正式成为国际标准。SM3 算法可以用于数字签名和验证、消息认证码的生成与验证以及随机数的生成，可满足多种密码应用的安全需求。

参考题型

- SM3 密码杂凑算法的消息分组长度为 (1) 比特。

  A. 64　B. 128　C. 512　D. 1024

■ 试题分析 SM3 密码杂凑算法的消息分组长度为 512 比特。

■ 参考答案 (1) C

- 2018 年 10 月，含有我国 SM3 杂凑算法的 ISO/IEC10118-3: 2018《信息安全技术杂凑函数 第 3 部分：专用杂凑函数》由国际标准化组织（ISO）发布，SM3 算法正式成为国际标准。SM3 的杂凑值长度为 (2) 。

  A. 8 字节　B. 16 字节　C. 32 字节　D. 64 字节

■ 试题分析 SM3 杂凑算法经过填充和迭代压缩，生成杂凑值，其安全性与 SHA-256 相当。杂凑值长度为 256 比特，即 32 字节。

■ 参考答案 (2) C

3.4 公钥密码体制

3.4.1 RSA 密码

知识点综述

该小节包含公钥密码体制定义、欧几里得算法、辗转相除法、RSA 加密算法等知识。由于相关知识点概念重要，应用广泛，计算量相对不大，是信息安全工程师考试**基础知识与应用技术考核的重点**。

参考题型

● 利用公开密钥算法进行数据加密时，采用的方法是 （1） 。

A．发送方用公开密钥加密，接收方用公开密钥解密

B．发送方用私有密钥加密，接收方用私有密钥解密

C．发送方用公开密钥加密，接收方用私有密钥解密

D．发送方用私有密钥加密，接收方用公开密钥解密

■ 试题分析 利用公开密钥算法进行数据加密的过程是发送方利用接收方的公钥进行加密，然后接收方用自己的密钥进行解密。

■ 参考答案 （1）C

● 下列关于公钥体制的说法，不正确的是 （2） 。

A．在一个公钥体制中，一般存在公钥和私钥两种密钥

B．公钥体制中仅根据加密密钥去确定解密密钥在计算上是可行的

C．公钥体制中的公钥可以以明文方式发送

D．公钥密码体制中的私钥可以用来进行数字签名

■ 试题分析 公钥体制中加密密钥和解密密钥之间是不能相互推导出来的。

■ 参考答案 （2）B

● 如果发送方使用的加密密钥和接收方使用的解密密钥不相同，从其中一个密钥难以推出另一个密钥，这样的系统称为 （3） 。

A．公钥加密系统　　B．单密钥加密系统

C．对称加密系统　　D．常规加密系统

■ 试题分析 加密密钥和解密密钥不相同的算法，称为非对称加密算法，这种方式又称为公钥密码体制，解决了对称密钥算法的密钥分配与发送的问题。在非对称加密算法中，私钥用于解密和签名，公钥用于加密和认证。

■ 参考答案 （3）A

● （4） 不属于对称加密算法。

A．IDEA　　B．DES　　C．RC5　　D．RSA

■ 试题分析 加密密钥和解密密钥相同的算法，称为对称加密算法。常见的对称加密算法有DES、3DES、RC5、IDEA。

加密密钥和解密密钥不相同的算法，称为非对称加密算法，这种方式又称为公钥密码加密算法。在非对称加密算法中，私钥用于解密和签名，公钥用于加密和认证。典型的公钥密码体制有 RSA 算法、数字签名算法（Digital Signature Algorithm，DSA）、椭圆加密算法（Elliptic Curve Cryptography，ECC）。

■ 参考答案 （4）D

● 网络系统中针对海量数据的加密，通常不采用 （5） 。

A．链路加密　　B．会话加密　　C．公钥加密　　D．端对端加密

■ **试题分析** 公钥加密相对其他加密方式要慢很多，所以不适合海量数据加密。

■ **参考答案** （5）C

- 设在RSA的公钥密码体制中，公钥为(e,n)=(13,35)，则私钥为__（6）__。

A．11　　B．13　　C．15　　D．17

■ **试题分析** 选出两个质数p和q，使得p≠q

计算p×q=n

计算φ(n) =(p–1)×(q–1)

选择e，使得1<e<(p–1)×(q–1)，并且e和(p–1)×(q–1)互为质数

计算解密密钥，使得ed=1mod (p–1)×(q–1)

公钥=e，n

私钥=d，n

公开n参数，n又称为模

消除原始质数p和q

由(e,n)=(13,35)可以得知 n=p×q=35，p、q为素数，因此p、q分别为5和7，φ(n)=24。

已知e=13，则满足四个选项中满足13d=1 mod 24等式的是13，因为13×13 mod 24 =1。

■ **参考答案** （6）B

- 设在RSA的公钥密码体制中，公钥为(e,n)=(7,55)，则私钥d=__（7）__。

A．8　　B．13　　C．23　　D．37

■ **试题分析** 按RSA算法求公钥和密钥:

1）选两个质数p，q;

2）计算n=p×q=55; 由于55只能分解为5×11，所以倒推p和q为5，11。

3）计算(p–1)×(q–1)=40;

4）公钥e=7，则依据ed=1mod(p–1)×(q–1)，即7d=1mod 40。

5）结合四个选项，得到d=23，即23×7 mod 40=1。

■ **参考答案** （7）C

- 67 mod 119的逆元是__（8）__。

A．52　　B．67　　C．16　　D．19

■ **试题分析** 用扩展的Euclid算法求67 mod 119的逆元。

1）对余数进行辗转相除。

119=67×1+52

67=52×1+15

52=15×3+7

15=7×2+1

7=1×7+0

2）对商数逆向排列（不含余数为0的商数）。

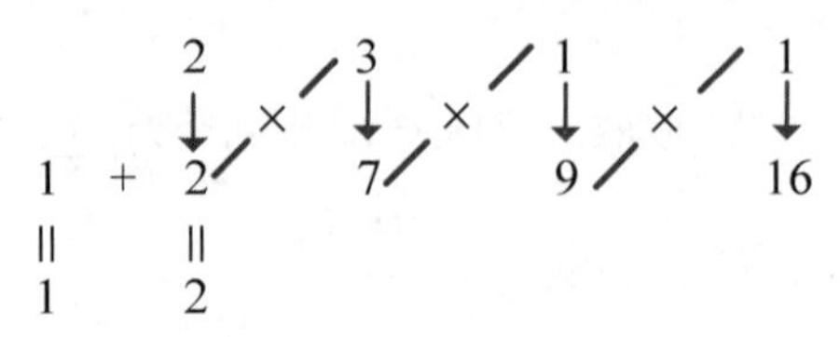

商数为偶数，所以 16 即为 67 mod 119 的逆元。

■ **参考答案** （8）C

- 基于公开密钥的数字签名算法对消息进行签名和验证时，正确的签名和验证方式是<u>（9）</u>。

  A．发送方用自己的公开密钥签名，接收方用发送方的公开密钥验证

  B．发送方用自己的私有密钥签名，接收方用自己的私有密钥验证

  C．发送方用接收方的公开密钥签名，接收方用自己的私有密钥验证

  D．发送方用自己的私有密钥签名，接收方用发送方的公开密钥验证

■ **试题分析** 基于公开密钥的数字签名算法对消息进行签名和验证时，正确的签名和验证方式是发送方用自己的私有密钥签名，接收方用发送方的公开密钥验证。

■ **参考答案** （9）D

3.4.2 Diffie-Hellman 与 ElGamal 体制

知识点综述

Diffie-Hellman 密钥交换体制，目的是完成通信双方的**对称密钥**交互。Diffie-Hellman 的神奇之处是在不安全环境下（有人侦听）也不会造成密钥泄露。

ElGamal 改进了 Diffie-Hellman 密钥交换体制，是基于**离散对数问题**之上的**公开密钥密码体制**。

离散对数问题是指：对于比较大的整数 y、g、p，求出一个整数 x 满足 $y=g^x \bmod p$ 是非常困难的。

参考题型

- ElGamal 改进了 Diffie-Hellman 密钥交换体制，基于______。

  A．离散对数问题　　B．大数分解难问题

  C．NP 难问题　　D．对称问题

■ **试题分析** ElGamal 改进了 Diffie-Hellman 密钥交换体制，是基于离散对数问题之上的公开密钥密码体制。

■ **参考答案** A

3.4.3 椭圆曲线与 SM2

知识点综述

1985 年，德国数学家费赖（G.Frey）提出如果费马大定理有整数解，则必定存在一条对应的椭圆曲线。人们开始认真研究椭圆曲线。同年，Koblitz 和 Miller 独立提出将椭圆曲线应用于密码学之中，提出了椭圆曲线密码（Elliptic Curve Cryptosysytem，ECC）的概念。

椭圆曲线计算比 RSA 复杂得多，所以椭圆曲线密钥比 RSA 短。一般认为 160 位长的椭圆曲线密码所具有的安全性相当于 1024 位 RSA 密码的安全性。我国第二代居民身份证使用的是**256 位的椭圆曲线密码**。

SM2 算法是国家密码管理局发布的椭圆曲线公钥密码算法，被用于在我国商用密码体系中替换 RSA 算法。

参考题型

- 近些年，基于标识的密码技术受到越来越多的关注，标识密码算法的应用也得到了快速发展，我国国密标准中的标识密码算法是__（1）__。

A．SM2　　B．SM3　　C．SM4　　D．SM9

■ **试题分析** 2018 年 10 月，含有我国 SM3 杂凑密码算法的 ISO/IEC10118-3：2018《信息安全技术杂凑函数 第 3 部分：专用杂凑函数》最新一版（第 4 版）由国际标准化组织（ISO）发布，SM3 算法正式成为国际标准。2018 年 11 月，作为补篇 2017 年纳入国际标准的 SM2/SM9 数字签名算法，以正文形式随 ISO/IEC14888-3：2018《信息安全技术带附录的数字签名 第 3 部分：基于离散对数的机制》最新一版发布。

SM9：标识密码算法是一种基于双线性对的标识密码算法，它可以把用户的身份标识用以生成用户的公、私密钥对，主要用于数字签名、数据加密、密钥交换以及身份认证等。SM9 算法不需要申请数字证书，适用于互联网应用的各种新兴应用的安全保障。如基于云技术的密码服务、电子邮件安全、智能终端保护、物联网安全、云存储安全等。

SM3：密码杂凑算法。

SM2：椭圆曲线公钥密码算法。

■ **参考答案** （1）D

- 2017 年 11 月，在德国柏林召开的第 55 次 ISO/IEC 信息安全分技术委员会（SC27）会议上，我国专家组提出的__（2）__算法一致通过成为国际标准。

A．SM2 与 SM3　　B．SM3 与 SM4

C．SM4 与 SM9　　D．SM9 与 SM2

■ **试题分析** 2017 年 ISO/IEC JTC1 信息安全分技术委员会（SC27）工作组会议在德国柏林召开，工作组会议一致通过我国 SM2 与 SM9 数字签名算法定为国际标准，正式进入标准发布阶段。

■ **参考答案** （2）D

- SM2 算法是国家密码管理局于 2010 年 12 月 17 日发布的椭圆曲线公钥密码算法，在我们国家商用密码体系中被用来替换__（3）__算法。

A．DES　　B．MD5

C．RSA　　D．IDEA

■ **试题分析** SM2 算法和 RSA 算法都是公钥密码算法，SM2 算法是一种更先进安全的算法，在我们国家商用密码体系中被用来替换 RSA 算法。

■ **参考答案** （3）C

3.5 数字签名

3.5.1 数字签名概述

知识点综述

数字签名（Digital Signature）的作用就是确保 A 发送给 B 的信息就是 A 本人发送的，并且没有被篡改。数字签名体制包括**施加签名**和**验证签名**两个部分。

参考题型

- 数字签名最常见的实现方法是建立在___（1）___的组合基础之上。

  A．公钥密码体制和对称密码体制

  B．对称密码体制和 MD5 摘要算法

  C．公钥密码体制和单向安全散列函数算法

  D．公证系统和 MD4 摘要算法

■ 试题分析 数字签名是用于确认发送者身份和消息完整性的一个加密的消息摘要，最常见的实现方法是建立在公钥密码体制和单向安全散列函数算法的组合基础上的。

公钥密码体制用于确认身份，单向安全散列函数算法用于保证消息完整性。

■ 参考答案 （1）C

- 甲收到一份来自乙的电子订单后，将订单中的货物送达乙时，乙否认自己曾经发送过这份订单，为了解除这种纷争，采用的安全技术是___（2）___。

  A．数字签名技术　　B．数字证书

  C．消息认证码　　D．身份认证技术

■ 试题分析 数字签名技术可以用于防止电子商务活动中的抵赖行为。

■ 参考答案 （2）A

- 数字签名是对数字形式储存的消息进行某种处理，产生一种类似于传统手书签名功效的信息处理过程。一个数字签名体制通常包括___（3）___两个部分。

  A．施加签名和验证签名　　B．数字证书和身份认证

  C．身份消息加密和解密　　D．数字证书和消息摘要

■ 试题分析 一个数字签名体制通常包括两个部分：施加签名和验证签名。

■ 参考答案 （3）A

- 下列关于数字签名的说法，正确的是___（4）___。

  A．数字签名是不可信的　　B．数字签名容易被伪造

  C．数字签名容易抵赖　　D．数字签名不可改变

■ 试题分析 数字签名用于解决信息的不可信、被伪造、抵赖等问题，具有不可改变性。

■ 参考答案 （4）D

- DSS 数字签名标准的核心是数字签名算法 DSA，该签名算法中杂凑函数采用的是__（5）__。

  A．SHA-1　　B．MD5　　C．MD4　　D．SHA-2

■ **试题分析** DSS 数字签名标准的核心是数字签名算法 DSA，该签名算法中杂凑函数采用的是 SHA-1。

■ **参考答案** （5）A

- 数字签名是对以数字形式存储的消息进行某种处理，产生一种类似于传统手书签名功效的信息处理过程，实现数字签名最常见的方法是__（6）__。

  A．数字证书和 PKI 系统相结合

  B．对称密码体制和 MD5 算法相结合

  C．公钥密码体制和单向安全 Hash 函数算法相结合

  D．公钥密码体制和对称密码体制相结合

■ **试题分析** 数字签名最常用的实现方法建立在公钥密码体制和安全单向散列函数的基础之上。

■ **参考答案** （6）C

- 数字签名是对以数字形式存储的消息进行某种处理，产生一种类似于传统手书签名功效的信息处理过程。数字签名标准 DSS 中使用的签名算法 DSA 是基于 ElGamal 和 Schnorr 两个方案而设计的。当 DSA 对消息 m 的签名验证结果为 True，也不能说明__（7）__。

  A．接收的消息 m 无伪造　　B．接收的消息 m 无篡改

  C．接收的消息 m 无错误　　D．接收的消息 m 无泄密

■ **试题分析** DSA 不能用作加密和解密，不能进行密钥交换，只能用于签名，因此 DSA 并不能保证信息的不被泄密。

■ **参考答案** （7）D

3.5.2 SM9

知识点综述

2018 年 11 月，ISO/IEC14888-3:2018《信息安全技术带附录的数字签名 第 3 部分：基于离散对数的机制》正式纳入了 SM2/SM9 数字签名算法。

参考题型

- 下列四个选项中，关于 SM9 的说法正确的是______。

  A．SM9 需要申请数字证书

  B．SM9 利用时间戳生成公、私密钥对

  C．SM9 可用于数据加密、数字签名，但不能进行身份认证

  D．SM9 是基于双线性对的标识密码算法

■ **试题分析** SM9 是基于双线性对的标识密码算法。SM9 不需要申请数字证书，利用用户身份标识生成公、私密钥对，可用于数据加密、数字签名、密钥交换以及身份认证等。

■ **参考答案** D

3.6 密码管理

3.6.1 密码管理过程

知识点综述

密码管理包含密钥管理、密码管理政策、密码测评。

参考题型

● 我国负责密码测评工作的部门是__（1）__。

A．知识产权局　　B．工商总局

C．商用密码检测中心　　D．工商行政管理局

■ **试题分析** 密码测评是对密码产品的安全性、合规性进行评估，确保其安全有效。我国负责密码测评工作的部门是商用密码检测中心。

■ **参考答案** （1）C

● 下面四个选项中，__（2）__不属于密钥管理遵循的原则。

A．全程安全原则　　B．责任分离原则

C．最大权利原则　　D．密钥分级原则

■ **试题分析** 密钥管理遵循的原则有：全程安全原则、最小权利原则、责任分离原则、密钥分级原则、密钥设定与更换原则等。

■ **参考答案** （2）C

3.6.2 对称密钥分配（Kerberos）

知识点综述

Kerberos这一名词来源于希腊神话“三头狗——地狱之门守护者”。Kerberos协议主要用于计算机网络的身份鉴别（Authentication），鉴别验证对方是合法的，而不是冒充的。同时，Kerberos协议也是密钥分配中心的核心。Kerberos进行密钥分配时使用AES、DES等对称密钥加密。

本节知识点包含Kerberos组成、Kerberos流程等知识。

参考题型

● Kerberos是一种常用的身份认证协议，它采用的加密算法是__（1）__。

A．ElGamal　　B．DES　　C．MD5　　D．RSA

■ **试题分析** Kerberos采用对称密钥加密算法。

■ **参考答案** （1）B

● 在Kerberos系统中，使用一次性密钥和__（2）__来防止重放攻击。

A．时间戳　　B．数字签名　　C．序列号　　D．数字证书

■ **试题分析** 重放攻击又称重播攻击、回放攻击或新鲜性攻击（Freshness Attacks），是指攻击者发送一个目的主机已接收过的包，来达到欺骗系统的目的，主要用于身份认证过程，破坏认证的

正确性。应对重放攻击的有效手段有时间戳、序列号、一次性密钥。而 Kerberos 系统使用一次性密钥和时间戳来防止重放攻击。

■ **参考答案** （2）A

● 在 Kerberos 认证系统中，用户首先向__（3）__申请初始票据，然后从__（4）__获得会话密钥。

（3）A．域名服务器 DNS　　B．认证服务器 AS

C．票据授予服务器 TGS　　D．认证中心 CA

（4）A．域名服务器 DNS　　B．认证服务器 AS

C．票据授予服务器 TGS　　D．认证中心 CA

■ **试题分析** Kerberos 流程原理如图 3-6-1 所示。

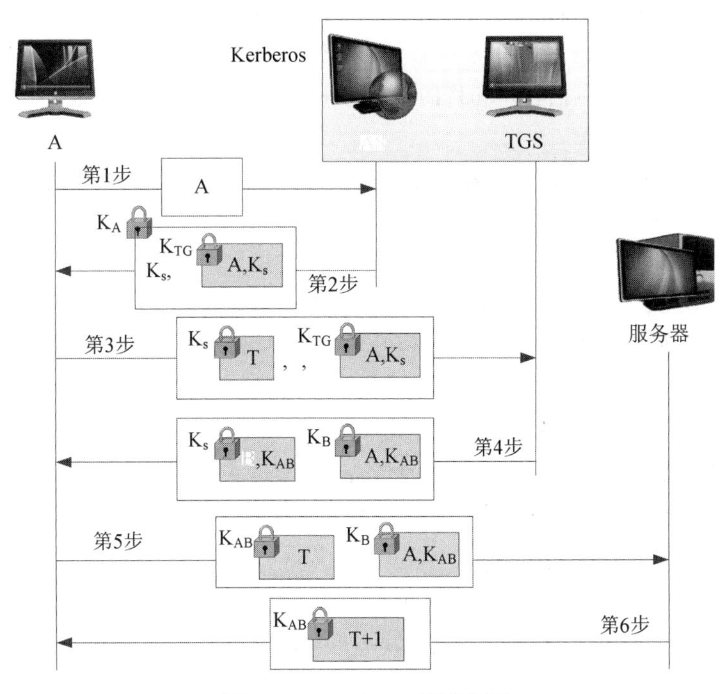

图 3-6-1 Kerberos 流程原理

第 1 步：用户 A 用明文向认证服务器（Authentication Server，AS）表明身份。AS 就是密钥分发中心（Key Distribution Center，KDC）。验证通过后，用户 A 才能和票据发放服务器（Ticket Granting Service，TGS）联系。

第 2 步：AS 向 A 发送用 A 的对称密钥 K_A 加密的报文，该报文包含 A 和 TGS 通信的会话密钥 K_s 及 AS 发送给 TGS 的票据（该票据使用 TGS 的对称密钥 K_{TG} 加密）。报文到达 A 时，输入正确口令并通过合适的算法生成密钥 K_A，从而得到数据。

注意：票据包含发送人身份和会话密钥。

第 3 步：转发 AS 获得的票据、要访问的服务器 B 的名称，以及用会话密钥 K_s 加密的时间戳

（防止重发攻击）发送给 TGS。

第 4 步：TGS 返回两个票据，第一个票据包含服务器 B 的名称和会话密钥 K_{AB}，使用 K_s 加密；第二个票据包含 A 和会话密钥 K_{AB}，使用 K_B 加密。

第 5 步：A 将 TGS 收到的第二个票据（包含 A 名称和会话密钥 K_{AB}，使用 K_B 加密），使用 K_{AB} 加密的时间戳（防止重发攻击）发送给 B。

第 6 步：服务器 B 把时间戳加 1 证实收到票据，时间戳使用密钥 K_{AB} 加密。

最后，A 和 B 就使用 TGS 发出的密钥 K_{AB} 加密。

■ 参考答案　（3）B　（4）C

- Kerberos 是一个网络认证协议，其目标是使用密钥加密为客户端/服务器应用程序提供强身份认证。以下关于 Kerberos 的说法中，错误的是＿（5）＿。

  A．通常将认证服务器 AS 和票据发放服务器 TGS 统称为 KDC

  B．票据（Ticket）主要包括客户和目的服务方 Principal、客户方 IP 地址、时间戳、Ticket 生存期和会话密钥

  C．Kerberos 利用对称密码技术，使用可信第三方为应用服务器提供认证服务

  D．认证服务器 AS 为申请服务的用户授予票据

■ 试题分析　Kerberos 系统包含四个基本实体：

1）Kerberos 客户机，用户用来访问服务器设备。

2）AS 是认证服务器，用于识别用户身份并提供 TGS 会话密钥。

3）TGS 是票据发放服务器，为申请服务的用户授予票据，AS 和 TGS 统称为 KDC。

4）应用服务器，为用户提供服务的设备或系统。

票据是用于安全的传递用户身份所需要的信息的集合，主要包括客户方 Principal、目的服务方 Principal、客户方 IP 地址、时间戳、票据的生存期，以及会话密钥等内容。

■ 参考答案　（5）D

- 一个 Kerberos 系统涉及四个基本实体：Kerberos 客户机、认证服务器 AS、票据发放服务器 TGS、应用服务器。其中，实现识别用户身份和分配会话密钥功能的是＿（6）＿。

  A．Kerberos 客户机　　　　B．认证服务器 AS

  C．票据发放服务器 TGS　　　　D．应用服务器

■ 试题分析　AS 识别用户身份并提供 TGS 会话密钥，主要承担识别用户身份的功能，同时也提供用户访问 TGS 的会话密钥。

■ 参考答案　（6）B

3.6.3　非对称密钥分配

知识点综述

公钥密码中公钥的秘密性可以不用保护，但是真实性和完整性必须保护。所以公钥密码也需要考虑严格密钥分配机制。

参考题型

- 以下关于非对称密钥分配的说法中，正确的是______。

  A. 公钥密码不需要进行密钥分配

  B. 公钥密码分配不需要确保完整性

  C. 公钥密码分配不需要确保秘密性

  D. 公钥密码分配不需要确保真实性

■ **试题分析** 和传统密码一样，公钥密码也需要进行密钥分配。但是，公钥密码的密钥分配与传统密码体制的密钥分配有着本质的差别。在密钥分配时必须确保解密钥的秘密性、真实性和完整性。因为公钥是公开的，因此不需确保秘密性。然而，却必须确保公钥的真实性和完整性，绝对不允许攻击者替换或篡改用户的公钥。

■ **参考答案** C

3.7 数字证书

知识点综述

数字证书（Digital Certificate）又称公钥证书，属于一种数据结构，该结构由认证中心（Certificate Authority，CA）签名并包含公开密钥、签发者信息、有效期等信息。

本节包含公钥基础设施（Public Key Infrastructure，PKI）、证书的作用、X.509 格式、证书发放、证书吊销、证书验证等知识点。

参考题型

- 以下关于公钥基础设施（PKI）的说法中，正确的是__（1）__。

  A. PKI 可以解决公钥可信性问题　　B. PKI 不能解决公钥可信性问题

  C. PKI 只能由政府来建立　　D. PKI 不提供数字证书查询服务

■ **试题分析** **PKI 是一组规则、过程、人员、设施、软件和硬件的集合**，可以用来进行公钥证书的发放、分发和管理。PKI 用于解决公钥可信性问题。

■ **参考答案** （1）A

- 下列不属于 PKI 组成部分的是__（2）__。

  A. 证书主体　　B. 使用证书的应用和系统

  C. 证书权威机构　　D. AS

■ **试题分析** 证书主体、CA、注册中心（Registration Authority，RA）、使用证书的应用和系统、证书权威机构等；自治系统 AS 在互联网中是一个有权自主地决定在本系统中应采用何种路由协议的小型单位，其不属于 PKI 的组成部分。

■ **参考答案** （2）D

- PKI 是一种标准的公钥密码密钥管理平台。在 PKI 中，认证中心（CA）是整个 PKI 体系中各方都承认的一个值得信赖的、公正的第三方机构。CA 的功能不包括__（3）__。

A．证书的颁发　　B．证书的审批
C．证书的加密　　D．证书的备份

■ **试题分析**　CA负责电子证书的申请、签发、制作、废止、认证和管理，提供网上客户身份认证、数字签名、电子公证、安全电子邮件等服务业务。CA的功能在历次考试中多次考查到。

■ **参考答案**　（3）C

- 在PKI中，关于RA的功能，描述正确的是＿（4）＿。

A．RA是整个PKI体系中各方都承认的一个值得信赖的、公正的第三方机构
B．RA负责产生，分配并管理PKI结构下的所有用户的数字证书，把用户的公钥和用户的其他信息绑在一起，在网上验证用户的身份
C．RA负责证书废止列表CRL的登记和发布
D．RA负责证书申请者的信息录入、审核等任务，同时，对发放的证书完成相应的管理功能

■ **试题分析**　RA负责证书申请者的信息录入、审核等任务，同时，对发放的证书完成相应的管理功能。但数字证书的真正签发者是CA。

■ **参考答案**　（4）D

- 甲不但怀疑乙发给他的信遭人篡改，而且怀疑乙的公钥也是被人冒充的，为了消除甲的疑虑，甲和乙决定找一个双方都信任的第三方来签发数字证书，这个第三方为＿（5）＿。

A．国际电信联盟电信标准分部（ITU-T）　　B．国家安全局（NSA）
C．认证中心（CA）　　D．国家标准化组织（ISO）

■ **试题分析**　如果A和B都在可信任的第三方发布自己的公开密钥，那么它们都可以用彼此的公开密钥加密进行通信。通常C就是认证中心（CA）。

■ **参考答案**　（5）C

- X.509数字证书的内容不包括＿（6）＿。

A．版本号　　B．签名算法标识
C．加密算法标识　　D．主体的公开密钥信息

■ **试题分析**　在X.509标准中，包含在数字证书中的数据域有证书、版本号、序列号（唯一标识每一个CA下发的证书）、算法标识、颁发者、有效期、有效起始日期、有效终止日期、使用者、使用者公钥信息、公钥算法、公钥、颁发者唯一标识、使用者唯一标识、扩展、证书签名算法、证书签名（发证机构即CA对用户证书的签名）。

■ **参考答案**　（6）C

- PKI中撤销证书是通过维护一个证书撤销列表CRL来实现的。以下不会导致证书被撤销的是＿（7）＿。

A．密钥泄露　　B．系统升级　　C．证书到期　　D．从属变更

■ **试题分析**　当用户个人身份信息发生变化或私钥丢失、泄露、疑似泄露时，证书用户应及时地向CA提出证书的撤销请求，CA也应及时地把此证书放入公开发布的证书撤销列表（Certification Revocation List，CRL）。

系统升级不会导致证书被撤销。

■ **参考答案** （7）B

- 用户B收到经A数字签名后的消息M，为验证消息的真实性，首先需要从CA获取用户A的数字证书，该数字证书中包含__（8）__，可以利用__（9）__验证该证书的真伪，然后利用__（10）__验证M的真实性。

（8）A. A的公钥　　B. A的私钥　　C. B的公钥　　D. B的私钥

（9）A. CA的公钥　　B. B的私钥　　C. A的公钥　　D. B的公钥

（10）A. CA的公钥　　B. B的私钥　　C. A的公钥　　D. B的公钥

■ **试题分析** 场景：A声明自己是某银行办事员向客户索要账户和密码，客户验证了A的签名，确认索要密码的信息是A发过来的，那么客户就愿意告诉A用户名和密码吗？

显然不会。因为客户仅仅证明信息确实是A发过来的没有经过篡改的信息，但不能确认A就是银行职员、做的事情是否合法。这时需要有一个权威中间部门T（如政府、银监会等），该部门向A颁发了一份证书，确认其银行职员身份。这份证书里有这个权威机构T的数字签名，以保证这份证书确实是T所发。

■ **参考答案** （8）A　（9）A　（10）C

- 以下关于数字证书的叙述中，错误的是__（11）__。

A. 数字证书由RA签发

B. 数字证书包含持有者的签名算法标识

C. 数字证书的有效性可以通过验证持有者的签名验证

D. 数字证书包含公开密码拥有者信息

■ **试题分析** CA提供数字证书的申请、审核、签发、查询、发布以及证书吊销等生命周期的管理服务。RA是证书登记权威机构，辅助CA完成绝大部分的证书处理功能，但数字证书真正的签发者是CA。

■ **参考答案** （11）A

第4章 安全体系结构

本章考点知识结构图如图 4-0-1 所示。

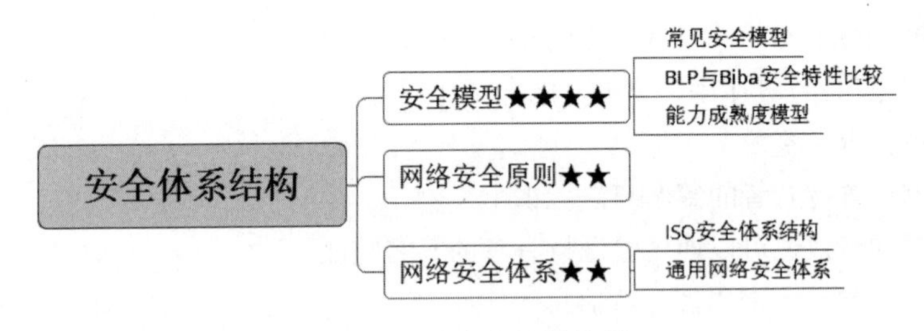

图 4-0-1　考点知识结构图

4.1　安全模型

4.1.1　常见安全模型

知识点综述

安全模型用于精确和形式地描述信息系统的安全特征，以及用于解释系统安全相关行为的理由。

本小节知识点包含机密性模型、完整性模型、信息流模型、信息保障模型、纵深防御模型、分层防护模型、等级保护模型、网络生存模型等。

参考题型

- PDRR 信息模型改进了传统的只有保护的单一安全防御思想，强调信息安全保障的四个重要环节：保护（Protection）、检测（Detection）、恢复（Recovery）、响应（Response）。其中，信息隐藏是属于__（1）__的内容。

A．保护　　　　B．检测　　　　C．恢复　　　　D．响应

■ 试题分析 在PDRR信息模型四个重要环节中，保护的内容主要有加密机制、数据签名机制、访问控制机制、认证机制、信息隐藏、防火墙技术等。检测的内容主要有入侵检测、系统脆弱性检测、数据完整性检测、攻击性检测等。恢复的内容主要有数据备份、数据修复、系统恢复等。响应的内容主要有应急策略、应急机制、应急手段、入侵过程分析及安全状态评估等。

■ 参考答案 （1）A

● 完整性模型是常见的安全模型，__（2）__不属于完整性模型。

A．BLP模型　　　　B．Biba模型

C．Clark-Wilson模型　　　　D．DTE模型

■ 试题分析 完整性模型是常见的安全模型，Bell-LaPadula（BLP）模型属于机密性模型，但不属于完整性模型。

常见的安全模型见表4-1-1。

表4-1-1　常见的安全模型

<table>
<tr><th colspan="2">模型名称</th><th>特点</th></tr>
<tr><td>机密性模型</td><td>BLP模型</td><td>最早、最常用的多级安全模型，也属于状态机模型。BLP形式化地定义了系统、系统状态以及系统状态间的转换规则；制定了一组安全特性等。如果系统初始状态安全，并且所经过的一系列转换规则都保持安全，那么该系统是安全的。
BLP可防止非授权信息扩散</td></tr>
<tr><td rowspan="2">完整性模型</td><td>Biba模型</td><td>Biba采用BLP类似的规则保护信息完整。Biba可防止数据从低完整性级别流向高完整性级别，防止非授权修改系统信息</td></tr>
<tr><td>Clark-Wilson模型</td><td>模型采用良构事务和职责分散两类处理机制来保护数据完整性。
● 良构事务：不让用户随意修改数据。
● 职责分散：需将任务分解多步，并由多人完成。验证某一行为的人不能同时是被验证行为人</td></tr>
<tr><td colspan="2">信息流模型</td><td>主要着眼于对客体之间的信息传输过程的控制。模型根据客体的安全属性决定主体对信息的存取操作是否可行。该模型可用于寻找出隐蔽通道，避免敏感信息泄露</td></tr>
<tr><td>信息保障模型</td><td>PDRR信息模型</td><td>四个环节：
● 保护（Protection）包含加密、数字签名、访问控制、认证、信息隐藏、防火墙等。
● 检测（Detection）包含入侵检测、系统脆弱性检测、数据完整性检测、攻击性检测等。
● 响应（Response）包含应急策略/机制/手段、入侵过程分析、安全状态评估等。
● 恢复（Recovery）包含数据备份与修复、系统恢复等</td></tr>
</table>

续表

模型名称		特点
信息保障模型	P2DR 模型	四个要素：策略（Policy）、保护（Protection）、检测（Detection）、响应（Response）
	WPDRRC 模型	六个环节：预警（Warning）、保护（Protection）、检测（Detection）、响应（Response）、恢复（Recovery）、反击（Counterattack）
纵深防御模型		该模型是利用和组合多种网络安全防御措施，形成多道安全防线，提高安全防护能力。 第一道防线（**安全保护**）：阻止网络入侵。 第二道防线（**安全监测**）：发现网络入侵。 第三道防线（**实时响应**）：保护网络正常运行。 第四道防线（**恢复**）：受到攻击后，能尽快恢复，尽可能地降低损失
分层防护模型		参考 OSI 网络七层模型，分为物理层、网络层、系统层、应用层、用户层，分层部署不同的安全措施
等级保护模型		该模型先对系统进行安全定级；然后，确定对应的安全要求；最后，制定并落实安全保护措施
网络生存模型		网络生存性是指网络与信息系统遭到入侵后，仍能提供必要服务的能力。网络生存模型建立遵循 **3R 方法**，即抵抗（Resistance）、识别（Recognition）和恢复（Recovery）

■ **参考答案** （2）A

4.1.2 BLP 与 Biba 安全特性比较

知识点综述

本小节知识点包含 BLP 模型、Biba 模型的具体安全特性。

参考题型

- Bell-LaPadula 模型（简称 BLP 模型）是最早的一种安全模型，也是最著名的多级安全策略模型，BLP 模型的简单安全特性是指__（1）__。

A．不可上读　　　　B．不可上写

C．不可下读　　　　D．不可下写

■ **试题分析** BLP 模型有两条基本的规则：

1）简单安全特性规则：主体只能向下读，不能向上读。

2）*特性规则：主体只能向上写，不能向下写。

■ **参考答案** （1）A

- BLP 机密性模型用于防止非授权信息的扩散，从而保证系统的安全。其中主体只能向下读，不能向上读的特性被称为__（2）__。

A．*特性　　B．调用特性

C．简单安全特性　　D．单向性

■ 试题分析　BLP 机密性模型包含简单安全特性规则和*特性规则。简单安全特性规则：主体只能向下读，不能向上读。*特性规则：主体只能向上写，不能向下写。

■ 参考答案　（2）C

4.1.3　能力成熟度模型

知识点综述

目前，业界提出了不下 30 种成熟度模型。这些模型中比较知名的有：美国卡内基•梅隆大学软件研究院，从软件过程能力的角度提出的能力成熟度模型（Capability Maturity Model，CMM）、能力成熟度模型集成（Capability Maturity Model Integration，CMMI）等。网络安全成熟度模型有：系统安全工程能力成熟度模型（System Security Engineering Capability Maturity Model，SSE-CMM）、数据安全能力成熟度模型等。

参考题型

● SSE-CMM 的风险过程域组包含＿（1）＿个过程域。

A．3　　B．4

C．5　　D．6

■ 试题分析　SSE-CMM 将安全工程划分为风险、工程、保证三个过程域组。风险过程域组包含四个过程域，分别是评估影响、评估安全风险、评估威胁、评估脆弱性。

■ 参考答案　（1）B

● SSE-CMM 将安全工程划分为风险、工程、保证三个过程域组。以下四个选项中，＿（2）＿属于工程过程域组。

A．评估影响　　B．评估安全风险

C．实施安全控制　　D．评估脆弱性

■ 试题分析　工程过程域组包含五个过程域，分别是实施安全控制、协调安全、监视安全态势、提供安全输入、确定安全需求。

■ 参考答案　（2）C

● 能力成熟度模型集成（CMMI）是若干过程模型的综合和改进。连续式模型和阶段式模型是 CMMI 提供的两种表示方法，而连续式模型包括六个过程域能力等级，其中＿（3）＿使用量化（统计学）手段改变和优化过程域，以应对客户要求的改变和持续改进计划中的过程域的功效。

A．CL2（已管理的）　　B．CL3（已定义级的）

C．CL4（定量管理的）　　D．CL5（优化的）

■ 试题分析　CMMI 连续式表示法中，CL5（优化的）使用量化（统计学）手段改变和优化过程域，以应对客户要求的改变和持续改进计划中的过程域的功效。

■ 参考答案　（3）D

● CMM 是应美国政府要求所开发的一种能提高软件产品质量的软件模型。能力成熟度模型集成（CMMI）属于 CMM 模型的最新版。CMMI 分为五个成熟度级别。其中，__（4）__的特点是企业在项目实施上能够遵守既定的计划与流程，对整个流程有监测与控制，并与上级单位对项目与流程进行审查。

A．完成级　　B．管理级

C．定义级　　D．量化管理级

■ **试题分析**　CMMI 分为五个成熟度级别，特点如下：

1）完成级：企业项目的目标清晰。

2）管理级：企业在项目实施上能够遵守既定的计划与流程，对整个流程有监测与控制，并与上级单位对项目与流程进行审查。

3）定义级：企业不仅有完整的项目实施管理体系，还能够根据自身情况，将管理体系与流程制度化。企业不仅能实施同类项目，也能实施不同类项目。

4）量化管理级：企业的项目管理不仅形成了一种制度，而且要实现数字化的管理。

5）优化级：企业的项目管理达到了最高的境界。

■ **参考答案**　（4）B

4.2　网络安全原则

知识点综述

网络安全应遵守的主要原则包括系统性和动态性原则、纵深防护和协作性原则、网络安全风险和分级保护原则、标准化与一致化原则、技术与管理相结合原则等。

参考题型

● 有一种原则是对信息进行均衡、全面的防护，提高整个系统的“安全最低点”的安全性能，该原则称为__（1）__。

A．动态化原则　　B．木桶原则

C．等级性原则　　D．整体性原则

■ **试题分析**　网络安全系统的设计原则有木桶原则、整体性原则、有效性和实用性原则、安全性评价原则、动态化原则、等级性原则、设计为本原则、自主和可控性原则、权限最小化原则、有的放矢原则。其中：

1）木桶原则：系统的不安全程度由最薄弱的部分决定，只要某一组成部分存在漏洞，系统就容易被入侵者从此处攻破。

2）整体性原则：应用系统工程的观点、方法分析网络系统安全防护、监测和应急恢复。这一原则要求在进行安全规划设计时充分考虑各种安全配套措施的整体一致性，不要顾此失彼。

3）有效性和实用性原则：进行安全规划和设计、实施安全措施不能影响系统的正常运行和合法用户的操作。

4）动态化原则：安全系统需要进行不断地更新。

5）等级性原则：安全系统需要划分安全层次和安全级别。

■ 参考答案 （1）B

● （2） 是一种通过对信息进行均衡、安全的防护，提高整个系统最低安全性能的原则。

A．木桶原则　　B．保密原则

C．等级化原则　　D．最小特权原则

■ 试题分析 木桶原则：系统的不安全程度由最薄弱的部分决定，只要某一组成部分存在漏洞，系统就容易被入侵者从此处攻破。木桶原则是一种通过对信息进行均衡、安全的防护，提高整个系统最低安全性能的原则。

■ 参考答案 （2）A

● 对信息进行均衡、全面的防护，提高整个系统“安全最低点”的安全性能，这种安全原则被称为 （3） 。

A．最小特权原则　　B．木桶原则

C．等级化原则　　D．最小泄露原则

■ 试题分析 做题中看到题目中有“最低点”“最短板”这类关键词，就可以选木桶原则。木桶原则指出“木桶的最大容积取决于最短的一块木板”，攻击者必然在系统中最薄弱的地方进行攻击。

■ 参考答案 （3）B

● 为了达到信息安全的目标，各种信息安全技术的使用必须遵守一些基本原则，其中在信息系统中，应该对所有权限进行适当地划分，使每个授权主体只能拥有其中的一部分权限，使它们之间相互制约、相互监督，共同保证信息系统安全的是 （4） 。

A．最小化原则　　B．安全隔离原则

C．纵深防御原则　　D．分权制衡原则

■ 试题分析 1）最小化原则。受保护的敏感信息只能在一定范围内被共享，履行工作职责和职能的安全主体，在法律和相关安全策略允许的前提下，为满足工作需要，仅被授予其访问信息的适当权限，称为最小化原则。敏感信息的知情权一定要加以限制，是在“满足工作需要”前提下的一种限制性开放。可以将最小化原则细分为知所必须和用所必须的原则。

2）分权制衡原则。在信息系统中，对所有权限应该进行适当地划分，使每个授权主体只能拥有其中的一部分权限，使他们之间相互制约、相互监督，共同保证信息系统的安全。如果一个授权主体分配的权限过大，无人监督和制约，就隐含了“滥用权力”“一言九鼎”的安全隐患。

3）安全隔离原则。隔离和控制是实现信息安全的基本方法，而隔离是进行控制的基础。信息安全的一个基本策略就是将信息的主体与客体分离，按照一定的安全策略，在可控和安全的前提下实施主体对客体的访问。

■ 参考答案 （4）D

4.3 网络安全体系

4.3.1 ISO 安全体系结构

知识点综述

ISO 的开放系统互联安全体系结构包含安全机制、安全服务、开放式系统互联（Open System Interconnection，OSI）参考模型，并明确了三者之间的逻辑关系。

参考题型

● ISO 制定的安全体系结构描述了五种安全服务，以下选项中，______不属于这五种安全服务。

A．鉴别服务　　　　B．数据报过滤

C．访问控制　　　　D．数据完整性

■ 试题分析 ISO 的开放系统互联安全体系结构包含了安全机制、安全服务、OSI 参考模型，明确三者之间的逻辑关系。开放系统互联安全体系结构示意图，如图 4-3-1 所示。

1）安全机制：保护系统免受攻击、侦听、破坏及恢复系统的机制。

2）安全服务：加强数据处理系统和信息传输的安全性服务，利用一种或多种安全机制阻止安全攻击。

3）OSI 参考模型：开放系统互联参考模型，即常见的七层协议体系结构。

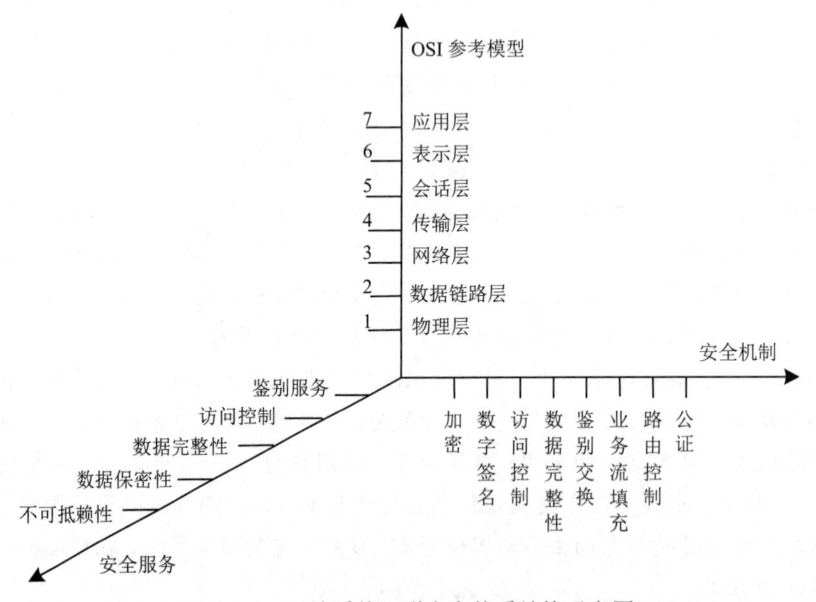

图 4-3-1 开放系统互联安全体系结构示意图

■ 参考答案 B

4.3.2 通用网络安全体系

知识点综述

本小节知识包含通用的网络安全体系的相关概念。

参考题型

- 在通用网络安全体系中，制定网络安全管理策略属于______。

  A．网络安全组织　　B．网络安全管理

  C．网络基础设施及安全服务　　D．网络安全技术

■ 试题分析 在通用网络安全体系中，网络安全管理包含制定网络安全管理策略、委托安全管理、网络资产分类与控制、人员安全管理、物理安全管理、线路安全管理、访问控制、系统开发与维护、运营管理等活动。

■ 参考答案 B

第5章 认证

本章考点知识结构图如图 5-0-1 所示。

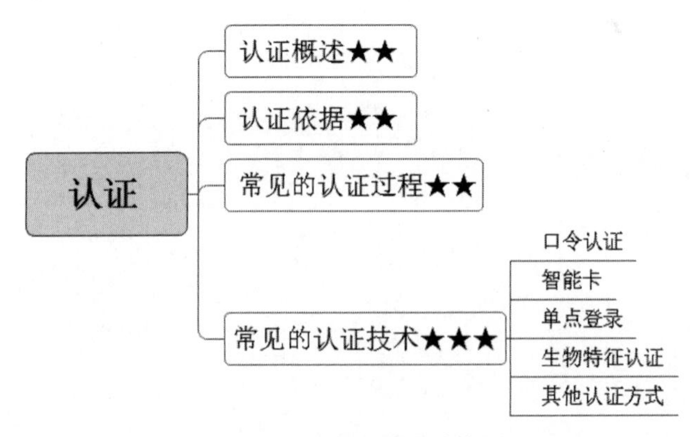

图 5-0-1　考点知识结构图

5.1　认证概述

知识点综述

认证是用于证实某事是否真实或有效的过程，也是向对方证实身份的过程。认证的原理是通过核对人或事的特征参数（如智能卡、指纹、密钥、口令等）来验证目标的真实性和有效性。

本节知识点包含认证的概念、认证的原理、认证的组成等。

参考题型

● 下列说法中，________是不正确的。

A．认证的组成部分有标识、鉴别

B．鉴别是利用技术（如口令、数字证实、签名、生物特征等），识别并验证实体属性的真实性和有效性

C．标识是实体（如设备、人员、服务、数据等）唯一的、可辨识的标识

D．认证机制就是认证协议

■ 试题分析 认证机制由被验证方、验证方、认证协议组成。

■ 参考答案 D

5.2 认证依据

知识点综述

认证依据就是鉴别身份的凭证。本节知识点包含认证依据的分类等。

参考题型

● 常用的认证依据可以分为秘密信息、生物特征、实物凭证、行为特征等类别。其中，U 盾属于_______。

A．秘密信息　　B．生物特征　　C．实物凭证　　D．行为特征

■ 试题分析 常用的认证依据中，U 盾、智能 IC 卡属于实物凭证。

■ 参考答案 C

5.3 常见的认证过程

知识点综述

该小节知识点包括单向认证、双向认证、第三方认证等。

参考题型

● 下列四个选项中，__（1）__是不正确的。

A．单向认证过程中，包含验证方对被验证方的验证

B．单向认证可以分为基于共享秘密和基于挑战响应两种

C．单向认证过程中，被验证方需要验证验证方

D．第三方认证是通过可信的第三方实现双方间的认证

■ 试题分析 单向认证过程中，只有验证方对被验证方的验证，被验证方不需要验证验证方。

■ 参考答案 （1）C

● 认证是证实某事是否名副其实或者是否有效的一个过程。以下关于认证的叙述中，不正确的是__（2）__。

A．认证能够有效阻止主动攻击

B．认证常用的参数有口令、标识符、生物特征等

C．认证不允许第三方参与验证过程

D．身份认证的目的是识别用户的合法性，阻止非法用户访问系统

■ 试题分析 认证有第三方参与的形式。

■ 参考答案 （2）C

5.4 常见的认证技术

5.4.1 口令认证

知识点综述

口令认证目前是应用最广泛的认证方式之一。该小节知识点包括口令认证特点、口令管理的防范措施等。

参考题型

● 面向身份信息的认证应用中，最常用的认证方法是__（1）__。

A．基于数据库的认证　　B．基于摘要算法认证

C．基于 PKI 认证　　D．基于账户名/口令认证

■ 试题分析 认证又称鉴别、确认，它是证实某事是否名副其实或是否有效的一个过程。基于账户名/口令认证属于最常用的认证方法。

■ 参考答案 （1）D

● S/Key 口令是一种一次性口令生产方案，它可以对抗__（2）__。

A．恶意代码木马攻击　　B．拒绝服务攻击

C．协议分析攻击　　D．重放攻击

■ 试题分析 S/Key 一次性口令系统是一个基于 MD4 和 MD5 的一次性口令生成方案。它可以对访问者的身份与设备进行综合验证。S/Key 协议的操作基于客户端/服务器端模式。客户端可以是任何设备，如普通的个人电脑或者是有移动商务功能的手机。而服务器一般都是运行 UNIX 系统。

重放攻击是指攻击者通过某种方式在网络连接中获取他人的登录账户与口令，然后利用他对某个网络资源的访问权限。而现在 S/Key 协议分配给访问者的口令每次都不同，所以，就可以有效地解决口令泄露问题，可以避免重放攻击。

■ 参考答案 （2）D

● 以下关于认证技术的叙述中，错误的是__（3）__。

A．指纹识别技术的利用可以分为验证和辨识

B．数字签名是十六进制的字符串

C．身份认证是用来对信息系统中实体的合法性进行验证的方法

D．消息认证能够确定接收方收到的消息是否被篡改

■ 试题分析 很多应用系统第一步就是用户的身份认证，用于识别用户是否合法。身份认证主要有口令认证、生物特征识别两种方式。指纹识别属于生物特征识别技术。

指纹识别技术可以分为验证、辨识两种。

- 验证：现场采集的指纹与系统记录的指纹进行匹配来确认身份。验证的前提条件是指纹必须在指纹库中已经注册。验证其实是回答了这样一个问题："他是他自称的这个人吗？"
- 辨识：辨识则是把现场采集到的指纹（也可能是残缺的）同指纹数据库中的指纹逐一对比，从中找出与现场指纹相匹配的指纹。辨识其实是回答了这样一个问题："他是谁？"

数字签名验证口令：系统存有用户公钥，利用数字签名方式验证口令。是一个**二进制**的字符串。

消息认证就是验证消息的完整性，当接收方收到发送方的报文时，接收方能够验证收到的报文是真实的和未被篡改的。它包含两层含义：一是验证信息的发送者是真正的而不是冒充的，即数据起源认证；二是验证信息在传送过程中未被篡改、重放或延迟等。

■ **参考答案** （3）B

5.4.2 智能卡

知识点综述

智能卡（Smart Card）是内嵌有微芯片的塑料卡的通称，能存储认证信息。智能卡通常包含微处理器、I/O 接口及内存，提供了资料的运算、存取控制及储存功能。本小节知识点包括智能卡定义、智能卡分类、片内操作系统等。

参考题型

- 智能卡是指粘贴或嵌有集成电路芯片的一种便携式卡片塑胶，智能卡的片内操作系统（COS）是智能卡芯片内的一个监控软件，以下不属于 COS 组成部分的是__（1）__。

A．通信管理模块　B．数据管理模块　C．安全管理模块　D．文件管理模块

■ **试题分析** 智能卡又称智慧卡、聪明卡、集成电路卡，指粘贴或嵌有集成电路芯片的一种便携式卡片塑胶。卡片包含了微处理器、I/O 接口及内存，提供了资料的运算、存取控制及储存功能，卡片的大小等。常见的有身份 IC 卡、一些交通票证和存储卡等。

智能卡目前主要的功能在于身份辨识和点数计算，其主要机理是运用内含微电脑系统对资料进行数学运算，确认其唯一性或者利用内建计数器（counter）替代成货币、红利点数等数字型的资料。

卡片内部运作除了硬件之外还有其软件，通常会需要一个核心片内操作系统（Card Operating System，COS）提供服务，其内部软件系统架构如下：硬件→COS→AP（Application）。

COS 一般由四部分组成：通信管理模块、安全管理模块、应用管理模块和文件管理模块。

■ **参考答案** （1）B

- 智能卡的片内操作系统（COS）一般由通信管理模块、安全管理模块、应用管理模块和文件管理模块四个部分组成。其中数据单元或记录的存储属于__（2）__。

A．通信管理模块　B．安全管理模块　C．应用管理模块　D．文件管理模块

■ **试题分析** 智能卡的片内操作系统（COS）一般由通信管理模块、安全管理模块、应用管理模块和文件管理模块四个部分组成。其中数据单元或记录的存储属于文件管理模块。

■ **参考答案** （2）D

5.4.3 单点登录

知识点综述

单点登录（Single Sign On，SSO）是用户只需要登录一次就可以访问所有相互信任的应用系统。本小节知识点包括单点登录的主要模型。

参考题型

- 在______中代理服务器分担了用户的认证任务，是服务器和客户端之间认证方式的“翻译”。

  A．基于管理的 SSO 模型　　B．基于网关的 SSO 模型

  C．基于验证代理的 SSO 模型　　D．基于 Kerberos 的 SSO 模型

■ 试题分析 常见的 SSO 模型有基于网关的 SSO 模型、基于验证代理的 SSO 模型、基于 Kerberos 的 SSO 模型等。在基于验证代理的 SSO 模型中代理服务器分担了用户的认证任务，是服务器和客户端之间认证方式的“翻译”。

■ 参考答案 C

5.4.4 生物特征认证

知识点综述

经验表明，身体特征（指纹、掌型、视网膜、虹膜、人体气味、脸型、手的血管和 DNA 等）和行为特征（签名、语音、行走步态等）都可以对人进行唯一标识，用于身份识别。

本节知识点包含生物特征的认证、指纹认证等。

参考题型

- 目前，计算机及网络系统中常用的身份认证技术主要有：口令认证技术、智能卡技术、基于生物特征的认证技术等。其中不属于生物特征的是<u>（1）</u>。

  A．数字证书　　B．指纹　　C．虹膜　　D．DNA

■ 试题分析 基于生物特征认证就是利用人类的生物特征进行验证，可使用指纹、人脸、视网膜、语音、DNA 等生物特征信息来进行身份认证。

■ 参考答案 （1）A

- 以下选项中，不属于生物识别方法的是<u>（2）</u>。

  A．指纹识别　　B．声音识别　　C．虹膜识别　　D．个人标记号识别

■ 试题分析 经验表明身体特征（指纹、掌型、视网膜、虹膜、人体气味、脸型、手的血管和 DNA 等）和行为特征（签名、语音、行走步态等）都可以对人进行唯一标示，用于身份识别。目前指纹识别技术的发展最为深入。

■ 参考答案 （2）D

- 身份识别在信息安全领域有着广泛的应用，通过识别用户的生理特征来认证用户的身份是安全性很高的身份认证方法。如果把人体特征用于身份识别，则它应该具有不可复制的特点，必须具有<u>（3）</u>。

A．唯一性和保密性　　B．唯一性和稳定性

C．保密性和可识别性　　D．稳定性和可识别性

■ **试题分析** 身份认证，用于识别用户是否合法。身份认证主要有口令认证和生物特征识别两种方式。生物特征识别的认证需要具有的特性有随身性、安全性、唯一性、普遍性、稳定性、可采集性、可接受性、方便性。

■ **参考答案** （3）B

- 身份认证是证实客户的真实身份与其所声称的身份是否相符的验证过程。目前，计算机及网络系统中常用的身份认证技术主要有用户名/密码方式、智能卡认证、动态口令、生物特征认证等。其中能用于身份认证的生物特征必须具有__（4）__。

A．唯一性和稳定性　　B．唯一性和保密性

C．保密性和完整性　　D．稳定性和完整性

■ **试题分析** 与传统身份认证技术相比，生物识别技术具有以下特点：

1）随身性：生物特征是人体固有的特征，与人体是唯一绑定的，具有随身性。

2）安全性：人体特征本身就是个人身份的最好证明，满足更高的安全需求。

3）唯一性：每个人拥有的生物特征各不相同。

4）稳定性：生物特征如指纹、虹膜等人体特征不会随时间等条件的变化而变化。

5）广泛性：每个人都具有这种特征。

6）方便性：生物识别技术不需记忆密码与携带使用特殊工具（如钥匙），不会遗失。

7）可采集性：选择的生物特征易于测量。

8）可接受性：使用者对所选择的个人生物特征及其应用愿意接受。

■ **参考答案** （4）A

5.4.5 其他认证方式

知识点综述

本节知识点包含 Kerberos 认证、PKI 认证、人机识别认证、基于行为的身份鉴别技术、消息认证等。

参考题型

- 下列各种协议中，不属于身份认证协议的是__（1）__。

A．S/Key 口令协议　　B．Kerberos

C．X.509 协议　　D．IPSec 协议

■ **试题分析** 身份认证用于识别用户是否合法。常见的身份认证协议有 S/Key 口令协议、Kerberos、X.509 等。

互联网安全协议（Internet Protocol Security，IPSec）定义了在网际层使用的安全服务，其功能包括数据加密、对网络单元的访问控制、数据源地址验证、数据完整性检查和防止重放攻击。

■ **参考答案** （1）D

- 信息通过网络进行传输的过程中，存在着被篡改的风险，为了解决这一安全问题，通常采用的安全防护技术是__（2）__。

  A．加密技术　　B．匿名技术

  C．消息认证技术　　D．数据备份技术

■ **试题分析**　消息认证就是验证消息的完整性，当接收方收到发送方的报文时，接收方能够验证收到的报文是真实的和未被篡改的。它包含两层含义：一是验证信息的发送者是真正的而不是冒充的，即数据起源认证；二是验证信息在传送过程中未被篡改、重放或延迟等。

■ **参考答案**　（2）C

- 在非安全的通信环境中，为了保证消息来源的可靠性，通常采用的安全防护技术是__（3）__。

  A．信息隐藏技术　　B．数据加密技术

  C．消息认证技术　　D．数字水印技术

■ **试题分析**　消息认证就是验证消息的完整性，当接收方收到发送方的报文时，接收方能够验证收到的报文是真实的和未被篡改的。

■ **参考答案**　（3）C

- 下列不属于报文认证算法的是__（4）__。

  A．MD5　　B．SHA-1　　C．RC4　　D．HMAC

■ **试题分析**　报文认证是保证通信双方能够验证每个报文的发送方、接收方、内容和时间性的真实性和完整性。RC4 是一种加密算法，不属于报文认证算法。

■ **参考答案**　（4）C

第6章 计算机网络基础

本章考点知识结构图如图 6-0-1 所示。

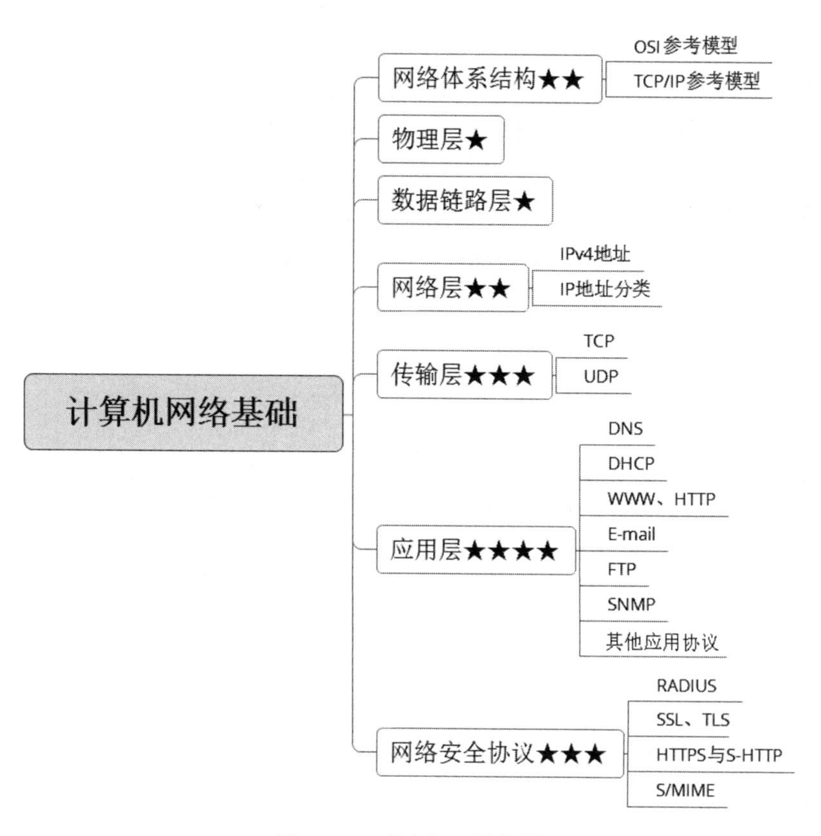

图 6-0-1　考点知识结构图

6.1 网络体系结构

6.1.1 OSI 参考模型

知识点综述

随着计算机网络的飞速发展，用户迫切要求能在不同体系结构的网络间交换信息，不同网络能互连起来。**国际标准化组织**（International Standard Organized，ISO）从 1977 年开始研究这个问题，并于 1979 年提出了一个互联的标准框架，即著名的**开放系统互联参考模型**（Open System Interconnection/Reference Model，OSI/RM），简称 OSI 模型。1983 年形成了 OSI/RM 的正式文件，即 **ISO 7498 标准**，即常见的七层协议的体系结构。**网络体系结构也可以定义为计算机网络各层级协议的集合**，这样 OSI 本身就算不上一个网络体系结构，因为没有定义每一层所用到的服务和协议。体系结构是抽象的概念，而实现是具体的概念，实际运行的是硬件和软件。

本节知识点包含物理层、数据链路层、网络层、传输层、会话层、表示层和应用层等综合概述知识。

参考题型

● 以下对 OSI（开放系统互联）参考模型中数据链路层的功能叙述中，描述最贴切的是_______。

A．保证数据正确的顺序、无差错和完整　　B．控制报文通过网络的路由选择

C．提供用户与网络的接口　　D．处理信号通过介质的传输

■ **试题分析** 数据链路层将原始的传输线路转变成一条逻辑的传输线路，实现实体间二进制信息块的正确传输，为网络层提供可靠的数据信息。

■ **参考答案** A

6.1.2 TCP/IP 参考模型

知识点综述

OSI 参考模型虽然完备，但是太过复杂，不实用。而之后的传输控制协议/互联协议（Transmission Control Protocol/Internet Protocol，TCP/IP）参考模型经过一系列的修改和完善得到了广泛的应用。TCP/IP 参考模型包含应用层、传输层、网际层和网络接口层这四层。

参考题型

● 在 TCP/IP 参考模型中，数据链路层处理的数据单位是______。

A．比特　　B．帧　　C．分组　　D．报文

■ **试题分析** 此题主要考查了 TCP/IP 模型中各层传输的数据单元名称。

物理层：比特流（Bit Stream）。

数据链路层：数据帧（Frame）。

网络层：数据分组或数据报（Packet）。

传输层：报文或段（Segment）。

■ 参考答案 B

6.2 物理层

知识点综述

本节包含的知识点有数据通信理论知识、传输介质、常见网络设备等。

参考题型

● __(1)__是在一段连续的时间间隔内，其代表信息的特征量可以在任意瞬间呈现为任意数值的信号。

A．模拟信道　　B．数字信道

C．数字信号　　D．模拟信号

■ 试题分析 **模拟信号**是在一段连续的时间间隔内，其代表信息的特征量可以在任意瞬间呈现为任意数值的信号。

■ 参考答案 （1）D

● 下面列出的四种快速以太网物理层标准中，使用两对五类无屏蔽双绞线作为传输介质的是__(2)__。

A．100BASE-FX　　B．100BASE-T4

C．100BASE-TX　　D．100BASE-T2

■ 试题分析 100BASE-T2 支持使用两对五类无屏蔽双绞线作为传输介质。

■ 参考答案 （2）D

● 光纤分为单模光纤和多模光纤，关于这两种光纤的区别的描述正确的是__(3)__。

A．单模光纤的数据速率比多模光纤低　　B．多模光纤比单模光纤传输距离更远

C．单模光纤比多模光纤的价格更便宜　　D．多模光纤比单模光纤的纤芯直径粗

■ 试题分析 本题考查的是两类光纤的特性。单模光纤与多模光纤的特性见表 6-2-1。

表 6-2-1 单模光纤与多模光纤的特性

比较项	单模光纤	多模光纤
光源	激光二极管	LED
光源波长	有 1310nm 和 1550nm 两种	有 850nm 和 1300nm 两种
纤芯直径/包层外径	8.3/125μm	50/125μm 和 62.5/125μm
距离	2～10km	2km
光种类	一种模式的光	不同模式的光

■ 参考答案 （3）D

● ＿（4）＿是连接网络中各类局域网和广域网的设备，它会根据信道的情况自动选择和设定路由，以最佳路径按前后顺序发送信号的设备。

A．VPN　　B．防火墙　　C．交换机　　D．路由器

■ **试题分析**　路由器（Router）是连接网络中各类局域网和广域网的设备，它会根据信道的情况自动选择和设定路由，以最佳路径按前后顺序发送信号的设备。

■ **参考答案**　（4）D

6.3　数据链路层

知识点综述

本小节知识点包含点对点协议、局域网的数据链路层结构、IEEE 802.3 系列协议等。

参考题型

● 采用 ADSL 虚拟拨号接入方式中，用户端需要安装＿（1）＿软件。

A．PPP　　B．PPPoE　　C．PPTP　　D．L2TP

■ **试题分析**　采用非对称数字用户线路（Asymmetric Digital Subscriber Line，ADSL）虚拟拨号接入方式中，用户端需要安装以太网点对点协议（Point to Point Protocol over Ethernet，PPPoE）软件。

■ **参考答案**　（1）B

● IEEE 802.3 规定的最小帧长为 64 字节，这个帧长是指＿（2）＿。

A．从前导字段到校验和的长度　　B．从目的地址到校验和的长度

C．从帧起始符到校验和的长度　　D．数据字段的长度

■ **试题分析**　IEEE 802.3 规定的最小帧长为 64 字节，这个帧长是指从目标地址到校验和的长度。以太网帧格式如图 6-3-1 所示。

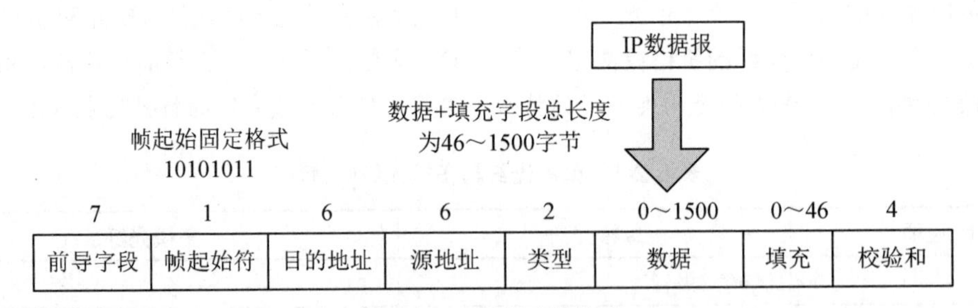

图 6-3-1　以太网帧格式

■ **参考答案**　（2）B

● CSMA/CD 协议可以利用多种监听算法来减小发送冲突的概率，下列关于各种监听算法的描述中，正确的是＿（3）＿。

A．非坚持型监听算法有利于减少网络空闲时间

B．坚持型监听算法有利于减少冲突的概率

C．P 坚持型监听算法无法减少网络的空闲时间

D．坚持型监听算法能够及时抢占信道

■ 试题分析 载波监听多点接入/碰撞检测（Carrier Sense Multiple Access with Collision on Detection，CSMA/CD）协议定义的坚持（监听）算法可以分为以下三类:

1）1-持续 CSMA（1-persistent CSMA），当信道忙或发生冲突时，要发送帧的站一直持续监听，一旦发现信道有空闲（即在帧间最小间隔时间内没有检测到信道上有信号），便可发送。特点：有利于抢占信道，减少信道空闲时间；但较长的传播延迟和同时监听，会导致多次冲突，降低系统性能。

2）非持续 CSMA，发送方并不持续监听信道，而是在冲突时等待随机的一段时间 N，再发送。特点：它有更好的信道利用率，由于随机时延后退，从而减少了冲突的概率；然而，可能出现的问题是因为后退而使信道闲置一段较长时间，这会使信道的利用率降低，而且增加了发送时延。

3）P-持续 CSMA（P-persistent CSMA），发送方按 P 概率发送帧。即信道空闲时（即在帧间最小间隔时间内没有检测到信道上有信号），发送方不一定发送数据，而是按照 P 概率发送；以 $1-P$ 概率不发送。若不发送数据，下一时间间隔 τ 仍空闲，同理进行发送；若信道忙，则等待下一时间间隔 τ；若冲突，则等待随机的一段时间，重新开始。τ 为单程网络传输时延。

特点：P 的取值比较困难，大了会产生冲突，小了会延长等待时间。假定 n 个发送站等待发送，此时发现网络中有数据传送，当数据传输结束时，则有可能出现 $n\times P$ 个站发送数据。如果 $n\times P>1$，则必然出现多个站点发送数据，这也必然导致冲突。有的站传输数据完毕后，产生新帧与等待发送的数据帧竞争，很可能加剧冲突。

如果 P 太小，例如 $P=0.01$，则表示一个站点 100 个时间单位才会发送一次数据，这样 99 个时间单位就空闲了，会造成浪费。

■ 参考答案 （3）D

● 以下属于万兆以太网物理层标准的是 （4） 。

A．IEEE 802.3u B．IEEE 802.3a C．IEEE 802.3e D．IEEE 802.3ae

■ 试题分析 **IEEE 802.3ae:** 万兆以太网（10 Gigabit Ethernet）。该标准仅支持光纤传输，提供两种连接。一种是和以太网连接、速率为 10Gb/s 物理层设备，即 LAN PHY；另一种是与 SONET/SHD 连接、速率为 9.58464Gb/s 的 WAN 设备，即 WAN PHY。通过 WAN PHY 可以与 SONETOC-192 结合，通过 SONET 城域网提供端到端连接。该标准支持 10GBASE-S（850nm 短波）、10GBASE-L（1310nm 长波）、10GBASE-E（1550nm 长波）三种规格，最大传输距离为 300m、10km 和 40km。IEEE 802.3ae 支持 IEEE 802.3 标准中定义的最小和最大帧长。万兆以太网不采用 CSMA/CD 方式，只有全双工方式**（千兆以太网、万兆以太网最小帧长为 512 字节）。**

■ 参考答案 （4）D

● 在局域网标准中，100BASE-T 规定从收发器到集线器的距离不超过 （5） m。

A．100 B．185 C．300 D．1000

■ 试题分析 该题属于基本概念题，100Base-T 规定从收发器到集线器的距离为 100m。

■ 参考答案 （5）A

6.4 网络层

知识点综述

网络之间的互连协议（Internet Protocol，IP）是方便计算机网络系统之间相互通信的协议，是各大厂商遵循的计算机网络相互通信的规则。本节包含 IPv4 地址、IP 地址分类等知识点。

参考题型

● 在 IPv4 的数据报格式中，字段__（1）__最适合于携带隐藏信息。

A．生存时间　　B．源 IP 地址

C．版本　　D．标识

■ **试题分析** IP 数据报报头（Packet Header）结构，如图 6-4-1 所示。

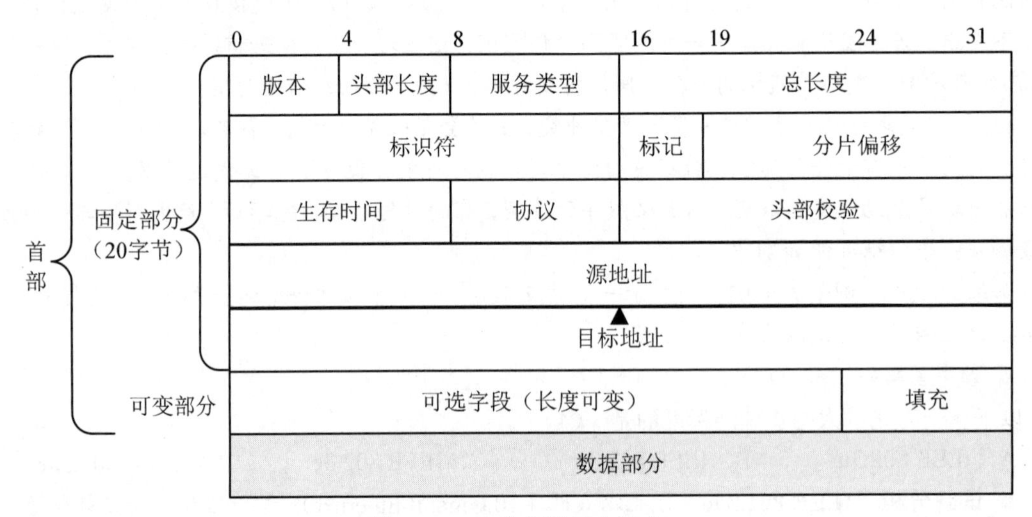

图 6-4-1 IP 数据报报头格式

标识符（Identifier）字段，长度为 16 位。同一数据报分段后的数据，其标识符字段一致，这样便于重装成原来的数据报。这个值是由发送方位置的一个计数器生产的。在某些情况下可以用来携带其他的特殊信息。

■ **参考答案** （1）D

● IP 数据报首部中 IHL 字段的最小值为__（2）__。

A．5　　B．2　　C．32　　D．128

■ **试题分析** IP 数据报首部长度（Internet Header Length，IHL）为 4 位。该字段表示数的单位是 32 位，即 4 字节。常用的值是 5，也是可取的最小值，表示报头为 20 字节；可取的最大值是 15，表示报头为 60 字节。

■ **参考答案** （2）A

● IPv4 协议头中标识符字段的作用是__（3）__。

A. 指明封装的上层协议　　B. 表示松散源路由

C. 用于分段和重装配　　D. 表示提供的服务类型

■ **试题分析** 标识符（Identifier）字段长度 16 位。同一数据报分段后，标识符一致，这样便于重装成原来的数据报。

■ **参考答案** （3）C

● IP 地址分为全球地址和专用地址，以下属于专用地址的是__（4）__。

A. 172.168.1.2　　B. 10.1.2.3　　C. 168.1.2.3　　D. 192.172.1.2

■ **试题分析** A 类地址中的私有地址和保留地址：

- 10.X.X.X 是私有地址，是指在互联网上不使用，而只用在局域网络中的地址。网络号为 10，网络数为 1 个，地址范围为 10.0.0.0 ~ 10.255.255.255。
- 127.X.X.X 是保留地址，用作环回（Loopback）地址，由环回地址（典型的是 127.0.0.1）向自己发送流量。

B 类地址中的私有地址和保留地址：

- 172.16.0.0 ~ 172.31.255.255 是私有地址。
- **169.254.X.X 是保留地址。如果 PC 机上的 IP 地址设置自动获取，而 PC 机又没有找到相应的 DHCP 服务，那么最后 PC 机可能得到保留地址中的一个 IP。**

C 类地址中的私有地址：192.168.X.X 是私有地址，地址范围：192.168.0.0 ~ 192.168.255.255。

■ **参考答案** （4）B

● IP 地址分为全球地址（公有地址）和专用地址（私有地址），在文档 RFC1918 中，不属于专用地址的是__（5）__。

A. 10.0.0.0～10.255.255.255　　B. 255.0.0.0～255.255.255.255

C. 172.16.0.0～172.31.255.255　　D. 192.168.0.0～192.168.255.255

■ **试题分析** 选项 A、C、D 所列的三个范围是 RFC1918 规定的专用地址范围。

■ **参考答案** （5）B

● IP 地址 202.117.17.255/22 是__（6）__。

A. 网络地址　　B. 全局广播地址

C. 主机地址　　D. 定向广播地址

■ **试题分析** 本题是关于 IP 子网计算的问题，最直接的方式就是将 IP 地址直接换算为二进制，即可看出主机部分的情况。由 202.117.00010001.11111111 可以看出：32−22=10bit。最后 10bit 是 01.11111111，既不是全 1 也不是全 0。因此不是广播地址，也不是网络地址，而是一个主机地址。

■ **参考答案** （6）C

● 地址 202.118.37.192/26 是__（7）__，地址 192.117.17.255/22 是__（8）__。

（7）A. 网络地址　　B. 组播地址　　C. 主机地址　　D. 定向广播地址

（8）A. 网络地址　　B. 组播地址　　C. 主机地址　　D. 定向广播地址

■ **试题分析** 202.118.37.192/26 主机位全 0，所以为网络地址。192.117.17.255/22 主机位既不是全 0、也不是全 1，所以是主机地址。

■ **参考答案** （7）A （8）C

● 下列关于 IPv6 的描述中，最准确的是__（9）__。

A．IPv6 可以允许全局地址重复使用
B．IPv6 解决了全局 IP 地址不足的问题
C．IPv6 的出现使得卫星联网得以实现
D．IPv6 的设计目标之一是支持光纤通信

■ **试题分析** IPv6（Internet Protocol Version 6）是 IETF 设计的用于替代现行 IPv4 的下一代 IP 协议。IPv6 地址为 128 位长，但通常写作 8 组，每组为 4 个十六进制数的形式。设计的主要目的就是要解决 IPv4 地址不足的问题。

■ **参考答案** （9）B

● 以下给出的地址中，属于子网 172.112.15.19/28 的主机地址是__（10）__。

A．172.112.15.17
B．172.112.15.14
C．172.112.15.16
D．172.112.15.31

■ **试题分析** 解答这种类型的 IP 地址的计算问题，通常是计算出该子网对应的 IP 地址范围。本题中由/28 可以知道，主机为 32−28=4bit，也就是每个子网有 2^4 个地址。因此第一个地址段是 172.112.15.0～172.112.15.15，第二个地址段是 172.112.15.16～172.112.15.31，因此与 172.112.15.19 所在的地址段是第二个地址段的只有 A 项。

■ **参考答案** （10）A

● 以下关于 NAT 的说法中，错误的是__（11）__。

A．NAT 允许一个机构专用 Intranet 中的主机透明地连接到公共区域的主机，无须每台内部主机都用有注册的（已经越来越缺乏的）全局互联网地址
B．静态 NAT 是设置起来最简单和最容易实现的一种地址转化方式，内部网络中的每个主机都被永久映射成外部网络中的某个合法地址
C．动态 NAT 主要应用于拨号和频繁的远程连接，当远程用户连接上之后，动态 NAT 就会分配给用户一个 IP 地址，当用户断开时，这个 IP 地址就会被释放而留待以后使用
D．动态 NAT 又叫网络地址端口转换 NAPT

■ **试题分析** 动态网络地址转换（Network Address Translation，NAT）主要应用于拨号和频繁的远程连接，当远程用户连接上后，动态 NAT 就会给用户分配一个 IP 地址；当用户断开时，这个 IP 地址就会被释放而留待以后使用。

网络地址端口转换（Network Address Port Translation，NAPT）是 NAT 的一种变形，它允许多个内部地址映射到同一个公有地址上，也可称之为**多对一地址转换**或地址复用。NAPT 同时映射 IP 地址和端口号，来自不同内部地址的数据报的源地址可以映射到同一个外部地址，但它们的端口号被转换为该地址的不同端口号，因而仍然能够共享同一个地址，即 NAPT 出口数据报中的内网 IP 地址被 NAT 的公网 IP 地址代替，出口分组的端口被一个高端端口代替。

■ **参考答案** （11）D

6.5 传输层

6.5.1 TCP

知识点综述

传输控制协议（Transmission Control Protocol，TCP）是一种可靠的、面向连接的字节流服务。源主机在传送数据前需要先和目标主机建立连接。然后在此连接上，被编号的数据段按序收发。同时要求对每个数据段进行确认，这样保证了可靠性。如果在指定的时间内没有收到目标主机对所发数据段的确认，源主机将再次发送该数据段。

本节知识点包含TCP首部报文格式、TCP三次握手协议等。

参考题型

● 以下关于TCP协议的描述，错误的是__（1）__。

A．TCP是Internet传输层的协议，可以为应用层的不同协议提供服务

B．TCP是面向连接的协议，提供可靠、全双工的、面向字节流的端到端的服务

C．TCP使用二次握手来建立连接，具有很好的可靠性

D．TCP每发送一个报文段，就对这个报文段设置一次计算器

■ **试题分析** TCP会话通过**三次握手**来建立连接。

■ **参考答案** （1）C

● TCP使用三次握手协议建立连接，以防止__（2）__；当请求方发出SYN连接请求后，等待对方回答__（3）__以建立正确的连接；当出现错误连接时，响应__（4）__。

（2）A．出现半连接　B．无法连接　C．产生错误的连接　D．连接失效

（3）A．SYN，ACK　B．FIN，ACK　C．PSH，ACK　D．RST，ACK

（4）A．SYN，ACK　B．FIN，ACK　C．PSH，ACK　D．RST，ACK

■ **试题分析** 半连接这个说法不确切，所以不选。错误连接是一个比较泛的概念。当出现错误时，发出RST要求对端重新建立连接，而不是发出FIN终止连接。

■ **参考答案** （2）C　（3）A　（4）D

● 当一个TCP连接处于__（5）__状态时等待应用程序关闭端口。

A．CLOSED　B．ESTABLISHED

C．CLOSE-WAIT　D．LAST-ACK

■ **试题分析** TCP会话通过三次握手来建立连接。三次握手的目标是使数据段的发送和接收同步。同时也向其他主机表明其一次可接收的数据量（窗口大小），并建立逻辑连接。这三次握手的过程可以简述如下：

● 双方通信之前均处于**CLOSED**状态。

第一次握手

源主机发送一个同步标志位 SYN=1 的 TCP 数据段。此段中同时标明初始序号（Initial Sequence Number，ISN）。ISN 是一个随时间变化的随机值，即 **SYN=1，SEQ=x**。源主机进入 **SYN-SENT** 状态。

第二次握手

目标主机接收到 SYN 包后，发回确认数据报文。该数据报文 ACK=1，同时确认序号字段，表明目标主机期待收到源主机下一个数据段的序号，即 ACK=x+1（表明前一个数据段已收到并且没有错误）。

此外，此段中设置 SYN=1，并包含目标主机的段初始序号 y，即 ACK=1，确认序号 ACK=x+1，SYN=1，自身序号 SEQ=y。此时目标主机进入 SYN-RCVD 状态，源主机进入 ESTABLISHED 状态。

第三次握手

源主机再回送一个确认数据段，同样带有递增的发送序号和确认序号（**ACK=1，确认序号 ACK=y+1，自身序号 SEQ**，TCP 会话的三次握手完成。接下来，源主机和目标主机可以互相收发数据。TCP 三次握手的过程如图 6-5-1 所示。

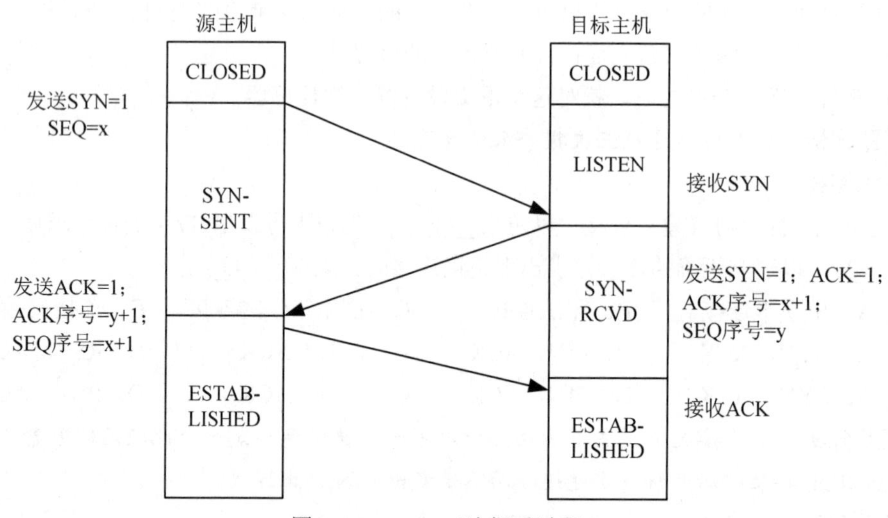

图 6-5-1　TCP 三次握手过程

- TCP 释放连接

TCP 释放连接分为四步，具体过程如下：

双方通信之前均处于 **ESTABLISHED** 状态。

第一步

源主机发送一个释放报文（FIN=1，自身序号 SEQ =x），源主机进入 FIN-WAIT 状态。

第二步

目标主机接收报文后，发出确认报文（**ACK=1，确认序号为 ACK=x+1，序号 SEQ =y**），目标

主机进入 **CLOSE-WAIT** 状态。这个时候，源主机停止发送数据，但是目标主机仍然可以发送数据，此时 TCP 连接为半关闭状态（**HALF-CLOSE**）。

源主机接收到 ACK 报文后，等待目标主机发出 FIN 报文，这可能会持续一段时间。

第三步

目标主机确定没有数据，向源主机发送后，发出释放报文（FIN=1，ACK=1，确认序号 ACK =x+1，序号 SEQ =z）。目标主机进入 LAST-ACK 状态。

注意： 这里由于处于半关闭状态（HALF-CLOSE），目标主机还会发送一些数据，其序号不一定为 y+1，因此设为 z。而且，目标主机必须重复发送一次确认序号 ACK=x+1。

第四步

源主机接收到释放报文后，对此发送确认报文（**ACK=1，确认序号 ACK=z+1，自身序号 SEQ=x+1**），在等待一段时间确定确认报文到达后，源主机进入 **CLOSED** 状态。

目标主机在接收到确认报文后，也进入 **CLOSED** 状态。

具体释放连接步骤如图 6-5-2 所示。

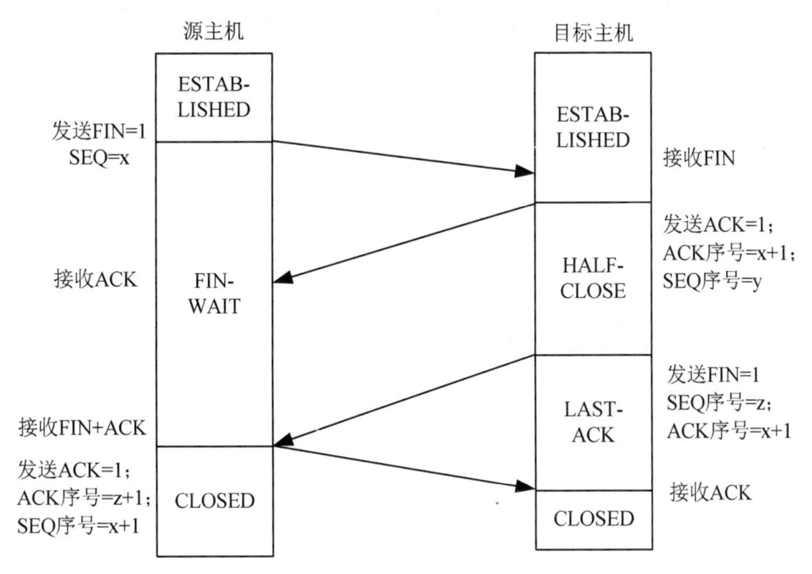

图 6-5-2　释放连接步骤

■ **参考答案**　（5）C

6.5.2　UDP

知识点综述

用户数据报协议（User Datagram Protocol，UDP）是一种不可靠的、无连接的数据报服务。源主机在传送数据前不需要和目标主机建立连接。数据附加了源端口号和目标端口号等 UDP 报头字段后直接发往目的主机。这时，每个数据段的可靠性依靠上层协议来保证。在传送数据较少且较小的情况下，UDP 比 TCP 更加高效。UDP 数据传输方式消耗资源小，处理速度快，合适音频、视频等数据的传输。

本节知识点包含 UDP 概念、特性、常见协议端口号等。

参考题型

● 互联网上通信双方不仅需要知道对方的地址，也需要知道通信程序的端口号。以下关于端口的描述中，不正确的是__（1）__。

A．端口可以泄露网络信息　　B．端口不能复用

C．端口是标识服务的地址　　D．端口是网络套接字的重要组成部分

■ **试题分析**　端口可以复用。

■ **参考答案**　（1）B

● UDP 协议在 IP 层之上提供了__（2）__能力。

A．连接管理　　B．差错校验和重传

C．流量控制　　D．端口寻址

■ **试题分析**　UDP 协议在 IP 层之上提供了端口寻址能力。由于用户数据报协议是一种不可靠的、无连接的数据报服务，所以 UDP 不具备连接管理、差错校验和重传、流量控制等功能。

■ **参考答案**　（2）D

6.6 应用层

6.6.1 DNS

知识点综述

域名系统（Domain Name System，DNS）是把主机域名解析为 IP 地址的系统，解决了 IP 地址难记的问题。该系统是由解析器和域名服务器组成的。**DNS 主要基于 UDP 协议，较少情况下使用 TCP 协议，端口号均为 53。**域名系统由 DNS 名字空间、域名服务器、DNS 客户机三部分构成。

本部分知识点包含 DNS 概念，相关端口号，域名系统组成等。

参考题型

● DNS 反向查询功能的作用是__（1）__，资源记录 MX 的作用是__（2）__，DNS 资源记录__（3）__定义了区域的反向搜索。

（1）A．定义域名服务器的别名　　B．将 IP 地址解析为域名

C．定义域邮件服务器地址和优先级　　D．定义区域的授权服务器

（2）A．定义域名服务器的别名　　B．将 IP 地址解析为域名

C．定义域邮件服务器地址和优先级　　D．定义区域的授权服务器

（3）A．SOA　　B．NS　　C．PTR　　D．MX

■ **试题分析**　关于 DNS 资源记录的详细说明见表 6-6-1。

表 6-6-1 DNS 资源记录详解

资源记录名称	作用	举例（Windows 系统下的 DNS 数据库）
A 记录（A）	将 DNS 域名映射到 IPv4 的 32 位地址中	host1.itct.com.cn. IN A 202.0.0.10
AAAA 记录（AAAA）	将 DNS 域名映射到 IPv4 的 128 位地址中	ipv6_ host2.itct.com.cn. IN AAAA 2002:0:1:2:3:4:567:89ab
别名记录（CNAME）	规范名资源记录，允许多个名称对应同一主机	aliasname.itct.com.cn. CNAME truename.itct.com.cn
邮件交换器（MX）	邮件交换器资源记录，其后的数字首选参数值（0～65535）指明与其他邮件交换服务器有关的邮件交换服务器的优先级。较低的数值被授予较高的优先级	example.itct.com.cn. MX 10 mailserver1.itct.com.cn
域名服务记录（NS）	域名服务器记录，指明该域名由哪台服务器来解析	example.itct.com.cn. IN NS nameserver1.itct.com.cn
指针记录（PTR）	指针，用于将一个 IP 地址映为一个主机名	202.0.0.10.in-addr.arpa. PTR host.itct.com.cn

■ **参考答案** （1）B （2）C （3）C

- 在 Windows 的 DOS 窗口中键入命令

  C:\nslookup

  >set type=ptr

  >211.151.91.165

  这个命令序列的作用是__（4）__。

  A. 查询 211.151.91.165 的邮件服务器信息

  B. 查询 211.151.91.165 到域名的映射

  C. 查询 211.151.91.165 的资源记录类型

  D. 显示 211.151.91.165 中各种可用的信息资源记录

■ **试题分析** PTR 记录的概念，就是查询 IP 地址到域名的映射。

■ **参考答案** （4）B

6.6.2 DHCP

知识点综述

引导程序协议（Bootstrap Protocol，BOOTP）是最早的主机配置协议，而动态主机配置协议（Dynamic Host Configuration Protocol，DHCP）则是在其基础之上进行了改良的协议，是一种用于简化主机 IP 配置管理的 IP 管理标准。通过采用 DHCP 协议，DHCP 服务器为 DHCP 客户端进行动态 IP 地址分配。同时 DHCP 客户端在配置时不必指明 DHCP 服务器的 IP 地址就能获得 DHCP 服务。

本节包含 DHCP 概念等知识点。

参考题型

● 以下关于 DHCP 协议的描述中，错误的是_______。

A．DHCP 客户机可以从外网段获取 IP 地址

B．DHCP 客户机只能收到一个 DHCPOFFER

C．DHCP 不会同时租借相同的 IP 地址给两台主机

D．DHCP 分配的 IP 地址默认租约期为 8 天

■ **试题分析** DHCP 通过中继代理方式可以获取外网 IP 地址，DHCP 不会同时租借相同的 IP 地址给两台主机，DHCP 分配的 IP 地址默认租约期为 8 天。

客户机可能从不止一台 DHCP 服务器收到 DHCPOFFER 信息。客户机选择最先到达的 DHCPOFFER，并发送 DHCPREQUEST 消息包。

■ **参考答案** B

6.6.3 WWW、HTTP

知识点综述

万维网（World Wide Web，WWW）是一个规模巨大、可以互联的资料空间。该资料空间的资源依靠统一资源定位系统（Uniform Resource Locator，URL）进行定位，通过超文本传输协议（Hyper Text Transfer Protocol，HTTP）传送给使用者，由超文本标记语言（Hyper Text Markup Language，HTML）进行文档展现。由定义可以知道，WWW 的核心由 URL、HTTP、HTML 三个主要标准构成。

HTTP 是互联网上应用最为广泛的一种网络协议，该协议由万维网协会（World Wide Web Consortium，W3C）和 Internet 工作小组（Internet Engineering Task Force，IETF）共同提出。该协议使用 TCP 的 80 号端口提供服务。

本小节包含 WWW、HTTP 的相关知识点。

参考题型

● HTTP 协议中，用于读取一个网页的操作方法为_______。

A．READ　　B．GET　　C．HEAD　　D．POST

■ **试题分析** HTTP 协议中的基本操作有以下几种：

1）GET：读网页。

2）HEAD：读网页头。

3）POST：推送网页信息。

■ **参考答案** B

6.6.4 E-mail

知识点综述

电子邮件（Electronic mail，E-mail）又称电子信箱，是一种用网络提供信息交换的通信方式。邮件形式可以是文字、图像、声音等。

该类知识包含常见的电子邮件协议、邮件安全、PGP 等。

本小节知识点包含 E-mail 概念，安全邮件协议等。

参考题型

- 电子邮件是传播恶意代码的重要途径，为了防止电子邮件中的恶意代码的攻击，用__（1）__方式阅读电子邮件。

A．网页　　B．纯文本　　C．程序　　D．会话

■ 试题分析 会话方式：新增设的功能实现同一联系人的往来邮件自动聚合成一个会话，像聊天一样清晰，非常方便查看邮件资料，不再需要为了零散查找之前的邮件，没有阅读的连贯性而烦恼，“邮件会话”可以将同一个主题产生的多封往来邮件，简化为一封简单明了的会话邮件，页面显示是我们比较熟悉的“聊天会话”阅读方式。而且旁边还用数字标识了往来邮件数。

以纯文本的方式打开电子邮件最为安全。

■ 参考答案 （1）B

- 电子邮件系统的邮件协议有发送协议 SMTP 和接收协议 POP3/IMAP4。SMTP 发送协议中，发送身份标识的指令是__（2）__。

A．SEND　　B．HELP　　C．HELO　　D．SAML

■ 试题分析 简单邮件传输协议（Simple Mail Transfer Protocol，SMTP）命令列表：

HELO：客户端为标识自己的身份而发送的命令（通常带域名）。

EHLO：使服务器可以表明自己支持扩展简单邮件传输协议（Extended SMTP，ESMTP）命令。

MAIL FROM：标识邮件的发件人，以 MAIL FROM：的形式使用。

RCPT TO：标识邮件的收件人，以 RCPT TO：的形式使用。

TURN：允许客户端和服务器交换角色，并在相反的方向发送邮件，而不必建立新的连接。

ATRN：ATRN（Authenticated TURN）命令可以选择将一个或多个域作为参数。如果该会话已通过身份验证，则 ATRN 命令一定会被拒绝。

■ 参考答案 （2）C

- 针对电子邮件的安全问题，人们利用 PGP（Pretty Good Privacy）来保护电子邮件的安全。以下有关 PGP 的表述，错误的是__（3）__。

A．PGP 的密钥管理采用 RSA　　B．PGP 的完整性检测采用 MD5

C．PGP 的数字签名采用 RSA　　D．PGP 的数据加密采用 DES

■ 试题分析 PGP 是一种加密软件，应用了多种密码技术，其中密钥管理算法选用 RSA、数据加密算法 IDEA、完整性检测和数字签名算法，采用了 MD5 和 RSA 以及随机数生成器。

■ 参考答案 （3）D

6.6.5　FTP

知识点综述

文件传输协议（File Transfer Protocol，FTP）简称“文传协议”，用于在 Internet 上控制文件的双向传输。FTP 客户上传文件时，通过服务器 20 号端口建立的连接是建立在 TCP 之上的数据连接，通过服务器 21 号端口建立的连接是建立在 TCP 之上的控制连接。

本小节包含 FTP 概念、FTP 端口等知识点。

参考题型

- FTP 客户上传文件时，通过服务器 20 号端口建立的连接是＿（1）＿，FTP 客户端应用进程的端口可以为＿（2）＿。

（1）A．建立在 TCP 之上的控制连接
　　B．建立在 TCP 之上的数据连接
　　C．建立在 UDP 之上的控制连接
　　D．建立在 UDP 之上的数据连接

（2）A．20　　B．21　　C．80　　D．4155

■ **试题分析**　FTP 客户上传文件时，通过服务器 **20 号端口**建立的连接是建立在 TCP 之上的**数据连接**，通过服务器 **21 号端口**建立的连接是建立在 TCP 之上的**控制连接**。

客户端命令端口为 N，数据传输端口为 $N+1$（$N \geqslant 1024$）。

■ **参考答案**　（1）B　（2）D

6.6.6　SNMP

知识点综述

网络管理是对网络进行有效而安全的监控、检查。网络管理的任务就是检测和控制。该类知识包含 OSI 定义的网络管理、CMIS/CMIP、网络管理系统组成、简单网络管理协议（Simple Network Management Protocol，SNMP）等知识点。

本小节知识点包含 SNMP 概念等。

参考题型

- 在 SNMPv3 中，把管理站（Manager）和代理（Agent）统一叫作＿（1）＿。

A．SNMP 实体　　B．SNMP 引擎　　C．命令响应器　　D．命令生成器

■ **试题分析**　在 SNMPv3 中，把管理站（Manager）和代理（Agent）统一叫作 SNMP 实体。

■ **参考答案**　（1）A

- SNMP 采用 UDP 提供的数据报服务传递信息，这是由于＿（2）＿。

A．UDP 比 TCP 更加可靠
B．UDP 数据报文可以比 TCP 数据报文大
C．UDP 是面向连接的传输方式

D．UDP 实现网络管理的效率较高

■ 试题分析　SNMP 采用 UDP 提供的数据报服务传递信息，这是由于 UDP 传输数据效率高。

■ 参考答案　（2）D

- 在 SNMP 中，当代理收到一个 get 请求时，如果有一个值不可用或不能提供，则返回＿（3）＿。

A．该实例的下一个值　　B．该实例的上一个值

C．空值　　D．错误信息

■ 试题分析　SNMP 协议中，若 get 请求无法得到值或者不能提供时，代理会将实例的下一个值提供给管理进程。

■ 参考答案　（3）A

6.6.7　其他应用协议

知识点综述

该小节知识点包含 Telnet、代理服务器、安全外壳协议（Secure Shell，SSH）、基于 IP 的语音传输（Voice over Internet Protocol，VoIP）等。

参考题型

- Telnet 采用客户端/服务器工作方式，采用＿（1）＿格式实现客户端和服务器的数据传输。

A．NTL　　B．NVT

C．BASE-64　　D．RFC 822

■ 试题分析　TCP/IP 终端仿真协议（TCP/IP Terminal Emulation Protocol，Telnet）是一种基于 TCP 的虚拟终端通信协议，端口号为 23。Telnet 采用客户端/服务器工作方式，采用网络虚拟终端（Net Virtual Terminal，NVT）实现客户端和服务器的数据传输，可以实现远程登录、远程管理交换机、路由器。NVT 代码包含了标准 ASCII 字符集和 Telnet 命令集，是本地终端和远程主机之间的网络接口。

■ 参考答案　（1）B

- SSH 是基于公钥的安全应用协议，可以实现加密、认证、完整性检验等多种网络安全服务。SSH 由＿（2）＿三个子协议组成。

A．SSH 传输层协议、SSH 用户认证协议和 SSH 连接协议

B．SSH 网络层协议、SSH 用户认证协议和 SSH 连接协议

C．SSH 传输层协议、SSH 密钥交换协议和 SSH 用户认证协议

D．SSH 网络层协议、SSH 密钥交换协议和 SSH 用户认证协议

■ 试题分析　SSH 基于公钥的安全应用协议，由 SSH 传输层协议、SSH 用户认证协议和 SSH 连接协议三个子协议组成，各协议分工合作，实现加密认证、完整性检查等多种安全服务。

SSH 传输层协议：提供算法协商和密钥交换，并实现服务器的认证，最终形成一个加密的安全连接，该安全连接提供完整性、保密性和压缩选项服务。

SSH 用户认证协议：利用传输层的服务来建立连接，使用传统的口令认证、公钥认证、主机

认证等多种机制认证用户。

SSH 连接协议：在前面两个协议的基础上，利用已建立的认证连接，并将其分解为多种不同的并发逻辑通道，支持注册会话隧道和 TCP 转发，而且能为这些通道提供流控服务以及通道参数协商机制。

■ 参考答案 （2）A

6.7 网络安全协议

6.7.1 RADIUS

知识点综述

远程用户拨号认证系统（Remote Authentication Dial In User Service，RADIUS）是目前应用最广泛的授权、计费和认证协议。

参考题型

● 下列四个选项中，__（1）__不属于 RADIUS 功能。

A．授权　　B．计费　　C．认证　　D．记录

■ 试题分析 RADIUS 是目前应用最广泛的授权、计费和认证协议。

■ 参考答案 （1）D

● RADIUS 协议承载于__（2）__协议之上。

A．TCP　　B．UDP　　C．IP　　D．ICMP

■ 试题分析 RADIUS 协议承载于用户数据报协议（User Datagram Protocol，UDP）之上，官方指定端口号为认证授权端口为 1812、计费端口为 1813。

■ 参考答案 （2）B

6.7.2 SSL、TLS

知识点综述

安全套接层（Secure Sockets Layer，SSL）协议是一个安全传输、保证数据完整的安全协议，之后的传输层安全（Transport Layer Security，TLS）是 SSL 的非专有版本。

本小节包含的知识点有 SSL 协议、SSL 协议的工作流程等。

参考题型

● SSL 协议使用的默认端口是__（1）__。

A．80　　B．445　　C．8080　　D．443

■ 试题分析 Web 服务默认端口为 80；局域网中的共享文件夹和打印机默认端口分别为 445 和 139；局域网内部 Web 服务默认端口为 8080；SSL 协议默认端口为 443。

■ 参考答案 （1）D

- SSL协议是对称密码技术和公钥密码技术相结合的协议，该协议不能提供的安全服务是__（2）__。

  A．可用性　　B．完整性　　C．保密性　　D．可认证性

  ■ 试题分析　SSL协议结合了对称密码技术和公钥密码技术，提供秘密性、完整性、可认证性服务。

  ■ 参考答案　（2）A

- 以下关于安全套接层协议（SSL）的叙述中，错误的是__（3）__。

  A．SSL是一种应用层安全协议　　B．SSL为TCP/IP连接提供数据加密

  C．SSL为TCP/IP连接提供服务器认证　　D．SSL提供数据安全机制

  ■ 试题分析　SSL处于应用层和传输层之间，是一个两层协议。

  SSL协议结合了对称密码技术和公钥密码技术，提供秘密性、完整性、可认证性服务。

  ■ 参考答案　（3）A

- 安全套接层协议（SSL）是Netscape公司推出的一种安全通信协议，以下服务中，SSL协议不能提供的是__（4）__。

  A．用户和服务器的合法性认证服务

  B．加密数据服务以隐藏被传输的数据

  C．维护数据的完整性

  D．基于UDP应用的安全保护

  ■ 试题分析　SSL处于应用层和传输层之间，是一个两层协议。所以不能提供基于UDP应用的安全保护。

  ■ 参考答案　（4）D

- SSL是一种用于构建客户端和服务器端之间安全通道的安全协议，包含：握手协议、密码规格变更协议、记录协议和报警协议。其中用于传输数据的分段、压缩及解压缩、加密及解密、完整性校验的是__（5）__。

  A．握手协议　　B．密码规格变更协议　　C．记录协议　　D．报警协议

  ■ 试题分析　SSL包含握手协议、密码规格变更协议、报警协议和记录协议。其中，握手协议用于身份鉴别和安全参数协商；密码规格变更协议用于通知安全参数的变更；报警协议用于关闭通知和对错误进行报警；记录协议用于传输数据的分段、压缩及解压缩、加密及解密、完整性校验等。

  ■ 参考答案　（5）C

6.7.3 HTTPS与S-HTTP

知识点综述

超文本传输协议（Hypertext Transfer Protocol over Secure Socket Layer，HTTPS），是以安全为目标的HTTP通道，简单讲是HTTP的安全版。安全超文本传输协议（Secure Hypertext Transfer Protocol，S-HTTP）是一种面向安全信息通信的协议，是EIT公司结合HTTP设计的一种信息安全

通信协议。

本小节包含的知识点有HTTPS概念、S-HTTP概念等。

参考题型

● HTTPS采用__(1)__协议实现安全网站访问。

A. SSL　　B. IPSec　　C. PGP　　D. SET

■ 试题分析 SSL协议是一个安全传输、保证数据完整的安全协议。之后的TLS是SSL的非专有版本。

Internet安全协议（Internet Protocol Security，IPSec）是通过对IP协议的分组进行加密和认证，来保护IP协议的网络传输协议簇。IPSec工作在TCP/IP协议栈的网络层，为TCP/IP通信提供访问控制机密性、数据源验证、抗重放、数据完整性等多种安全服务。

PGP（Pretty Good Privacy）是一款邮件加密软件。可以用它对邮件保密，以防止非授权者阅读，它还能为邮件加上数字签名，从而使收信人确认邮件的发送者，并能确信邮件没有被篡改。

由美国Visa和MasterCard两大信用卡组织联合国际上多家科技机构，共同制定了应用于Internet上的以信用卡为基础进行在线交易的安全标准，这就是安全电子交易（Secure Electronic Transaction，SET）。它采用公钥密码体制和X.509数字证书标准，主要应用于保障网上购物信息的安全性。

■ 参考答案 （1）A

● 支持安全WEB服务的协议是__(2)__。

A. HTTPS　　B. WINS　　C. SOAP　　D. HTTP

■ 试题分析 HTTP是一种普通的超文本传输协议，其信息是不加密的，因此安全性不高。HTTPS则是一种加密的超文本传输协议，其传输的内容通过加密可以确保安全。而WINS（Windows Internet Name Service）是Windows中一种类似域名系统（Domain Name System，DNS）的名字解析服务。

■ 参考答案 （2）A

● 网站的安全协议是HTTPS时，该网站浏览时会进行__(3)__处理。

A. 增加访问标记　　B. 加密　　C. 身份隐藏　　D. 口令验证

■ 试题分析 超文本传输协议（Hypertext Transfer Protocol over Secure Socket Layer，HTTPS），是以安全为目标的HTTP通道，简单讲是HTTP的安全版。**它使用SSL来对信息内容进行加密**，使用TCP的443端口发送和接收报文。

■ 参考答案 （3）B

6.7.4 S/MIME

知识点综述

S/MIME（Secure/Multipurpose Internet Mail Extension）使用了RSA、SHA-1、MD5等算法，是互联网E-mail格式标准MIME的安全版本。

本小节包含S/MIME概念、特点、应用等知识点。

参考题型

- 以下关于S/MIME的说法，不正确的是__(1)__。

A．S/MIME加强了互联网E-mail格式标准MIME的安全性

B．S/MIME侧重于作为商业和团体使用的工业标准

C．只有PGP是IETF工作组推出的标准，而S/MIME不是

D．PGP倾向于为许多用户提供个人E-mail的安全性

■ **试题分析** PGP和S/MIME都是IETF工作组推出的标准。

■ **参考答案** （1）A

- 以下关于S/MIME的说法，不正确的是__(2)__。

A．S/MIME基于RSA算法，加强了互联网E-mail格式标准MIME的安全性

B．PGP和S/MIME都是IETF工作组推出的标准

C．S/MIME侧重于提供个人E-mail的安全性

D．基于MIME标准，S/MIME提供认证、完整性保护、鉴定及数据加密等服务

■ **试题分析** S/MIME基于RSA算法，加强了互联网E-mail格式标准MIME的安全性。PGP和S/MIME都是IETF工作组推出的标准，但S/MIME侧重于作为商业和团体使用的工业标准，而PGP则倾向于为许多用户提供个人E-mail的安全性。

■ **参考答案** （2）C

第7章 物理和环境安全

本章考点知识结构图如图7-0-1所示。

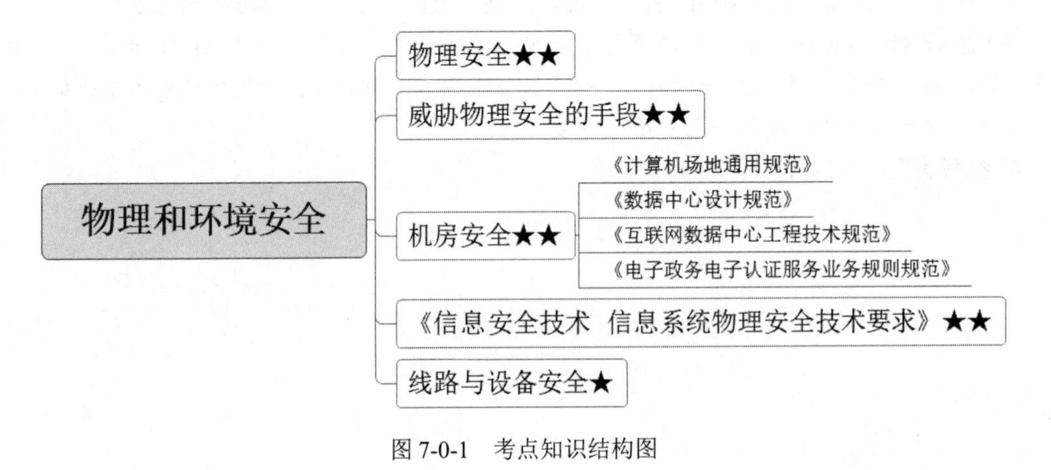

图7-0-1 考点知识结构图

7.1 物理安全

知识点综述

广义的物理安全包括软件、硬件、网络、人员、环境等多方面的安全。狭义的物理安全包括环境安全、设备安全和系统物理安全三个方面。

物理安全是为了保证计算机系统安全、可靠地运行，确保系统在对信息进行采集、传输、存储、处理、显示、分发和利用的过程中不会受到人为或自然因素的危害而使信息丢失、泄露和破坏，对计算机系统设备、通信与网络设备、存储媒体设备和人员所采取的安全技术措施的总和。

物理安全技术是指对计算机及网络系统的环境、场地、设备、通信线路等采取的安全技术措施。

参考题型

● 狭义的物理安全包括环境安全、设备安全和系统物理安全三个方面。不属于设备安全技术的是__(1)__。

A. 防盗　　B. 防线路截获

C. 防电磁信息泄露　　D. 数据灾备

■ 试题分析　设备安全：主要指设备的防盗、防毁、防电磁信息泄露、防线路截获、抗电磁干扰、电源保护等。

■ 参考答案　（1）D

● 物理安全是网络信息系统安全运行、可信控制的基础。物理安全威胁一般分为自然安全威胁和人为安全威胁。以下属于人为安全威胁的是__(2)__。

A. 地震　　B. 火灾　　C. 盗窃　　D. 雷电

■ 试题分析　物理安全威胁一般分为自然安全威胁和人为安全威胁。自然安全威胁包括地震、洪水、火灾、鼠害、雷电；人为安全威胁包括盗窃、爆炸、毁坏、硬件攻击。

■ 参考答案　（2）C

7.2　威胁物理安全的手段

知识点综述

常见的威胁物理安全的手段有：硬件木马、带有恶意代码的恶意硬件、硬件安全漏洞、利用软件漏洞攻击硬件（比如"震网"病毒）、利用环境（温度、湿度、电磁等）变化攻击硬件。

参考题型

● 不属于物理安全威胁的是__(1)__。

A. 自然灾害　　B. 物理攻击

C. 硬件故障　　D. 系统安全管理人员培训不足

■ 试题分析　物理安全威胁主要是自然威胁（如地震、洪水）、设施系统安全威胁（如火宅、漏电、电磁信息泄露）和人为政治事件（如暴动、恐怖袭击），不包括人员培训不足。

该题涉及的知识点考查过多次。

■ 参考答案　（1）D

● 物理安全是计算机信息系统安全的前提，物理安全主要包括场地安全、设备安全和介质安全。以下属于介质安全的是__(2)__。

A. 抗电磁干扰　　B. 防电磁信息泄露

C. 磁盘加密技术　　D. 电源保护

■ 试题分析　介质安全：指介质数据和介质本身的安全。介质安全包括磁盘信息加密技术和磁盘信息清除技术。

■ 参考答案　（2）C

7.3 机房安全

知识点综述

本节知识点包括《计算机场地通用规范》（GB/T 2887—2011）、《数据中心设计规范》（GB 50174—2017）、《互联网数据中心工程技术规范》（GB 51195—2016）、《电子政务电子认证服务业务规则规范》等与机房安全相关的条款。

参考题型

- 《数据中心设计规范》（GB 50174—2017）规定，数据中心的耐火等级不应低于<u>（1）</u>。

  A．一级　　B．二级　　C．三级　　D．四级

■ 试题分析 《数据中心设计规范》（GB 50174—2017）中规定，数据中心的耐火等级不应低于二级。

■ 参考答案 （1）B

- 《互联网数据中心工程技术规范》（GB 51195—2016）规定，IDC 机房可划分为 R1、R2、R3 三个级别，R1 级 IDC 机房基础设施和网络系统可支撑的 IDC 业务的可用性不应小于<u>（2）</u>。

  A．99%　　B．99.9%　　C．99.5%　　D．99.99%

■ 试题分析 《互联网数据中心工程技术规范》（GB 51195—2016）中规定，IDC 机房可划分为 R1、R2、R3 三个级别，各级 IDC 机房应符合下列规定：

1）R1 级 IDC 机房的机房基础设施和网络系统的主要部分应具备一定的冗余能力，机房基础设施和网络系统可支撑的 IDC 业务的可用性不应小于 99.5%。

2）R2 级 IDC 机房的机房基础设施和网络系统应具备冗余能力，机房基础设施和网络系统可支撑的 IDC 业务的可用性不应小于 99.9%。

3）R3 级 IDC 机房的机房基础设施和网络系统应具备容错能力，机房基础设施和网络系统可支撑的 IDC 业务的可用性不应小于 99.99%。

■ 参考答案 （2）C

7.4 《信息安全技术 信息系统物理安全技术要求》

知识点综述

本节知识点主要包括《信息安全技术 信息系统物理安全技术要求》（GB/T 21052—2007）的重要条款。

参考题型

- 《信息安全技术 信息系统物理安全技术要求》（GB/T 21052—2007）将物理安全技术等级分为______个不同级别。

  A．3　　B．4　　C．5　　D．6

■ 试题分析 《信息安全技术 信息系统物理安全技术要求》(GB/T 21052—2007）将物理安全技术等级分为五个不同级别，并对信息系统安全提出了物理安全技术方面的要求。不同安全等级的物理安全平台为相对应安全等级的信息系统提供应有的物理安全保护能力。

■ 参考答案 C

7.5 线路与设备安全

知识点综述

本节知识点主要包括常见的线路安全威胁、常见的设备安全威胁、常见的设备防护手段等。

参考题型

- 常见的提高线路与设备安全性的手段是_______。

A．提高环境安全　　B．电磁防护

C．防雷　　D．冗余

■ 试题分析 常见的提高线路与设备安全性的手段是冗余。

■ 参考答案 D

第8章 网络攻击原理

本章考点知识结构图如图 8-0-1 所示。

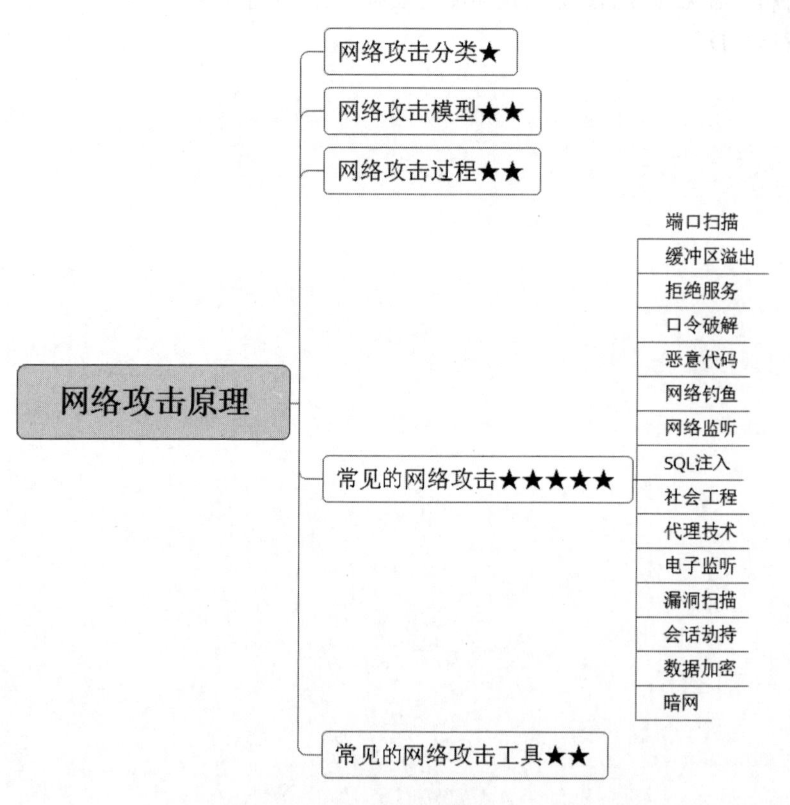

图 8-0-1　考点知识结构图

网络攻击就是危害计算机系统和设备、计算机网络、信息安全性或可用性的破坏行为。

8.1 网络攻击分类

知识点综述

本节知识点主要包括拒绝服务攻击、信息泄露攻击、完整性破坏攻击、非法使用攻击等。

参考题型

- 以下网络攻击中，__（1）__属于被动攻击。

A．拒绝服务攻击　　B．重放　　C．假冒　　D．流量分析

■ 试题分析 攻击可分为两类：

1）主动攻击。涉及修改数据流或创建数据流，它包括假冒、重放、修改消息与拒绝服务。

2）被动攻击。只是窥探、窃取、分析重要信息，但不影响网络、服务器的正常工作，包括流量分析、窃听攻击、嗅探等。

■ 参考答案 （1）D

- 下列说法中，错误的是__（2）__。

A．服务攻击是针对某种特定攻击的网络应用的攻击

B．主要的渗入威胁有特洛伊木马和陷阱

C．非服务攻击是针对网络层协议而进行的

D．对于在线业务系统的安全风险评估，应采用最小影响原则

■ 试题分析 渗入威胁分为假冒、旁路、授权侵犯三种形式。

1）假冒：即某个实体假装成另外一个不同的实体。这个未授权实体以一定的方式使安全守卫者相信它是一个合法的实体，从而获得合法实体对资源的访问权限。这是大多数黑客常用的攻击方法。

2）旁路：攻击者通过各种手段发现一些系统安全缺陷，并利用这些安全缺陷绕过系统防线渗入到系统内部。

3）授权侵犯：对某一资源具有一定权限的实体，将此权限用于未被授权的目的，也称“内部威胁”。

系统的安全风险评估的基本原则有可控性原则、可靠性原则、完整性原则、最小影响原则、时间与成本有效原则等。

1）可控性原则：包括人员可控、工具可控、项目过程可控。

2）可靠性原则：系统在规定的时间、环境下，持续完成规定功能的能力，就是系统无故障运行的概率。

3）完整性原则：信息只能被得到允许的人修改，并且能够被判别该信息是否已被篡改过。同时一个系统也应该按其原来规定的功能运行，不被非授权者操纵。

4）最小影响原则：风险评估不能影响正常的业务活动，应该从系统相关的管理和技术层面，将风险评估过程影响降低到最小。

5）时间与成本有效原则：风险评估过程所花费的时间、成本应是合理的。

■ 参考答案 （2）B

8.2 网络攻击模型

知识点综述

网络攻击模型主要用于分析攻击活动、评测目标系统的抗攻击能力。本节知识点包含网络攻击模型的特点等。

参考题型

- 以下网络攻击模型中，（1）起源于故障树分析方法。

  A．攻击树模型　　B．重放模型

  C．MITRE ATT&CK 模型　　D．网络杀伤链模型

■ 试题分析 攻击树模型起源于故障树分析方法。该模型常用于网络红蓝对抗中的渗透测试、防御机制研究。

■ 参考答案 （1）A

- 以下网络攻击模型中，（2）是用攻击者视角描述攻击各阶段所用到的技术的模型。

  A．攻击树模型　　B．重放模型

  C．MITRE ATT&CK 模型　　D．网络杀伤链模型

■ 试题分析 MITRE ATT&CK 模型是用攻击者视角描述攻击各阶段所用到的技术的模型。该模型主要用于网络红蓝对抗、渗透测试、网络防御差距评估等。

■ 参考答案 （2）C

- 攻击树方法起源于故障树分析方法，可以用来进行渗透测试，也可以用来研究防御机制。以下关于攻击树方法的表述，错误的是（3）。

  A．能够采取专家头脑风暴法，并且将这些意见融合到攻击树中去

  B．能够进行费效分析或者概率分析

  C．不能用来建模多重尝试攻击、时间依赖及访问控制等场景

  D．能够用来建模循环事件

■ 试题分析 攻击树方法可以被 Red Team 用来进行渗透测试，同时也可以被 Blue Team 用来研究防御机制。

攻击树的优点：能够采取专家头脑风暴法，并且将这些意见融合到攻击树中去；能够进行费效分析或者概率分析；能够建模非常复杂的攻击场景。

攻击树的缺点：由于树结构的内在限制，攻击树不能用来建模多重尝试攻击、时间依赖及访问控制等场景；不能用来建模循环事件；对于现实中的大规模网络，攻击树方法处理起来将会特别复杂。

■ 参考答案 （3）D

8.3 网络攻击过程

知识点综述

本节知识点包含网络攻击的过程等，该知识点出案例分析题的可能性较大。

参考题型

● 简述网络攻击过程。

■ **参考答案** 网络攻击过程步骤包含隐藏攻击源、收集攻击目标信息、漏洞利用、获取目标访问权限、隐藏攻击行为、实施攻击、开辟后门、清除痕迹等。

● 简述收集攻击目标信息过程中，可以收集的信息种类及特点。

■ **参考答案** 收集攻击目标信息过程的作用是确定攻击目标，收集相关信息。该过程可收集信息如下：

（1）系统信息：目标主机的域名、IP 地址；操作系统名及版本、数据库系统名及版本、网站服务类型；是否开启了 DNS、邮件、WWW 等服务；安装了哪些应用软件。

（2）配置信息：目标系统是否使用缺省用户名和口令；是否禁用 SA 账号；是否限制 root 登录；是否限制远程桌面。

（3）用户信息：目标系统用户的 QQ 号、手机号、身份证号、爱好等。

（4）漏洞信息：目标系统中有漏洞的软件名、服务名。

（5）安全措施：目标系统所使用的安全设备、产品、系统等。

8.4 常见的网络攻击

知识点综述

常见的网络攻击有端口扫描、口令破解、缓冲区溢出、恶意代码、拒绝服务、网络钓鱼、网络窃听、SQL 注入、社会工程、代理技术、电子监听、会话劫持、漏洞扫描、数据加密等。

参考题型

● 很多人认为，网络是一个扁平世界，只有一层，其实网络世界有两层。以下关于暗网的说法，错误的是__（1）__。

A．表层网络最大的特点就是通过任何搜索引擎都能抓取并轻松访问

B．表层网络往往占到整个网络的 60%～80%，普通人平时访问的就是这类网络

C．暗网属于深网的一部分，暗网是指那些存储在网络数据库里，但不能通过超链接访问而需要通过动态网页技术访问的资源集合

D．普通搜索引擎无法抓取暗网网络内容

■ **试题分析** 暗网属于深网的一部分，暗网是指那些存储在网络数据库里，但不能通过超链接访问而需要通过动态网页技术访问的资源集合，不属于那些可以被标准搜索引擎索引的表面网

络。据估计，暗网比表面网站大几个数量级。

1）**表层网络**：表层网络最大的特点就是通过任何搜索引擎都能抓取并轻松访问。不过，它只占到整个网络的 4%～20%，普通人平时访问的就是这类网络。

2）**深网**：表层网之外的所有网络。最大的特征是普通搜索引擎无法抓取这类网站。

■ **参考答案** （1）B

● 在以下网络威胁中，__（2）__不属于信息泄露。

A．数据窃听　　B．流量分析

C．偷窃用户账户　　D．暴力破解

■ **试题分析** 信息泄露通常包括信息在传输中丢失或泄露；信息在存储介质中丢失或泄露；通过建立隐蔽通道等窃取敏感信息。数据窃听、流量分析和偷窃用户账户均属于信息泄露。

■ **参考答案** （2）D

● 为了防御网络监听，最常用的方法是__（3）__。

A．采用物理传输（非网络）　　B．信息加密

C．无线网　　D．使用专线传输

■ **试题分析** 为了防御网络监听，最常用的方法是信息加密。

■ **参考答案** （3）B

● 在使用复杂度不高的口令时，容易产生弱口令的安全脆弱性，被攻击者利用从而破解用户账户，下列设置的口令中，__（4）__具有最好的口令复杂度。

A．morrison　　B．Wm.$*F2m5@

C．27776394　　D．wangjing1977

■ **试题分析** 安全密码至少包含大写字母、小写字母、数字，且不少于 8 位；不包含连续的某些字符，比如 888888、123456、654321、111111 等。

■ **参考答案** （4）B

● 有一种攻击是不断对网络服务系统进行干扰，改变其正常的作业流程，执行无关程序使系统响应减慢甚至瘫痪，这种攻击叫作__（5）__。

A．重放攻击　　B．拒绝服务攻击

C．反射攻击　　D．服务攻击

■ **试题分析** 重放攻击又称重播攻击、回放攻击，是指攻击者发送一个目的主机已接收过的包，特别是在认证的过程中，用于认证用户身份所接收的包，来达到欺骗系统的目的，主要用于身份认证过程，破坏认证的安全性。

Server 端提供某种基于 UDP 的服务，例如 DNS、SMTP、NTP 等，找到一些请求，其中响应报文比请求报文大，利用这些可以放大的请求，攻击者发送一个伪造源 IP 的请求报文，源 IP 伪造成受害者的 IP 地址，服务器收到请求报文后向受害者回复“放大的”响应报文，这样就实现了流量的放大，直到服务器瘫痪。

在 DNS 反射攻击手法中，假设 DNS 请求报文的数据部分长度约为 40 字节，而响应报文数据

部分的长度可能会达到4000字节，这意味着利用此手法能够产生约100倍的放大效应。

■ 参考答案 （5）B

● ___（6）___是一种通过不断对网络服务系统进行干扰，影响其正常的作业流程，使系统响应减慢甚至瘫痪的攻击方式。

A．暴力攻击　　B．拒绝服务攻击

C．重放攻击　　D．欺骗攻击

■ 试题分析 拒绝服务攻击：利用大量合法的请求占用大量网络资源，以达到瘫痪网络的目的。

■ 参考答案 （6）B

● 目前，网络安全形势日趋复杂，攻击手段和攻击工具层出不穷，攻击工具日益先进，攻击者需要的技能日趋下降。以下关于网络攻防的描述中，不正确的是___（7）___。

A．嗅探器Sniffer工作的前提是网络必须是共享以太网

B．加密技术可以有效抵御各类系统攻击

C．APT的全称是高级持续性威胁

D．同步包风暴（SYN Flooding）的攻击来源无法定位

■ 试题分析 加密技术不能防止拒绝服务攻击。

■ 参考答案 （7）B

● ___（8）___攻击是指借助于客户机/服务器技术，将多个计算机联合起来作为攻击平台，对一个或多个目标发动DoS攻击，从而成倍地提高拒绝服务攻击的威力。

A．缓冲区溢出　　B．分布式拒绝服务

C．拒绝服务　　D．口令

■ 试题分析 分布式拒绝服务攻击是指借助于客户机/服务器技术，将多个计算机联合起来作为攻击平台，对一个或多个目标发动DoS攻击，从而成倍地提高拒绝服务攻击的威力。

■ 参考答案 （8）B

● 下列技术中，不能预防重放攻击的是___（9）___。

A．时间戳　　B．Nonce

C．明文填充　　D．序号

■ 试题分析 重放攻击是攻击者截获目的主机曾经接收过的报文，用于达到欺骗的目的。预防重放攻击的方法有时间戳、Nonce、序号。

Nonce（Number once）：一个只被使用一次的任意或非重复的随机数值。

■ 参考答案 （9）C

● ___（10）___能有效防止重放攻击。

A．签名机制　　B．时间戳机制

C．加密机制　　D．压缩机制

■ 试题分析 一般来说，加入时间量或者使用一次性口令等，可以抵御重放攻击。

■ 参考答案 （10）B

● 无论是哪一种 Web 服务器，都会受到 HTTP 协议本身安全问题的困扰，这样的信息系统安全漏洞属于__（11）__。

A．开发型漏洞　　B．运行型漏洞

C．设计型漏洞　　D．验证型漏洞

■ 试题分析　无论是哪一种 Web 服务器，都会受到 HTTP 协议本身安全问题的困扰，这样的信息系统安全漏洞属于设计型漏洞。

■ 参考答案　（11）C

● 以下关于网络钓鱼的说法中，不正确的是__（12）__。

A．网络钓鱼融合了伪装、欺骗等多种攻击方式

B．网络钓鱼与 Web 服务没有关系

C．典型的网络钓鱼攻击都将被攻击者引诱到一个通过精心设计的钓鱼网站上

D．网络钓鱼是“社会工程攻击”的一种形式

■ 试题分析　网络钓鱼是通过大量发送声称来自于银行或其他知名机构的欺骗性垃圾邮件，意图引诱收信人给出敏感信息（如用户名、口令、信用卡详细信息等）的一种攻击方式。

最典型的网络钓鱼攻击将收信人引诱到一个通过精心设计与目标组织的网站非常相似的钓鱼网站上，并获取收信人在此网站上输入的个人敏感信息，通常这个攻击过程不会让受害者警觉。它是“社会工程攻击”的一种形式。网络钓鱼是一种在线身份盗窃方式。

■ 参考答案　（12）B

● 下列攻击中，不能导致网络瘫痪的是__（13）__。

A．溢出攻击　　B．钓鱼攻击

C．邮件炸弹攻击　　D．拒绝服务攻击

■ 试题分析　网络钓鱼是通过大量发送声称来自于银行或其他知名机构的欺骗性垃圾邮件，意图引诱收信人给出敏感信息（如用户名、口令、信用卡详细信息等）的一种攻击方式。这种方式的流量不足以大到导致网络瘫痪。

■ 参考答案　（13）B

● 以下网络攻击方式中，__（14）__实施的攻击不是网络钓鱼的常用手段。

A．利用社会工程学　　B．利用虚假的电子商务网站

C．利用假冒网上银行、网上证券网站　　D．利用蜜罐

■ 试题分析　网络钓鱼是通过大量发送声称来自于银行或其他知名机构的欺骗性垃圾邮件，意图引诱收信人给出敏感信息（如用户名、口令、信用卡详细信息等）的一种攻击方式。

网络钓鱼攻击的常用手段：利用社会工程学、假冒电商网站、假冒网银、假冒证券网站。

■ 参考答案　（14）D

● IP 地址欺骗的发生过程，下列顺序正确的是__（15）__。

①确定要攻击的主机 A；②发现和它有信任关系的主机 B；③猜测序列号；④成功连接，留下后门；⑤将 B 利用某种方法攻击瘫痪。

A．①②⑤③④　　B．①②③④⑤　　C．①②④③⑤　　D．②①⑤③④

■ 试题分析　IP地址欺骗的发生过程：首先确定要攻击的主机A；接着发现和它有信任关系的主机B；将B利用某种方法攻击瘫痪；然后猜测序列号；最后成功连接，留下后门。

■ 参考答案　（15）A

● 中间人攻击就是在通信双方毫无察觉的情况下，通过拦截正常的网络通信数据，进而对数据进行嗅探或篡改。以下属于中间人攻击的是__（16）__。

A．DNS欺骗　　B．社会工程攻击　　C．网络钓鱼　　D．旁注攻击

■ 试题分析　DNS欺骗属于中间人攻击。

■ 参考答案　（16）A

● 以下关于网络欺骗的描述中，不正确的是__（17）__。

A．Web欺骗是一种社会工程攻击

B．DNS欺骗通过入侵网站服务器实现对网站内容的篡改

C．邮件欺骗可以远程登录邮件服务器的端口25

D．采用双向绑定的方法可以有效阻止ARP欺骗

■ 试题分析　DNS欺骗首先是冒充域名服务器，然后把查询的IP地址设为攻击者的IP地址，这样，用户上网就只能看到攻击者的主页，而不是访问者要访问的真正主页，这就是DNS欺骗的基本原理。DNS欺骗其实并没有“黑掉”对方的网站，而是冒名顶替、招摇撞骗。

■ 参考答案　（17）B

● 关于社会工程的说法，不正确的是__（18）__。

A．社会工程学需要心理学、语言学、欺诈学等学科支持

B．社会工程的最终目的是要获取机密信息

C．社会工程是使用欺骗、欺诈、威胁、恐吓甚至实施物理上的盗窃等手段得到敏感信息的方法集合

D．信息安全定义的社会工程是使用计算机手段得到敏感信息的方法集合

■ 试题分析　社会工程学是利用社会科学（心理学、语言学、欺诈学）并结合常识，将其有效地利用（如人性的弱点），最终获取机密信息的学科。

信息安全定义的社会工程是使用非计算机手段（如欺骗、欺诈、威胁、恐吓甚至实施物理上的盗窃）得到敏感信息的方法集合。

■ 参考答案　（18）D

● 一般攻击者在攻击成功后退出系统之前，会在系统制造一些后门，方便自己下次入侵。以下设计后门的方法，错误的是__（19）__。

A．放宽文件许可权　　B．安装嗅探器

C．修改管理员口令　　D．建立隐蔽信道

■ 试题分析　一次成功的入侵通常要耗费攻击者大量的时间与精力，所以攻击者在退出系统之前会在系统中制造一些后门，方便自己下次入侵，攻击者设计后门时通常会考虑以下方法：

• 放宽文件许可权。

• 重新开放不安全的服务，如 REXD、TFTP 等。

• 修改系统的配置，如系统启动文件、网络服务配置文件等。

• 替换系统本身的共享库文件。

• 修改系统的源代码，安装各种特洛伊木马。

• 安装嗅探器。

• 建立隐蔽信道。

而本题中，攻击者一旦修改了系统管理员口令，就会被管理员及时发现，所以是错误的设计后门的方法。

■ **参考答案** （19）C

● 端口扫描的目的是找出目标系统上提供的服务列表。根据扫描利用的技术不同，端口扫描可以分为完全连接扫描、半连接扫描、SYN 扫描、FIN 扫描、隐蔽扫描、ACK 扫描、NULL 扫描等类型。其中，在源主机和目的主机的三次握手连接过程中，只完成前两次，不建立一次完整连接的扫描属于__（20）__。

A．FIN 扫描　　B．半连接扫描

C．SYN 扫描　　D．完全连接扫描

■ **试题分析** FIN 扫描：源主机 A 向目的主机 B 发送 FIN 数据包，然后查看反馈信息，如果端口返回 RESET 信息，则说明该端口关闭，如果没有返回任何信息，则说明该端口开放。

半连接扫描：在源主机和目的主机的三次握手连接过程中，只完成前两次，而不建立一次完整连接的扫描。

SYN 扫描：首先向目的主机发送连接请求，当目的主机返回响应后，立即切断连接过程，并查看响应情况。如果目的主机返回 ACK 信息，表示目的主机的该端口开放。如果目的主机返回 RESET 信息，表示该端口没有开放。

完全连接扫描：完全连接扫描利用 TCPP 协议的三次握手连接机制，使源主机和目的主机的某个端口建立一次完整的连接。如果建立成功，则表明该端口开放。否则，表明该端口关闭。

■ **参考答案** （20）B

● 拒绝服务攻击是指攻击者利用系统的缺陷，执行一些恶意的操作，使得合法的系统用户不能及时得到应得的服务或系统资源。常见的拒绝服务攻击有同步包风暴、UDP 洪水、垃圾邮件、泪滴攻击、Smurf 攻击、分布式拒绝服务攻击等类型。其中，能够通过在 IP 数据包中加入过多或不必要的偏移量字段，使计算机系统重组错乱的是__（21）__。

A．同步包风暴　　B．UDP 洪水

C．垃圾邮件　　D．泪滴攻击

■ **试题分析** 同步包风暴：发送大量半连接状态的服务请求，使服务器无法处理正常的连接请求，因而影响正常运作。

UDP 洪水：利用主机能自动进行回复的服务（例如使用 UDP 协议的 chargen 服务和 echo 服务）

来进行攻击。

垃圾邮件：攻击者利用邮件系统制造垃圾信息，甚至通过专门的邮件炸弹（mail bomb）程序给受害用户的信箱发送垃圾信息，耗尽用户信箱的磁盘空间，使用户无法应用这个信箱。

泪滴攻击：IP 数据包在网络中传输时，会被分解成许多不同的片传送，并借由偏移量字段（Offset Field）作为重组的依据。泪滴攻击通过加入过多或不必要的偏移量字段，使计算机系统重组错乱，产生不可预期的后果。

■ **参考答案** （21）D

● 拒绝服务攻击是指攻击者利用系统的缺陷，执行一些恶意操作，使得合法用户不能及时得到应得的服务或者系统资源。常见的拒绝服务攻击包括：UDP 风暴、SYN Flood、ICMP 风暴、Smurf 攻击等。其中，利用 TCP 协议中的三次握手过程，通过攻击使大量第三次握手过程无法完成而实施拒绝服务攻击的是＿（22）＿。

A．UDP 风暴　　B．SYN Flood

C．ICMP 风暴　　D．Smurf 攻击

■ **试题分析** ICMP 风暴和 Smurf 攻击都是基于网络层互联网控制消息协议（Internet Control Message Protocol，ICMP）的攻击；UDP 风暴是基于传输层 UDP 的攻击；SYN Flood 攻击通过创建大量“半连接”来攻击，TCP 连接的三次握手中，服务器在发出 SYN+ACK 应答报文后无法收到客户端的 ACK 报文（第三次握手无法完成），服务器将等待 1 分钟左右才丢弃未完成连接，如果出现大量这样的半连接将消耗大量的资源，所以 B 项符合题意。

■ **参考答案** （22）B

8.5 常见的网络攻击工具

知识点综述

本小节知识点主要包括常见的网络攻击工具。

参考题型

● 扫描技术＿（1）＿。

A．只能作为攻击工具　　B．只能作为防御工具

C．只能作为检查系统漏洞的工具　　D．既可以作为工具，也可以作为防御工具

■ **试题分析** 网络扫描的原理就是通过对待扫描的网络主机发送特定的数据包，根据返回的数据包来判断待扫描的系统的端口及相关的服务有没有开启。无论网络扫描的目的是什么，其作用都是为了发现待扫描系统潜在的漏洞。管理员根据扫描结果可以进一步提高自己服务器的安全防范能力。

■ **参考答案** （1）D

● 攻击者通过对目的主机进行端口扫描，可以直接获得＿（2）＿。

A．目的主机的口令　　B．给目的主机种植木马

C．目的主机使用了什么操作系统　　D．目的主机开放了哪些端口服务

■ **试题分析**　攻击者通过对目的主机进行端口扫描，可以直接获得目的主机开放了哪些端口服务的信息。

■ **参考答案**　（2）D

● 网络安全漏洞扫描技术是一类重要的网络安全技术。当前，网络安全漏洞扫描技术的两大核心技术是__（3）__。

A．PINC扫描技术和端口扫描技术　　B．端口扫描技术和漏洞扫描技术

C．操作系统探测和漏洞扫描技术　　D．PINC扫描技术和操作系统探测

■ **试题分析**　网络安全漏洞扫描技术是一类重要的网络安全技术。当前，网络安全漏洞扫描技术的两大核心技术是端口扫描技术和漏洞扫描技术。

■ **参考答案**　（3）B

● 攻击者通过对目的主机进行端口扫描可以直接获得__（4）__。

A．目的主机的操作系统信息　　B．目的主机的开放端口服务信息

C．目的主机的登录口令　　D．目的主机的硬件设备信息

■ **试题分析**　入侵者在进行攻击前，通常会先了解目标系统的一些信息，如目的主机运行的是什么操作系统；是否有什么保护措施；运行什么服务；运行的服务的版本；存在的漏洞等。而判断运行服务的方法就是进行端口扫描，因为常用的服务是使用标准的端口，只要扫描到相应的端口，就能知道目的主机上运行着什么服务。

■ **参考答案**　（4）B

第9章 访问控制

本章考点知识结构图如图 9-0-1 所示。

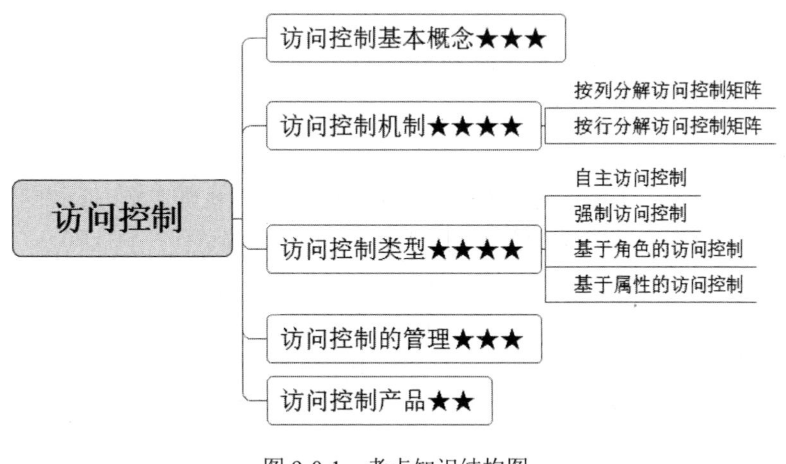

图 9-0-1　考点知识结构图

9.1　访问控制基本概念

知识点综述

访问控制就是确保资源不被非法用户访问，确保合法用户只能访问授权资源。访问控制的核心任务就是授权。访问控制不能代替认证，反而认证是访问控制的基础。认证解决的是“你是谁，你声称的身份是否属实”的问题；访问控制解决的是“你能做什么，有什么权限”的问题。

本节知识点包含主体、客体、授权访问等基本概念。

参考题型

- 访问控制的基本概念中，__（1）__包含或者作为接收信息的被动方，可以是文件、数据、内存段等。

A．主体　　B．客体

C．授权访问　　D．资源

■ **试题分析** 客体包含或者作为接收信息的被动方。客体可以是文件、数据、内存段等。

■ **参考答案** （1）B

- 访问控制是对信息系统资源进行保护的重要措施，适当的访问控制能够阻止未经授权的用户有意或者无意地获取资源。信息系统访问控制的基本要素不包括__（2）__。

A．主体　　B．客体　　C．授权访问　　D．身份认证

■ **试题分析** 访问控制涉及三个基本概念，即主体、客体和授权访问。

主体是一个主动的实体，包括用户、终端、主机或一个应用，主体可以访问客体。

客体是一个被动的实体，对客体的访问要受控。

授权访问：指主体访问客体的允许。

■ **参考答案** （2）D

9.2 访问控制机制

知识点综述

访问控制机制事先确定主体访问客体权限的规则，然后依据规则实施访问控制的方法。本节知识点包含访问控制矩阵概念、按列分解访问控制矩阵、按行分解访问控制矩阵等。

参考题型

- __（1）__表示主体（比如用户、进程、应用等）的权限集。

A．访问控制矩阵的行　　B．访问控制矩阵的列

C．访问控制矩阵的单元格　　D．访问控制矩阵

■ **试题分析** 访问控制矩阵的行表示主体（比如用户、进程、应用等）的权限集。

■ **参考答案** （1）A

- 访问控制机制由一组安全机制构成，可以抽象为一个简单模型，以下不属于访问控制模型要素的是__（2）__。

A．主体　　B．客体　　C．审计库　　D．协议

■ **试题分析** 访问控制机制是由一组安全机制构成，可以抽象为一个简单模型，组成要素如下：

1）主体：客体的操作实施者。

2）客体：被主体操作的对象。

3）参考监视器：访问控制的决策单元和执行单元的集合体。

4）访问控制数据库：记录主体访问客体的权限及其访问方式的信息，提供访问控制决策判断的依据，也称为访问控制策略库。

5）审计库：存储主体访问客体的操作信息。

访问控制参考模型如图9-2-1所示：

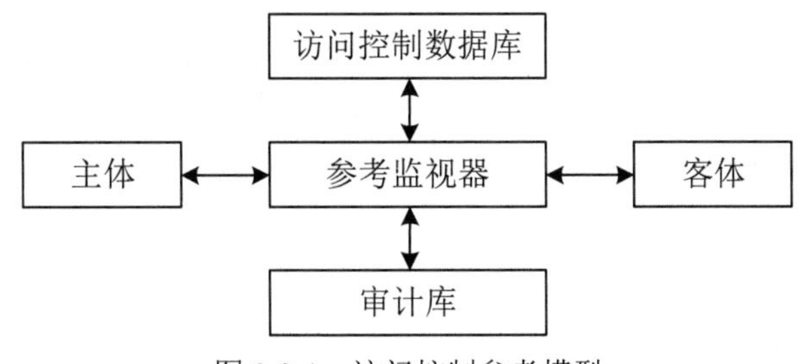

图9-2-1　访问控制参考模型

■ 参考答案　（2）D

9.3　访问控制类型

知识点综述

本节知识点包含自主访问控制、强制访问控制、基于角色的访问控制、基于属性的访问控制等。

参考题型

● 强制访问控制（Mandatory Access Control，MAC）是一种不允许主体干涉的访问控制类型。根据MAC的安全级别，用户与访问的信息的读写关系有四种类型，其中能保证数据完整性的读写组合方式是__（1）__。

A．上读下写　　B．上读上写　　C．下读下写　　D．下读上写

■ 试题分析　上读下写方式保证了数据的完整性；上写下读方式则保证了信息的秘密性。

■ 参考答案　（1）A

● 强制访问控制（MAC）可通过使用敏感标签对所有用户和资源强制执行安全策略。MAC中用户访问信息的读写关系包括下读、上写、下写和上读四种，其中用户级别高于文件级别的写操作是__（2）__。

A．下读　　B．上写　　C．下写　　D．上读

■ 试题分析　多级安全模型中主体对客体的访问主要有四种方式：

1）向下读（read down）：主体级别高于客体级别时允许读操作。

2）向上读（read up）：主体级别低于客体级别时允许读操作。

3）向下写（write down）：主体级别高于客体级别时允许执行读或写操作。

4）向上写（write up）：主体级别低于客体级别时允许执行读或写操作。

■ 参考答案　（2）C

● 自主访问控制是指客体的所有者按照自己的安全策略授予系统中的其他用户对其的访问权。自主访问控制的实现方法包括基于行的自主访问控制和基于列的自主访问控制两大类。以下属于基于列的自主访问控制实现方法的是<u>（3）</u>。

A．访问控制表　　B．能力表　　C．前缀表　　D．口令

■ **试题分析**　基于行的自主访问控制方法是在每个主体上都附加一个该主体可访问的客体的明细表，根据表中信息的不同又可分成三种形式，即能力表、前缀表和口令。

基于列的自主访问控制方法是在每个客体上都附加一个可访问它的主体的明细表，它有两种形式，即保护位和访问控制表。

■ **参考答案**　（3）A

9.4 访问控制的管理

知识点综述

本节知识点包含最小特权管理、用户访问管理等。

参考题型

● 以下关于最小特权的说法，错误的是<u>（1）</u>。

A．最小特权是指每个主体完成某种任务所必不可少的权限

B．最小特权原则是指给定主体的权限刚好完成任务，不多不少

C．最小特权给予主体“必不可少”的权力，确保主体能在所赋予的特权之下完成所有任务或操作

D．最小特权给予主体“必不可少”的特权，限制了主体的操作，但可能造成损失增加

■ **试题分析**　最小特权限制了主体的操作，这样可以确保由可能的事故、错误、遭遇篡改等原因造成的损失最小。

■ **参考答案**　（1）D

● UNIX 系统中超级用户的特权会分解为若干个特权子集，分别赋给不同的管理员，使管理员只能具有完成其任务所需的权限，该访问控制的安全管理被称为<u>（2）</u>。

A．最小特权管理　　B．最小泄露管理

C．职责分离管理　　D．多级安全管理

■ **试题分析**　特权是用户超越系统访问控制所拥有的权限，特权应按最小化机制管理，以防止特权误用。最小特权原则指系统中每一个主体只能拥有完成任务所必要的权限集。特权的分配原则是“按需使用”，这条原则保证系统不会将权限过多地分配给用户，从而可以限制特权造成的危害。

■ **参考答案**　（2）A

● 访问控制规则是访问约束条件集，是访问控制策略的具体实现和表现形式。目前常见的访问控制规则有：基于角色的访问控制规则、基于时间的访问控制规则、基于异常事件的访问控制规则、基于地址的访问控制规则等。当系统中的用户登录出现三次失败后，系统在

一段时间内冻结账户的规则属于 (3) 。

A．基于角色的访问控制规则　　B．基于时间的访问控制规则

C．基于异常事件的访问控制规则　　D．基于地址的访问控制规则

■ **试题分析** 基于异常事件的访问控制规则是利用异常事件来触发控制操作，避免危害系统的行为进步升级。例如，当系统中的用户登录出现三次失败后，系统会在一段时间内冻结账户。

■ **参考答案** （3）C

9.5 访问控制产品

知识点综述

本节知识点包含 4A、安全网关等。

参考题型

● 4A 称为统一安全管理平台解决方案。以下四个选项中，______不属于 4A 的内容。

A．认证　　B．授权　　C．计费　　D．账号

■ **试题分析** 4A 称为统一安全管理平台解决方案，提供认证（Authentication）、授权（Authorization）、账号（Account）、审计（Audit）四个功能与服务。

■ **参考答案** C

第10章 VPN

本章考点知识结构图如图10-0-1所示。

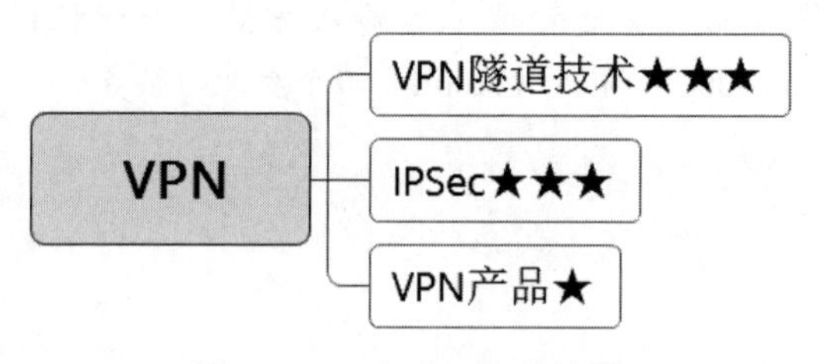

图10-0-1　考点知识结构图

10.1　VPN隧道技术

知识点综述

虚拟专用网络（Virtual Private Network，VPN）是在公用网络上建立专用网络的技术。由于整个VPN网络中的任意两个节点之间的连接并没有传统专网所需的端到端的物理链路，而是架构在公用网络服务商所提供的网络平台上，所以称之为虚拟网。本节知识点包含 VPN 主要隧道协议（PPTP、L2TP、IPSec、SSL VPN、TLS VPN）等。

参考题型

● 以下关于隧道技术的说法，不正确的是__（1）__。

A．隧道技术可以用来解决TCP/IP协议的某种安全威胁问题

B．隧道技术的本质是用一种协议来传输另外一种协议

C．IPSec协议中不会使用隧道技术

D．虚拟专用网中可以采用隧道技术

■ **试题分析** 隧道技术是 VPN 在公用网建立一条数据通道（隧道），让数据包通过这条隧道传输。分为第二、三层隧道协议。第二层隧道协议是先把各种网络协议封装到 PPP 中，再把整个数据包装入隧道协议中。这种双层封装方法形成的数据包靠第二层协议进行传输。第二层隧道协议（Layer 2 Tunneling Protocol，L2TP）有第二层转发协议（Layer 2 Forwarding Protocol，L2F）、点对点隧道协议（Point to Point Tunneling Protocol，PPTP）等。

第三层隧道协议是把各种网络协议直接装入隧道协议中，形成的数据包依靠第三层协议进行传输。第三层隧道协议有 VTP、IPSec 等。IPSec（IP Security）由一组 RFC 文档组成，定义了一个系统来提供安全协议选择、安全算法，确定服务所使用密钥等服务，从而在 IP 层提供安全保障。

IPSec 的两种工作模式分别是**传输模式**和**隧道模式**。

■ **参考答案** （1）C

● 以下关于 VPN 的叙述中，正确的是__（2）__。

A．VPN 指的是用户通过公用网络建立的临时的、安全的连接

B．VPN 指的是用户自己租用线路，和公共网络物理上完全隔离的、安全的线路

C．VPN 不能做到信息认证和身份认证

D．VPN 只能提供身份认证，不能提供数据加密的功能

■ **试题分析** VPN 是在公用网络上建立专用网络，进行加密通信，在企业网络中有广泛的应用。VPN 网关通过对数据包的加密和数据包目标地址的转换实现远程访问。由于传输的是私有信息，VPN 用户对数据的安全性都比较关心。

VPN 主要采用四项技术来保证安全，这四项技术分别是隧道技术（Tunneling）、加解密技术（Encryption & Decryption）、密钥管理技术（Key Management）、使用者与设备身份认证技术（Authentication）。

■ **参考答案** （2）A

● 属于第二层的 VPN 隧道协议是__（3）__。

A．IPSec　　B．PPTP　　C．GRE　　D．IPv4

■ **试题分析** VPN 主要隧道协议有 PPTP（第二层）、L2TP（第二层）、通用路由封（Generic Routing Encapsulation，GRE）（第三层）、IPSec（第三层）、SSL VPN（第四层）、TLS VPN（第四层）。

■ **参考答案** （3）B

● 虚拟专用网 VPN 是一种新型的网络安全传输技术，为数据传输和网络服务提供安全通道。VPN 架构采用的多种安全机制中，不包括__（4）__。

A．隧道技术　　B．信息隐藏技术

C．密钥管理技术　　D．身份认证技术

■ **试题分析** 实现 VPN 的关键技术主要有隧道技术、加/解密技术、密钥管理技术和身份认证技术。

■ **参考答案** （4）B

● 以下关于虚拟专用网 VPN 的描述，错误的是＿（5）＿。

A．VPN 不能在防火墙上实现　　B．链路加密可以用来实现 VPN

C．IP 层加密可以用来实现 VPN　　D．VPN 提供机密性保护

■ 试题分析　现在的防火墙很多都自带 VPN 功能。

■ 参考答案　（5）A

10.2 IPSec

知识点综述

本节知识点包含 VPN 主要隧道协议——IPSec 协议的原理、特点等。

参考题型

● 以下关于 IPSec 协议的叙述中，正确的是＿（1）＿。

A．IPSec 协议是解决 IP 协议安全问题的一种方案

B．IPSec 协议不能提供完整性

C．IPSec 协议不能提供机密性保护

D．IPSec 协议不能提供认证功能

■ 试题分析　Internet 协议安全性（Internet Protocol Security，IPSec）是通过对 IP 协议的分组进行加密和认证来保护 IP 协议的网络传输协议族（一些相互关联的协议的集合）。IPSec 工作在 TCP/IP 协议栈的网络层，为 TCP/IP 通信提供访问控制机密性保护、数据源验证、抗重放、保障数据完整性等多种安全服务。

■ 参考答案　（1）A

● 通过具有 IPSec 功能的路由器构建 VPN 的过程中，使用的应用模式是＿（2）＿。

A．隧道模式　　B．报名模式　　C．传输模式　　D．压缩模式

■ 试题分析　IPSec 有两种模式，即隧道模式和传输模式。传输模式只能适合 PC 到 PC 的场景；隧道模式可以适用于所有场景，隧道模式虽然可以适用于任何场景，但是隧道模式需要多一层 IP 头（通常为 20 字节长度）开销，所以在 PC 到 PC 的场景，建议还是使用传输模式。这里是通过路由器构建 VPN，显然不是 PC 到 PC 的场景，所以需要采用隧道模式。

■ 参考答案　（2）A

● IPSec 协议可以为数据传输提供数据源验证、无连接数据完整性、数据机密性、抗重放等安全服务。其实现用户认证采用的协议是＿（3）＿。

A．IKE 协议　　B．ESP 协议　　C．AH 协议　　D．SKIP 协议

■ 试题分析　IP 简单密钥管理协议（Simple Key Management for Internet Protocol，SKIP）是服务于面向无会话的数据报协议，如 IPv4 和 IPv6 的密钥管理机制，它是基于内嵌密钥的密钥管理协议。

认证头（Authentication Header，AH）是 IPSec 体系结构中的一种主要协议，它为 IP 数据报提

供完整性检查与数据源认证，并防止重放攻击。

■ 参考答案 （3）C

- IPSec 属于__（4）__的安全解决方案。

  A．网络层　　B．传输层　　C．应用层　　D．物理层

■ 试题分析 IPSec 协议在隧道外面再封装，保证了隧道在传输过程中的安全。该协议是第三层隧道协议。

■ 参考答案 （4）A

- IPSec 是 Internet Protocol Security 的缩写，以下关于 IPSec 协议的叙述中，错误的是__（5）__。

  A．IP AH 的作用是保证 IP 包的完整性和提供数据源认证

  B．IP AH 提供数据包的机密性服务

  C．IP ESP 的作用是保证 IP 包的保密性

  D．IPSec 协议提供完整性验证机制

■ 试题分析 IPSec 的 AH 用于数据完整性认证和数据认证，不提供数据加密服务；封装安全载荷（Encapsulate Security Payload，ESP）提供数据包的机密性服务，也包括完整性和数据源认证。

■ 参考答案 （5）B

- IPSec VPN 的功能不包括__（6）__。

  A．数据包过滤　　B．密钥协商

  C．安全报文封装　　D．身份鉴别

■ 试题分析 IPSec VPN 的主要功能包括随机数生成、密钥协商、安全报文封装、NAT 穿越、身份鉴别等。

■ 参考答案 （6）A

10.3 VPN 产品

知识点综述

本节知识点包含 VPN 产品类型、特点与要求等。

参考题型

- IPSec VPN 采用的 SM1 算法用于加密报文，密钥协商数据，其中分组的位数是______位。

  A．64　　B．128　　C．256　　D．512

■ 试题分析 IPSec VPN 采用的 SM1（128 位分组）算法用于加密报文，密钥协商数据。

■ 参考答案 B

第11章 防火墙

本章考点知识结构图如图 11-0-1 所示。

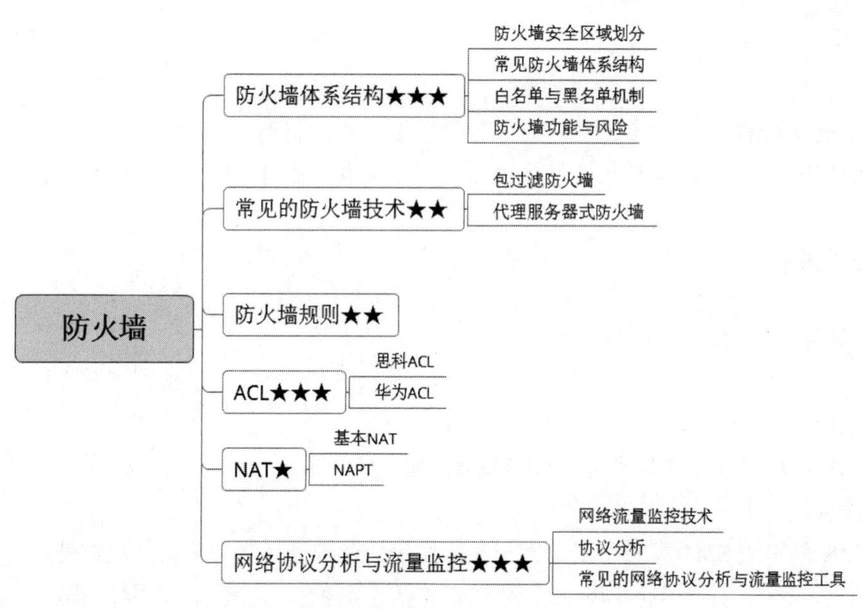

图 11-0-1　考点知识结构图

11.1　防火墙体系结构

知识点综述

防火墙（Firewall）是网络互联的重要设备，用于控制网络之间的通信。外部网络用户的访问必须先经过安全策略过滤，而内部网络用户对外部网络的访问则无须过滤。现在的防火墙还具有逻辑上隔离网络、提供代理服务、流量控制、网络访问审计、限制网络访问等功能。

本节知识点包含防火墙安全区域划分、常见防火墙体系结构、白名单与黑名单机制、防火墙功能与风险等。

参考题型

- 防火墙作为一种被广泛使用的网络安全防御技术，其自身有一些限制，它不能阻止__（1）__。

A．内部威胁和病毒威胁

B．外部攻击

C．外部攻击、外部威胁和病毒威胁

D．外部攻击和外部威胁

■ 试题分析 防火墙指的是一个由软件和硬件设备组合而成、在内部网和外部网之间、专用网与公共网之间的界面上构造的保护屏障，是一种获取安全性方法的形象说法。它是一种计算机硬件和软件的结合，使 Internet 与 Intranet 之间建立起一个安全网关（Security Gateway），从而保护内部网免受非法用户的侵入。防火墙主要由服务访问规则、验证工具、包过滤和应用网关四个部分组成，防火墙就是一个位于计算机和它所连接的网络之间的软件或硬件。该计算机流入流出的所有网络通信和数据包均要经过此防火墙。这是防火墙所处网络位置特性，同时也是一个前提。因为只有当防火墙是内、外部网络之间通信的唯一通道，才可以全面、有效地保护企业网内部网络不受侵害。

防火墙自身有一些限制，它不能阻止内部威胁和病毒威胁。

■ 参考答案 （1）A

- 以下不属于网络安全控制技术的是__（2）__。

A．防火墙技术　　B．访问控制

C．入侵检测技术　　D．差错控制

■ 试题分析 网络安全控制就是有效保证数据安全传输的技术，包括防火墙、入侵检测、访问控制。差错控制可以提高可靠性，但不属于网络安全控制技术。

此知识点在历次考试中考查过多次。

■ 参考答案 （2）D

- 防火墙的经典体系结构主要有三种，图 11-1-1 给出的是__（3）__体系结构。

A．双重宿主主机　　B．（被）屏蔽主机

C．（被）屏蔽子网　　D．混合模式

■ 试题分析 （被）屏蔽子网由隔离区（Demilitarized Zone，DMZ）网络、外部路由器、内部路由器以及堡垒主机构成防火墙系统。

■ 参考答案 （3）C

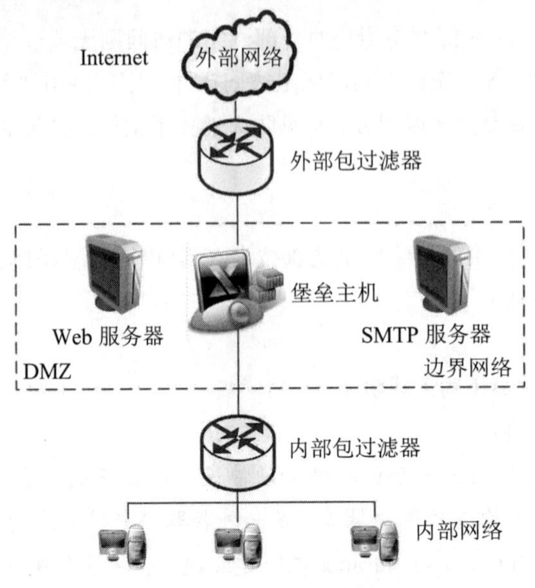

图 11-1-1　试题用图

● 能有效控制内部网络和外部网络之间的访问及数据传输，从而达到保护内部网络的信息不受外部非授权用户的访问和对不良信息的过滤的安全技术是__（4）__。

A．入侵检测　　B．反病毒软件

C．防火墙　　D．计算机取证

■ **试题分析**　防火墙能有效控制内部网络和外部网络之间的访问及数据传输，从而达到保护内部网络的信息不受外部非授权用户的访问和对不良信息的过滤的安全技术。

■ **参考答案**　（4）C

11.2　常见的防火墙技术

知识点综述

本节知识点包含包过滤防火墙、代理服务器式防火墙、基于状态检测的防火墙、应用服务代理、Web 防火墙、数据库防火墙、下一代防火墙等。

参考题型

● 包过滤防火墙在过滤数据包时，一般不关心__（1）__。

A．数据包的源地址　　B．数据包的协议类型

C．数据包的目的地址　　D．数据包的内容

■ **试题分析**　包过滤防火墙主要针对 OSI 模型中的网络层和传输层的信息进行分析。通常包过滤防火墙用来控制 IP、UDP、TCP、ICMP 和其他协议。包过滤防火墙对通过防火墙的数据包进行检查，只有满足条件的数据包才能通过，对数据包的**检查内容**一般包括**源地址、目的地址和协议**。

包过滤防火墙通过规则（如ACL）来确定数据包是否能通过。配置了ACL的防火墙可以看成包过滤防火墙。

此知识点在历次考试中考查过多次。

■ **参考答案** （1）D

- 应用代理防火墙的主要优点是__（2）__。

A．加密强度高

B．安全控制更细化、更灵活

C．安全服务的透明性更好

D．服务对象更广泛

■ **试题分析** 代理服务器（Proxy Server），又称应用代理防火墙。

代理服务器的优点有：安全控制更细化、更灵活，共享IP地址、缓存功能提高访问速度、信息转发、过滤和禁止某些通信，提升上网效率、隐藏内部网络细节以提高安全性、监控用户行为、避免来自Internet上病毒的入侵，提高访问某些网站的速度、突破对某些网站的访问限制。

■ **参考答案** （2）B

11.3 防火墙规则

知识点综述

本节知识点包含防火墙的安全规则等。

参考题型

- 当防火墙在网络层实现信息过滤与控制时，主要针对TCP/IP协议中的IP数据包头部制定规则的匹配条件并实施过滤，该规则的匹配条件不包括__（1）__。

A．IP源地址　　　　B．源端口

C．IP目的地址　　　　D．协议

■ **试题分析** 当防火墙在网络层实现信息过滤与控制时，主要针对TCP/IP协议中的IP数据包头部制定规则的匹配条件并实施过滤，其规则的匹配条件包括以下内容：

- IP源地址：IP数据包的发送主机地址。
- IP目的地址：IP数据包的接收主机地址。
- 协议：IP数据包中封装的协议类型，包括TCP、UDP或ICMP包等。

■ **参考答案** （1）B

- 防火墙的安全规则由匹配条件和处理方式两部分组成。当网络流量与当前的规则匹配时，就必须采用规则中的处理方式进行处理。其中，拒绝数据包或信息通过，并且通知信息源该信息被禁止的处理方式是__（2）__。

A．Accept　　　　B．Reject

C．Refuse　　　　D．Drop

■ 试题分析　防火墙的安全规则中的处理方式主要包括以下几种：

- Accept：允许数据包或信息通过。
- Reject：拒绝数据包或信息通过，并且通知信息源该信息被禁止。
- Drop：直接将数据包或信息丢弃，并且不通知信息源。

■ 参考答案　（2）B

- 防火墙是由一些软件、硬件组合而成的网络访问控制器，它根据一定的安全规则来控制流过防火墙的数据包，起到网络安全屏障的作用。以下关于防火墙的叙述中，错误的是__（3）__。

A．防火墙能够屏蔽被保护网络内部的信息、拓扑结构和运行状况

B．白名单策略禁止与安全规则相冲突的数据包通过防火墙，其他数据包都允许

C．防火墙可以控制网络带宽的分配使用

D．防火墙无法有效防范内部威胁

■ 试题分析　防火墙的安全策略有两种类型：

1）白名单策略：只允许符合安全规则的包通过防火墙，其他通信包禁止。

2）黑名单策略：禁止与安全规则相冲突的包通过防火墙，其他通信包都允许。

■ 参考答案　（3）B

11.4　ACL

知识点综述

本节知识点包含思科、华为的 ACL 命令等。

参考题型

- 访问控制列表（Access Control Lists，ACL）分为标准和扩展两种。下列关于 ACL 的描述中，错误的是__（1）__。

A．标准 ACL 可以根据分组中的 IP 源地址进行过滤

B．扩展 ACL 可以根据分组中的 IP 目标地址进行过滤

C．标准 ACL 可以根据分组中的 IP 目标地址进行过滤

D．扩展 ACL 可以根据不同的上层协议信息进行过滤

■ 试题分析　标准 ACL 只能根据分组中的 IP 源地址进行过滤。

■ 参考答案　（1）C

- 以下 ACL 语句中，含义为"允许 172.168.0.0/24 网段所有 PC 访问 10.1.0.10 中的 FTP 服务"的是__（2）__。

A．access-list 101 deny tcp 172.168.0.0 0.0.0.255 host 10.1.0.10 eq ftp

B．access-list 101 permit tcp 172.168.0.0 0.0.0.255 host 10.1.0.l0 eq ftp

C．access-list 101 deny tcp host 10.1.0.10 172.168.0.0 0.0.0.255 eq ftp

D．access-list 101 permit tcp host 10.1.0.10 172.168.0.0 0.0.0.255 eq ftp

■ **试题分析** 针对TCP和UDP的扩展访问控制列表配置：

access-list access-list_num **{permit|deny}** IP_protocol source_ip source_wildcard_mask[operator source_port] destination_ip destionation_wildcard_mask [operator destination_port] [**established**]
access-list_num 取值 **100～199**；**permit** 表示允许，**deny** 表示拒绝。 IP_protocol 包括：IP、ICMP、TCP、GRE、UDP、IGRP、EIGRP、IGMP、NOS、OSPF。 source_ip source_wildcard_mask 表示源地址及其反掩码。 destionation_ip destionation _wildcard_mask 表示目的地址及其反掩码。 [operator source_port]和[operator destination_port]是操作符+端口号方式，操作符可以是lt（小于）、gt（大于）、neq（不等于）、eq（等于）、range（端口号范围）。 关键词 **established** 仅仅用于TCP连接，此关键词可以允许（拒绝）任何TCP数据段报头中RST或ACK位设置为1的TCP流量。

"允许172.168.0.0/24网段所有PC访问10.1.0.10中的FTP服务"说明access-list需要使用permit参数，源网络地址为172.168.0.0 0.0.0.255，目的地址为10.1.0.10。命令最后还应该添加eq ftp对允许协议进行限定。

■ **参考答案** （2）B

11.5 NAT

知识点综述

本节知识点包含基本网络地址转换（Network Address Translation，NAT）和网络地址端口转换（Network Address Port Translation，NAPT）等。

参考题型

● 有一种NAT技术叫作"地址伪装"（Masquerading），下列关于地址伪装的描述中，正确的是__（1）__。

A. 把多个内部地址翻译成一个外部地址和多个端口号

B. 把多个外部地址翻译成一个内部地址和一个端口号

C. 把一个内部地址翻译成多个外部地址和多个端口号

D. 把一个外部地址翻译成多个内部地址和一个端口号

■ **试题分析** Masquerading伪装地址方式是通过改写数据包的源IP地址为自身接口的IP地址，可以指定port对应的范围。这个功能与SNAT不同的是，当进行IP伪装时，不需要指定伪装成哪个IP地址，这个IP地址会自动从网卡读取，尤其是当使用DHCP方式获得地址时，Masquerading特别有用。

■ **参考答案** （1）A

● 网络地址转换简称 NAT，NAT 技术主要是为了解决网络公开地址不足而出现的。网络地址转换的实现方式中，把内部地址映射到外部网络的一个 IP 地址的不同端口的实现方式被称为__（2）__。

A．静态 NAT　　B．NAT 池
C．端口 NAT　　D．应用服务代理

■ **试题分析** 实现网络地址转换的方式主要有静态 NAT、NAT 池和端口 NAT 等。端口 NAT 是把内部地址映射到外部网络的一个 IP 地址的不同端口上。

■ **参考答案** （2）C

11.6 网络协议分析与流量监控

知识点综述

本节知识点包含网络流量监控技术、协议分析、常见的网络协议分析与流量监控工具等。

参考题型

● 深度流检测技术就是以流为基本研究对象，判断网络流是否异常的一种网络安全技术，其主要组成部分通常不包括__（1）__。

A．流特征选择　　B．流特征提供　　C．分类器　　D．响应

■ **试题分析** 流量监控的基础是协议分析。主要的方法有端口识别、深度包检测（Deep Packet Inspection，DPI）、深度流检测（Deep/Dynamic Flow Inspection，DFI）。

1）端口识别：根据 IP 包头中“五元组”的信息（源地址、目的地址、源端口、目的端口以及协议类型）进行分析，从而确定流量信息。随着网上应用类型的不断丰富，仅从 IP 的端口信息并不能判断流量中的应用类型，更不能判断开放端口、随机端口甚至采用加密方式进行传输的应用类型。

2）DPI：DPI 技术在分析包头的基础上，增加了对应用层的分析，是一种基于应用层的流量检测和控制技术。当 IP 数据包、TCP 或 UDP 数据流经过安装 DPI 的系统时，该系统通过深入读取 IP 包载荷的内容来对 OSI 七层协议中的应用层信息进行重组，从而得到应用所使用的协议和特点。

3）DFI：DFI 采用的是基于流量行为的应用识别技术，即不同的应用类型体现在会话连接或数据流上的状态各有不同。例如，IP 语音流量特点为一般在 130～220byte，连接速率较低，同时会话持续时间较长；P2P 下载应用的流量特点为平均包长都在 450byte 以上、下载时间长、连接速率高、首选传输层协议为 TCP 等。

深度流检测技术其主要组成部分通常包括流特征选择、流特征提供、分类器等。

该知识点考查过多次。

■ **参考答案** （1）D

● 以下关于网络流量监控的叙述中，不正确的是__（2）__。

A．流量检测中所检测的流量通常采集自主机节点、服务器、路由器接口和路径等

B．数据采集探针是专门用于获取网络链路流量的硬件设备

C．流量监控能够有效实现对敏感数据的过滤

D．网络流量监控分析的基础是协议行为解析技术

■ **试题分析** 硬件探针是一种获取网络流量的硬件设备，将它串接在需要监控流量的链路上，分析链路信息从而得到流量信息。一个硬件探针可以监听单个子网的流量信息，全网流量分析则需部署多个探针。这种方式受限于探针接口速率，因此适合做单链路流量分析。

网络流量监控分析的基础是协议识别技术，流量监控并不能有效实现敏感数据的过滤。

■ **参考答案** （2）C

● 网络流量是单位时间内通过网络设备或传输介质的信息量。网络流量状况是网络中的重要信息，利用流量监测获得的数据，不能实现的目标是__（3）__。

A．负载监测　　B．网络纠错　　C．日志监测　　D．入侵检测

■ **试题分析** 网络流量状况是网络中的重要信息，利用流量监测获得的数据，不能实现日志监测的目标。

■ **参考答案** （3）C

第12章 IDS与IPS

本章考点知识结构图如图 12-0-1 所示。

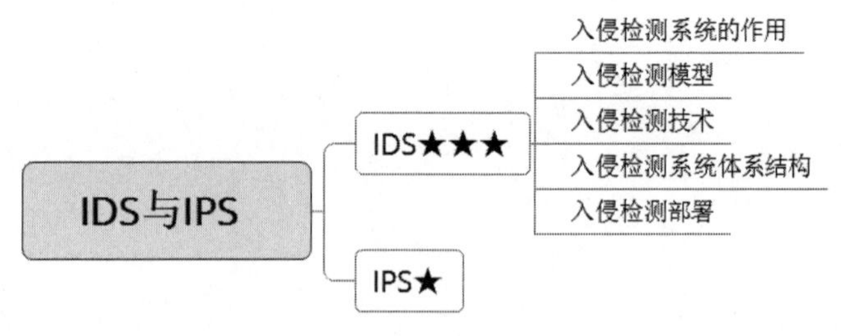

图 12-0-1　考点知识结构图

12.1　IDS

知识点综述

入侵检测（Intrusion Detection System，IDS）是从系统运行过程中产生的或系统所处理的各种数据中查找出的威胁系统安全的因素，并可对威胁做出相应的处理，一般认为 **IDS 是被动防护**。

本节知识点包含入侵检测系统的作用、入侵检测模型、入侵检测技术、入侵检测系统体系结构、入侵检测部署等。

参考题型

● 入侵检测系统放置在防火墙内部所带来的好处是＿（1）＿。

A．减少对防火墙的攻击　　B．降低入侵检测系统的误报率

C．增加对低层次攻击的检测　　D．增加检测能力和检测范围

■ **试题分析**　入侵检测系统（IDS）是一种主动的网络安全防护技术，它通过网络不同关键点

监视网络数据（网络数据包、系统日志、用户活动的状态行为）以分析入侵行为的可能性。一旦发现入侵，立即告警和记录日志，并实施安全控制操作，以保证数据的机密性、完整性和可用性。

■ **参考答案**　（1）B

● PDR 模型是一种体现主动防御思想的网络安全模型，该模型中 D 表示＿（2）＿。

A．Design（设计）　　B．Detection（检测）

C．Defense（防御）　　D．Defend（保护）

■ **试题分析**　入侵检测基本模型是 PDR 模型，是最早体现主动防御思想的一种网络安全模型。PDR 模型包括**防护、检测、响应**三个部分。

1）防护（Protection）：用一切措施保护网络、信息以及系统的安全。包含的措施有加密、认证、访问控制、防火墙以及防病毒等。

2）检测（Detection）：了解和评估网络和系统的安全状态，为安全防护和响应提供依据。检测技术主要包括入侵检测、漏洞检测以及网络扫描等技术。

3）响应（Response）：当出现攻击企图或者攻击之后，系统及时地进行反应。响应在模型中占有相当重要的地位。

■ **参考答案**　（2）B

● 入侵检测技术包括异常入侵检测和误用入侵检测。以下关于误用检测技术的描述中，正确的是＿（3）＿。

A．误用检测根据对用户正常行为的了解和掌握来识别入侵行为

B．误用检测根据掌握的关于入侵或攻击的知识来识别入侵行为

C．误用检测不需要建立入侵或攻击的行为特征库

D．误用检测需要建立用户的正常行为特征轮廓

■ **试题分析**

1）异常检测：也称基于行为的检测。把用户习惯行为特征存入特征库，将用户当前行为特征与特征数据库中存放的特征比较，若偏差较大，则认为出现异常。

2）误用检测：通常由安全专家根据攻击特征、系统漏洞进行分析，然后手工编写相应的检测规则、特征模型。误用检测假定攻击者会按某种规则、针对同一弱点进行再次攻击。

■ **参考答案**　（3）B

● Snort 是一款开源的网络入侵检测系统，它能够执行实时流量分析和 IP 协议网络的数据包记录。以下不属于 Snort 配置模式的是＿（4）＿。

A．嗅探　　B．包记录

C．分布式入侵检测　　D．网络入侵检测

■ **试题分析**　Snort 的配置有三个主要模式：嗅探、包记录和网络入侵检测。

■ **参考答案**　（4）C

● 入侵检测模型 CIDF 认为入侵检测系统由事件产生器、事件分析器、响应单元和事件数据库四个部分构成，其中分析所得到的数据，并产生分析结果的是＿（5）＿。

A．事件产生器　　B．事件分析器　　C．响应单元　　D．事件数据库

■ **试题分析**　在通用入侵检测框架（Common Intrusion Detection Framework，CIDF）模型中，入侵检测系统由事件产生器、事件分析器、响应单元和事件数据库四个部分构成。事件产生器从整个计算环境中获得事件，并向系统的其他部分提供事件；事件分析器分析所得到的数据，并产生分析结果；响应单元对分析结果做出反应，如切断网络连接、改变文件属性、简单报警等应急响应；事件数据库存放各种中间和最终数据，数据存放的形式既可以是复杂的数据库，也可以是简单的文本文件。

■ **参考答案**　（5）B

● 误用入侵检测通常称为基于特征的入侵检测方法，是指根据已知的入侵模式检测入侵行为。常见的误用检测方法包括：基于条件概率的误用检测方法、基于状态迁移的误用检测方法、基于键盘监控的误用检测方法、基于规则的误用检测方法。其中Snort入侵检测系统属于__（6）__。

A．基于条件概率的误用检测方法　　B．基于状态迁移的误用检测方法
C．基于键盘监控的误用检测方法　　D．基于规则的误用检测方法

■ **试题分析**　基于规则的误用检测方法是将攻击行为或入侵模式表示成一种规则，只要符合规则就认定它是一种入侵行为。Snort是典型的基于规则的误用检测方法的应用实例。

■ **参考答案**　（6）D

● 根据入侵检测系统的检测数据来源和它的安全作用范围，可以将其分为基于主机的入侵检测系统（HIDS）、基于网络的入侵检测系统（NIDS）和分布式入侵检测系统（DIDS）三种。以下软件不属于基于主机的入侵检测系统（HIDS）的是__（7）__。

A．Cisco Secure IDS　　B．SWATCH　　C．Tripwire　　D．网页防篡改系统

■ **试题分析**　基于主机的入侵检测系统（HIDS）的典型产品有SWATCH、Tripwire、网页防篡改系统；基于网络的入侵检测系统（Network Intrusion Detection System，NIDS）的典型产品有Session Wall、ISS RealSecure、Cisco Secure IDS、Snort。

■ **参考答案**　（7）A

● Snort是典型的网络入侵检测系统，通过获取网络数据包，进行入侵检测形成报警信息。Snort规则由规则头和规则选项两部分组成。以下内容不属于规则头的是__（8）__。

A．源地址　　B．目的端口号　　C．协议　　D．报警信息

■ **试题分析**　Snort规则由规则头和规则选项两部分组成。规则头包含规则操作（action）、协议（protocol）、源地址和目的IP地址及网络掩码、源端口和目的端口号信息。规则选项包含报警消息、被检查网络包的部分信息及规则应采取的动作。Snort规则如下所示：

alert tcp any any->192.168.1.0/24 111(content: "|00 01 86 a5|"msg: "mountd acess";)

其中，规则头和规则选项通过“()”来区分，规则选项内容用括号括起来。

■ **参考答案**　（8）D

● 以下网络入侵检测不能检测发现的安全威胁是__（9）__。

A．黑客入侵　　B．网络蠕虫　　C．非法访问　　D．系统漏洞

■ **试题分析** 网络入侵检测是对网络设备、安全设备、应用系统的日志信息进行实时收集和分析,可检测发现黑客入侵、扫描渗透、暴力破解、网络蠕虫、非法访问、非法外联和 DDoS 攻击。系统漏洞可通过漏洞扫描设备扫描发现，但不能通过网络入侵检测发现。

■ **参考答案** （9）D

12.2 IPS

知识点综述

本节知识点包含入侵防御系统（Intrusion Prevention System，IPS）概念与特点等。

参考题型

● 下列四个选项中，_______是不正确的。

A．一般认为 IPS 是主动防护

B．IPS 产品一般采用并联方式部署在网络中，也会采用旁路阻断方式

C．入侵防护是一种可识别潜在的威胁并迅速地做出应对的网络安全防范办法

D．IPS/SPS 可以实现的功能有屏蔽指定 IP、端口、域名等

■ **试题分析** IPS 产品一般采用串联方式部署在网络中。

■ **参考答案** B

第13章 漏洞扫描与物理隔离

本章考点知识结构图如图13-0-1所示。

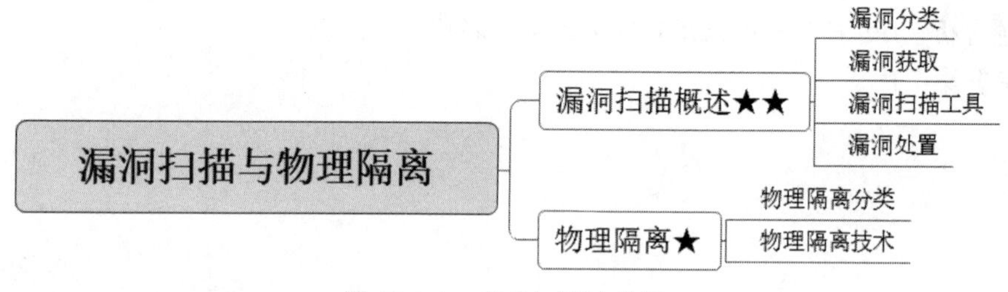

图13-0-1　考点知识结构图

13.1　漏洞扫描概述

知识点综述

本节知识点包含漏洞分类、漏洞获取、漏洞扫描工具、漏洞处置等。

参考题型

- 下列四个选项中，__（1）__不属于非技术性安全漏洞。

  A．网络安全责任主体不明确

  B．网络安全策略不完备

  C．网络安全操作技能不足

  D．输入验证错误

■ **试题分析**　漏洞分为非技术性安全漏洞和技术性安全漏洞两类。非技术性安全漏洞来自制度、管理流程、人员、组织结构等方面；技术性安全漏洞来自软/硬件、协议、配置、应用软件、网络结构等。输入验证错误属于技术性安全漏洞。

■ **参考答案** （1）D

● 下列四个选项中， （2） 不属于基于网络漏洞扫描工具。

A．Nmap　　B．Nessus

C．X-Scan　　D．COPS

■ **试题分析** COPS、Tiger、MBSA属于基于主机的漏洞扫描工具。

■ **参考答案** （2）D

● 网络信息系统的漏洞主要来自两个方面：非技术性安全漏洞和技术性安全漏洞。以下属于非技术性安全漏洞来源的是 （3） 。

A．网络安全策略不完备　　B．设计错误

C．缓冲区溢出　　D．配置错误

■ **试题分析** 网络信息系统的漏洞主要来自两个方面：非技术性安全漏洞和技术性安全漏洞。

1）非技术性安全漏洞：这方面的漏洞来自制度、管理流程、人员、组织结构等。包括网络安全责任主体不明确、网络安全策略不完备、网络安全操作技能不足、网络安全监督缺失、网络安全特权控制不完备。

2）技术性安全漏洞：这方面的漏洞来源有设计错误、输入验证错误、缓冲区溢出、意外情况处置错误、访问验证错误、配置错误、竞争条件、环境错误等。

■ **参考答案** （3）A

● 以下网络安全漏洞发现工具中，具备网络数据包分析功能的是 （4） 。

A．Flawfinder　　B．Wireshark　　C．MOPS　　D．Splint

■ **试题分析** 常见的网络安全漏洞发现工具见表13-1-1。

表13-1-1　常见的网络安全漏洞发现工具

工具名称	特点
Flawfinder	利用词法分析技术发现以C语言编写的源程序安全漏洞
Splint	检查以C语言编写的程序安全漏洞
ITS4	检查以C和C++语言编写的源程序安全漏洞
Grep	自定义漏洞模式，检查任意源程序安全漏洞
MOPS	利用状态机技术来分析以C语言编写的源程序安全漏洞
W3AF	Web应用程序漏洞验证
Wireshark	网络数据包分析软件
Metasploit	网络安全漏洞验证软件
OllyDBG	分析调试器

■ **参考答案** （4）B

13.2 物理隔离

知识点综述

网络隔离技术的目标是确保把有害的攻击隔离，在保证可信网络内部信息不外泄的前提下，完成网络间数据的安全交换。本节知识点包含物理隔离分类、常见的物理隔离技术等。

参考题型

● 以下选项中，关于网闸的说法，错误的是__（1）__。

A．涉密网络与非涉密网络互联时，需要进行网闸隔离

B．网闸借鉴了船闸的概念，设计上采用“代理+摆渡”的方式

C．网闸摆渡的思想是内外网进行隔离，分时对网闸中的存储进行读写，间接实现信息交换；内外网之间不能建立网络连接，不能通过网络协议互相访问

D．网闸的摆渡功能是数据的“拆卸”，把数据还原成原始的部分，拆除各种通信协议添加的“包头包尾”，在内外网之间传递净数据

■ **试题分析** 网闸借鉴了船闸的概念，设计上采用“代理+摆渡”的方式。摆渡的思想是内外网进行隔离，分时对网闸中的存储进行读写，间接实现信息交换；内外网之间不能建立网络连接，不能通过网络协议互相访问。网闸的代理功能是数据的“拆卸”，把数据还原成原始的部分，拆除各种通信协议添加的“包头包尾”，在内外网之间传递净数据。

大部分的攻击需要客户端和服务器之间建立连接并进行通信，而网闸从原理实现上就切断了所有的 TCP 连接，包括 UDP、ICMP 等其他各种协议。网闸只传输纯数据，因此可以防止未知和已知的攻击。

依据国家安全要求，涉密网络与非涉密网络互联时，需要进行网闸隔离。按照网络物理隔离的信息传递方向，可分为单向物理隔离系统和双向物理隔离系统。非涉密网络与互联网连通时，采用单向网闸；非涉密网络与互联网不连通时，采用双向网闸。

■ **参考答案** （1）D

● 网络物理隔离系统是指通过物理隔离技术，在不同的网络安全区域之间建立一个能够实现物理隔离、信息交换和可信控制的系统，以满足不同安全区域的信息或数据交换。以下有关网络物理隔离系统的叙述中，错误的是__（2）__。

A．使用网闸的两个独立主机不存在通信物理连接，主机对网闸只有“读”操作

B．双硬盘隔离系统在使用时必须不断重新启动切换，且不易于统一管理

C．单向传输部件可以构成可信的单向信道，该信道无任何反馈信息

D．单点隔离系统主要保护单独的计算机，防止外部直接攻击和干扰

■ **试题分析** 网闸的原理是使用一个具有控制功能的开关读写存储设备，通过开关的设置来连接或切断两个独立主机系统的数据交换，两个独立主机系统与网闸的连接是互斥的，因此，两个独立主机不存在通信的物理连接，主机对网闸的操作只有“读”和“写”操作。因此 A 选项错误。

■ 参考答案 （2）A

- 网络物理隔离机制中，使用一个具有控制功能的开关读写存储安全设备，通过开关的设置来连接或者切断两个独立主机系统的数据交换，使两个或者两个以上的网络在不连通的情况下，实现它们之间的安全数据交换与共享，该技术被称为 （3） 。

A．双硬盘 B．信息摆渡 C．单向传输 D．网闸

■ 试题分析 常见物理隔离技术有以下几种:

双硬盘：一台计算机上安装两个硬盘，通过硬盘控制卡对硬盘进行切换控制，连接不同网络时挂接不同的硬盘。

信息摆渡：存在中间缓冲区，在任何时刻，物理传输信道只在传输进行时存在，中间缓冲区只与一端安全域相连。

单向传输：传输部件由一对独立的发送和接收部件构成，发送部件仅具有单一的发送功能，接收部件仅具有单一的接收功能，两者构成可信的单向信道，该信道无任何反馈信息。

网闸：使用一个具有控制功能的开关读写存储设备，通过开关的设置来连接或切断两个独立主机系统的数据交换。

■ 参考答案 （3）D

第 14 章

网络安全审计

本章考点知识结构图如图 14-0-1 所示。

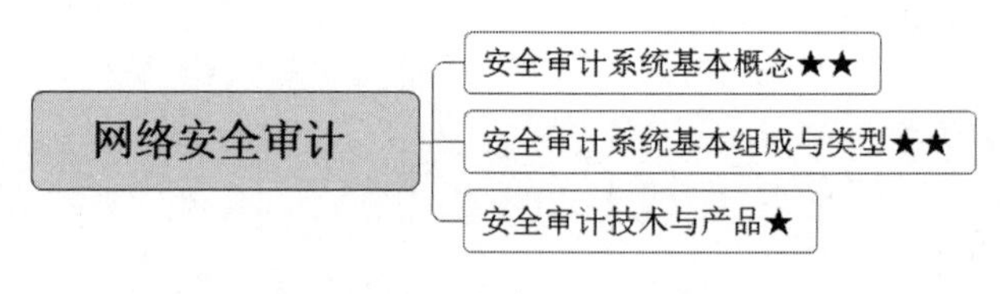

图 14-0-1　考点知识结构图

14.1　安全审计系统基本概念

知识点综述

审计是产生、记录并检查按时间顺序排列的系统事件记录的过程。审计是对访问控制的必要补充，审计的主要工作就是围绕安全工作，确保信息与网络安全而展开的信息获取、存储、分析等工作。审计的主要目的就是检测和阻止非法用户对系统的入侵，发现潜在的危险，并找出合法用户的误操作。

本节知识点包含审计概念、审计跟踪、审计机制等。

参考题型

- 依据《计算机信息系统 安全保护等级划分准则》（GB 17859—1999）规定，从<u>（1）</u>开始要求系统具有安全审计机制。

  A．第二级　　B．第三级　　C．第四级　　D．第五级

■ 试题分析　依据《计算机信息系统 安全保护等级划分准则》（GB 17859—1999）规定，从第二级（系统审计保护级）开始要求系统具有安全审计机制。

■ 参考答案 （1）A

● ___（2）___是系统审计用户操作的最基本单位。

A．审计功能　　B．审计跟踪　　C．审计事件　　D．审计机制

■ 试题分析 审计事件是系统审计用户操作的最基本单位。系统将所有要求审计或可以审计的用户动作都归纳成一个个可区分、可识别、可标志用户行为和可记录的审计单位。

■ 参考答案 （2）C

● 网络安全审计是指对网络信息系统的安全相关活动信息进行获取、记录、存储、分析和利用的工作。在《计算机信息系统 安全保护等级划分准则》（GB 17859—1999）中，不要求对删除客体操作具备安全审计功能的计算机信息系统的安全保护等级属于___（3）___。

A．用户自主保护级　　B．系统审计保护级

C．安全标记保护级　　D．结构化保护级

■ 试题分析 《计算机信息系统 安全保护等级划分准则》（GB 17859—1999）中，系统审计保护级之上（包含安全标记保护级、结构化保护级、访问验证保护级），均要求对“删除客体”进行审计工作。用户自主保护级则不做要求。

■ 参考答案 （3）A

● 网络审计数据涉及系统整体的安全性和用户隐私，以下安全技术措施不属于保护审计数据安全的是___（4）___。

A．系统用户分权管理　　B．审计数据加密

C．审计数据强制访问　　D．审计数据压缩

■ 试题分析 网络审计数据涉及系统整体的安全性和用户隐私，为保护审计数据的安全，通常的安全技术措施包括：系统用户分权管理、审计数据强制访问、审计数据加密、审计数据隐私保护、审计数据安全性保护等。保护审计数据安全的措施不包括审计数据压缩。

■ 参考答案 （4）D

14.2 安全审计系统基本组成与类型

知识点综述

安全审计系统由审计信息收集与存储、信息分析、审计告警与结果展示、审计数据保护等组成。本节知识点包含安全审计系统组成，常见的安全审计系统的类型等。

参考题型

● 下列四个选项中，___（1）___不属于网络审计。

A．记录源/目的IP地址　　B．记录源/目的端口号

C．记录协议类型　　D．进程跟踪

■ 试题分析 网络审计包含的内容有记录源/目的IP地址、源/目的端口号、协议类型等信息。进程跟踪属于操作系统审计。

■ 参考答案　（1）D

- 操作系统审计一般是对操作系统用户和系统服务进行记录，主要包括用户登录和注销、系统服务启动和关闭、安全事件等。Windows 操作系统记录系统事件的日志中，只允许系统管理员访问的是__（2）__。

A．系统日志　　B．应用程序日志　　C．安全日志　　D．性能日志

■ 试题分析　Windows 日志有三种类型：系统日志、应用程序日志和安全日志，对应的文件名为 Sysevent.evt、Appevent.evt 和 Secevent.evt。安全日志记录与安全相关的事件，包括成功和不成功的登录或退出、系统资源使用事件（系统文件的创建、删除、更改）等。安全日志只有系统管理员才可以访问。

■ 参考答案　（2）C

14.3　安全审计技术与产品

知识点综述

本节知识点包含常见的安全审计技术、常见的安全审计产品等。

参考题型

- 下列四个选项中，__（1）__不属于网络流量数据获取软件。

A．Libpcap　　B．Winpcap

C．Wireshark　　D．syslog

■ 试题分析　syslog、SNMP Trap 属于系统日志数据采集方式。

■ 参考答案　（1）D

- 下列四个选项中，__（2）__不属于数据库审计的实现方式。

A．监听网络流量方式　　B．使用数据库系统自带审计功能方式

C．部署数据库 Agent 方式　　D．系统日志数据采集方式

■ 试题分析　数据库审计的实现方式有三种：监听网络流量方式、使用数据库系统自带审计功能方式、部署数据库 Agent 方式。

■ 参考答案　（2）D

第 15 章 恶意代码防范

本章考点知识结构图如图 15-0-1 所示。

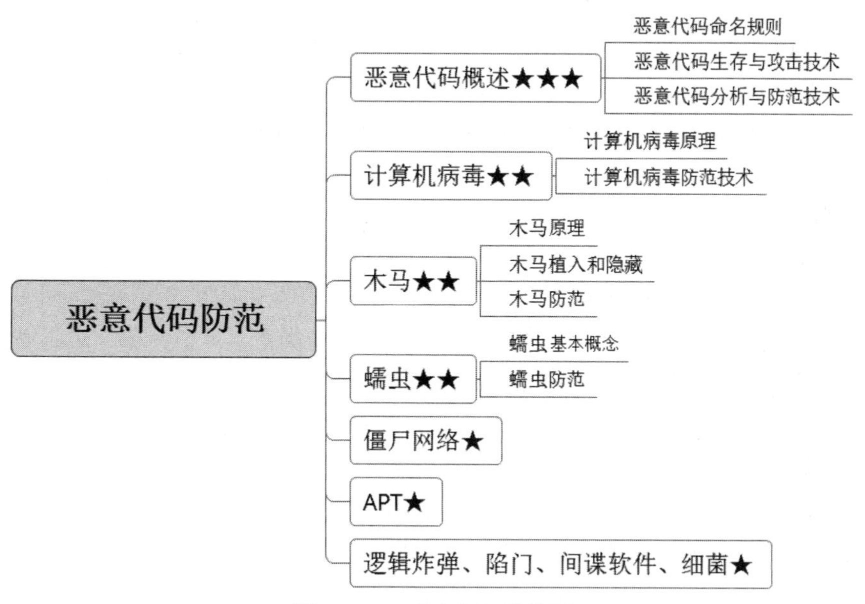

图 15-0-1　考点知识结构图

15.1　恶意代码概述

知识点综述

本节知识点包含恶意代码命名规则、恶意代码生存与攻击技术、恶意代码分析与防范技术等。

参考题型

● 恶意代码是指为达到恶意目的而专门设计的程序或代码。以下恶意代码中，属于脚本病毒的是___(1)___。

A．Worm.Sasser.f　　　　B．Trojan.Huigezi.A

C．Harm.formatc.f　　　　D．Script.Redlof

■ **试题分析**　以 Script 开头的就是脚本病毒。

■ **参考答案**　(1) D

● 杀毒软件报告发现病毒 Macro.Melissa，由该病毒名称可以推断出病毒类型是___(2)___，这类病毒主要感染目标是___(3)___。

(2) A．文件型　　B．引导型　　C．目录型　　D．宏病毒

(3) A．EXE 或 COM 可执行文件　　B．Word 或 Excel 文件

C．DLL 系统文件　　D．磁盘引导区

■ **试题分析**　Macro.Melissa 是一种宏病毒，主要感染 Office 文件。

■ **参考答案**　(2) D　(3) B

● 以下恶意代码中，属于宏病毒的是___(4)___。

A．Macro.Melissa　　　　B．Trojan.Huigezi.A

C．Worm.Blaster.g　　　　D．Backdoor.Agobot.frt

■ **试题分析**　宏病毒用宏语言编写，感染办公软件（如 Word、Excel），并且能通过宏自我复制的程序，表示宏病毒的前缀为 Macro。常见的宏病毒有 Macro.Melissa、Macro.Word、Macro.Word.Apr30。

■ **参考答案**　(4) A

● 文件型病毒不能感染的文件类型是___(5)___。

A．COM 类型　　B．HTML 类型　　C．SYS 类型　　D．EXE 类型

■ **试题分析**　文件型病毒系主要感染的是计算机中的可执行文件（.exe）和命令文件（.com）。其文件类型包括的后缀名是 EXE、DLL 或者 VXD、SYS。

■ **参考答案**　(5) B

● 以下关于恶意代码在运行过程中的说法，不正确的是___(6)___。

A．恶意代码在运行的过程中可能会修改系统函数功能

B．恶意代码在运行的过程中可能会修改系统内核数据结构

C．恶意代码在运行的过程中可能会启动服务，装载驱动程序

D．恶意代码在运行的过程中可能会对系统进行修改，但均可被杀毒软件或者人工手段恢复

■ **试题分析**　恶意代码在运行的过程中，还可能对系统产生如下影响:

1）修改系统函数功能。

2）修改系统内核数据结构。

3）创建恶意进程或线程。

4）启动服务，装载驱动程序。

5）对本系统或其他系统进行破坏等。

不是所有恶意代码对系统进行的修改都可以被恢复。

■ **参考答案** （6）D

● 恶意代码能够经过存储介质或网络进行传播，未经授权认证访问或破坏计算机系统。恶意代码的传播方式分为主动传播和被动传播。__（7）__属于主动传播的恶意代码。

A．逻辑炸弹 B．特洛伊木马

C．网络蠕虫 D．计算机病毒

■ **试题分析** 网络蠕虫是一种具有自我复制和传播能力、可独立自动运行的恶意程序，属于主动传播的恶意代码。计算机病毒、特洛伊木马、逻辑炸弹、细菌、恶意脚本、恶意 ActiveX 控件、间谍软件等属于被动传播的恶意代码。

■ **参考答案** （7）C

15.2 计算机病毒

知识点综述

本节知识点包含计算机病毒原理、计算机病毒防范技术等。

参考题型

● 目前使用的防杀病毒软件的作用是__（1）__。

A．检查计算机是否感染病毒，清除已感染的任何病毒

B．杜绝病毒对计算机的侵害

C．查出已感染的任何病毒，清除部分已感染病毒

D．检查计算机是否感染病毒，清除部分已感染病毒

■ **试题分析** 防杀病毒软件只能检查和清除部分病毒。

■ **参考答案** （1）D

● 病毒的引导过程不包含__（2）__。

A．保证计算机或网络系统的原有功能

B．窃取系统部分内存

C．使自身有关代码取代或扩充原有系统功能

D．删除引导扇区

■ **试题分析** 计算机病毒的引导过程一般包括以下三个方面。

1）驻留内存病毒若要发挥其破坏作用，一般要驻留内存。为此就必须开辟所用内存空间或覆盖系统占用的部分内存空间。有的病毒不驻留内存。

2）窃取系统控制权在病毒程序驻留内存后，必须使有关部分取代或扩充系统的原有功能，并窃取系统的控制权。此后病毒程序依据其设计思想，隐蔽自己，等待时机，在条件成熟时，再进行

传染和破坏。

3）恢复系统功能病毒为隐蔽自己，驻留内存后还要恢复系统，使系统不会死机，只有这样才能等待时机成熟后，进行感染，达到破坏的目的。

■ **参考答案** （2）D

● 计算机病毒的生命周期一般包括__（3）__四个阶段。

A．开发阶段、传播阶段、发现阶段、清除阶段

B．开发阶段、潜伏阶段、传播阶段、清除阶段

C．潜伏阶段、传播阶段、发现阶段、清除阶段

D．潜伏阶段、传播阶段、触发阶段、发作阶段

■ **试题分析** 计算机病毒的生命周期一般包括**潜伏阶段、传播阶段、触发阶段、发作阶段**四个阶段。

■ **参考答案** （3）D

● 当发现系统被植入了恶意代码之后，需要判断恶意代码对系统产生了哪些修改，以便于后续的系统恢复工作。以下选项中，__（4）__不属于可行的思路。

A．用杀毒软件进行自动查杀

B．分析系统启动项、进程列表、服务列表等，从中找到异常项目，并跟踪到异常文件且进行清除

C．观察系统的异常症状（譬如异常进程、文件或者错误弹出框等），然后关机重启解决

D．找到一个恶意代码样本，在虚拟机、沙箱或者行为监控软件中对恶意代码行为进行分析，然后对被感染计算机进行逆操作

■ **试题分析** 当发现系统被植入了恶意代码之后，需要判断恶意代码对系统产生了哪些修改，以便于后续的系统恢复工作。可行的思路如下：

1）用杀毒软件进行自动查杀。

2）观察系统的异常症状（譬如异常进程、文件或者错误弹出框等），然后基于这些症状搜索解决办法。

3）分析系统启动项、进程列表、服务列表等，从中找到异常项目，并跟踪到异常文件且进行清除。

4）找到一个恶意代码样本，在虚拟机、沙箱或者行为监控软件中对恶意代码行为进行分析，然后对被感染计算机进行逆操作。

■ **参考答案** （4）C

15.3 木马

知识点综述

本节知识点包含木马原理、木马植入和隐藏、木马防范等。

参考题型

- 特洛伊木马攻击的威胁类型属于__(1)__。

A．授权侵犯威胁 B．渗入威胁 C．植入威胁 D．旁路控制威胁

■ **试题分析** 主要的渗入威胁有：

1）假冒：即某个实体假装成另外一个不同的实体。这个未授权实体以一定的方式使安全守卫者相信它是一个合法的实体，从而获得合法实体对资源的访问权限。这是大多数黑客常用的攻击方法。

2）旁路：攻击者通过各种手段发现一些系统安全缺陷，并利用这些安全缺陷绕过系统防线渗入到系统内部。

3）授权侵犯：对某一资源具有一定权限的实体，将此权限用于未被授权的目的，也称“内部威胁”。

主要的植入威胁有：病毒、特洛伊木马、陷门、逻辑炸弹、间谍软件。

此知识点在历次考试中考查过多次。

■ **参考答案** （1）C

- 网页木马是一种通过攻击浏览器或浏览器外挂程序的漏洞，向目标用户机器植入木马、病毒、密码盗取等恶意程序的手段，为了安全浏览网页，不应该__(2)__。

A．定期清理浏览器缓存和上网历史记录

B．禁止使用 ActiveX 控件和 Java 脚本

C．在他人计算机上使用“自动登录”和“记住密码”功能

D．定期清理浏览器 Cookies

■ **试题分析** 为了安全浏览网页，不应该在他人计算机上使用“自动登录”和“记住密码”功能。

■ **参考答案** （2）C

15.4 蠕虫

知识点综述

本节知识点包含蠕虫基本概念、蠕虫防范等。

参考题型

- 下列病毒中，属于蠕虫病毒的是__(1)__。

A．Worm.Sasser B．Trojan.QQPSW

C．Backdoor.IRCBot D．Macro.Melissa

■ **试题分析** 蠕虫病毒的前缀是：Worm。通常是通过网络或者系统漏洞进行传播。

■ **参考答案** （1）A

- 常见的恶意代码类型有特洛伊木马、蠕虫、病毒、后门、Rootkit、僵尸程序、广告软件。2017年5月爆发的恶意代码 WannaCry 勒索软件属于__(2)__。

A．特洛伊木马　B．蠕虫　C．后门　D．Rootkit

■ 试题分析　WannaCry（又叫 Wanna Decryptor），是一种“蠕虫式”的勒索病毒软件。

■ 参考答案　（2）B

● 网络蠕虫利用系统漏洞进行传播。根据网络蠕虫发现易感主机的方式，可将网络蠕虫的传播方法分成三类：随机扫描、顺序扫描、选择性扫描。以下网络蠕虫中，支持顺序扫描传播策略的是＿（3）＿。

A．Slammer　B．Nimda　C．Lion Worm　D．Blaster

■ 试题分析　常见网络蠕虫支持的传播策略，见表 15-4-1。

表 15-4-1　常见网络蠕虫支持的传播策略

蠕虫实例	支持的传播策略		
	随机扫描	顺序扫描	选择性扫描
Codered I	有	-	有
Codered II	有	无	有
Nimda	有	无	无
Slammer	有	无	无
Blaster	有	有	无
Lion Worm	有	无	无
震荡波	有	无	有

由表可知，支持顺序扫描传播策略的只有 Blaster。

■ 参考答案　（3）D

15.5　僵尸网络

知识点综述

本节知识点包含僵尸网络的定义和概念。

参考题型

● ＿＿＿是指采用一种或多种传播手段，将大量主机感染 bot 程序，从而在控制者和被感染主机之间形成的一个可以一对多控制的网络。

A．特洛伊木马　B．僵尸网络　C．ARP 欺骗　D．网络钓鱼

■ 试题分析　僵尸网络（Botnet）是指采用一种或多种手段（主动攻击漏洞、邮件病毒、即时通信软件、恶意网站脚本、特洛伊木马）使大量主机感染 bot 程序（僵尸程序），从而在控制者和被感染主机之间所形成的一个可以一对多控制的网络。

■ 参考答案　B

15.6 APT

知识点综述

本节知识点包含高级长期威胁（Advanced Persistent Threat，APT）的定义和概念。

参考题型

- APT 攻击是一种以商业或者政治目的为前提的特定攻击，其中攻击者采用口令窃听、漏洞攻击等方式尝试进一步入侵组织内部的个人计算机和服务器，不断提升自己的权限，直至获得核心计算机和服务器控制权的过程被称为_______。

A．情报收集　　B．防线突破　　C．横向渗透　　D．通道建立

■ **试题分析** 攻击者采用口令窃听、漏洞攻击等方式尝试进一步入侵组织内部的个人计算机和服务器，不断提升自己的权限，直至获得核心计算机和服务器控制权的过程被称为横向渗透。

■ **参考答案** C

15.7 逻辑炸弹、陷门、间谍软件、细菌

知识点综述

本节知识点包含逻辑炸弹、陷门、间谍软件、细菌的基本概念。

参考题型

- _______是指计算机系统运行时，当恰好满足某条件（到达某个时间、收到某类消息等），就会触发逻辑炸弹执行，从而破坏系统。

A．逻辑炸弹　　B．陷门　　C．间谍软件　　D．细菌

■ **试题分析** 逻辑炸弹：计算机系统运行时，当恰好满足某条件（到达某个时间、收到某类消息等），就会触发逻辑炸弹执行，从而破坏系统。

陷门：可以访问系统，而无须经过系统安全机制的系统自身的一段代码。

间谍软件：用户不知情的情况下，安装后门、收集信息的程序。

细菌：具有自我复制能力的程序。

■ **参考答案** A

第16章 网络安全主动防御

本章考点知识结构图如图16-0-1所示。

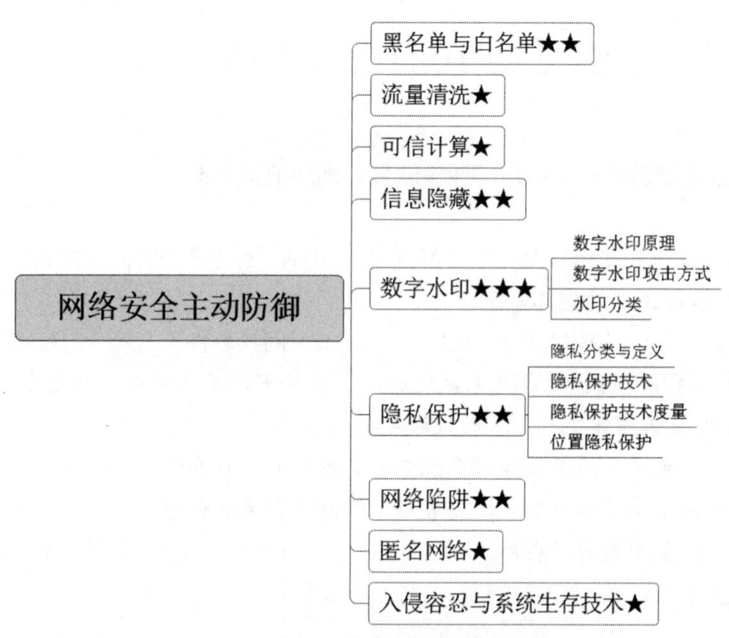

图16-0-1　考点知识结构图

16.1　黑名单与白名单

知识点综述

本节知识点包含黑名单和白名单，白名单的定义和概念等。

参考题型

- 以下关于黑名单和白名单的说法，不正确的是_______。

  A．黑名单是指拒绝使用、访问、接入列入黑名单的用户、IP 地址、邮件、软件等

  B．白名单是指同意使用、访问、接入列入白名单的用户、IP 地址、邮件、软件等

  C．可利用软件文件名称、发行商名称、二进制程序等信息通过数字签名或者 Hash，形成软件白名单标识

  D．应用软件白名单技术不能构建安全的软件、网络环境

■ **试题分析** 应用软件白名单技术可以构建安全的软件、网络环境，且可以防范恶意代码的攻击。

■ **参考答案** D

16.2 流量清洗

知识点综述

本节知识点包含流量牵引与回注、流量检测、流量清洗的基本概念。

参考题型

- _______将目标系统的流量动态转移到清洗中心，供清洗用。

  A．流量检测　　B．流量牵引　　C．流量回注　　D．流量清洗

■ **试题分析** 流量牵引是将目标系统的流量动态转移到清洗中心，供清洗用。流量回注是将清洗后的流量，返回给目标主机。流量检测是分析网络流量数据，发现恶意流量。流量清洗是剔除异常流量不向目标转发，只将干净流量回送给目标。

■ **参考答案** B

16.3 可信计算

知识点综述

可信计算（Trusted Computing，TC）是一项旨在提高系统整体安全性的平台和技术，其思想是为了构建可信平台，保障网络、系统安全。本节知识点包含可信计算的概念与特点等。

参考题型

- 目前，可信验证已经是等级保护 2.0 的新要求，等级保护标准可信计算要求主要分四个等级。从_______开始要求在应用程序的所有执行环节对其执行环境进行可信验证。

  A．第一级　　B．第二级　　C．第三级　　D．第四级

■ **试题分析** 等级保护标准可信计算要求主要分四个等级。

等保第一级：所有计算节点都应基于可信根实现开机到操作系统启动的可信验证。

等保第二级：所有计算节点都应基于可信根实现开机到操作系统启动，再到应用程序启动的可信验证，并将验证结果形成审计记录。

等保第三级：所有计算节点都应基于可信根实现开机到操作系统启动，再到应用程序启动的可信验证，并在应用程序的关键执行环节对其执行环境进行可信验证，主动抵御病毒入侵行为，并将验证结果形成审计记录，送到管理中心。

等保第四级：所有计算节点都应基于可信根实现开机到操作系统启动，再到应用程序启动的可信验证，并**在应用程序的所有执行环节对其执行环境进行可信验证**，主动抵御病毒入侵行为，同时验证结果，进行动态关联感知，形成实时的态势。

■ **参考答案** D

16.4 信息隐藏

知识点综述

信息隐藏（Information Hiding）主要研究如何将某一机密信息秘密隐藏于另一公开的载体（Cover）信息（如图像、声音、文档文件）中，然后通过公开信息的传输来传递机密信息。本节知识点包含信息隐藏的定义与特点。

参考题型

- 信息隐藏主要研究如何将机密信息秘密隐藏于另一公开的信息中。以下关于利用多媒体数据来隐藏机密信息的叙述中，错误的是________。

  A．多媒体信息本身有很大的冗余性

  B．多媒体信息本身编码效率很高

  C．人眼或人耳对某些信息有一定的掩蔽效应

  D．信息嵌入到多媒体信息中不影响多媒体本身的传送和使用

■ **试题分析** 多媒体信息本身编码效率很低，有较大冗余性，这样信息嵌入到多媒体信息中就不影响多媒体信息本身。

■ **参考答案** B

16.5 数字水印

知识点综述

数字水印（Digital Watermark）利用人类的听觉、视觉系统的特点，在图像、音频、视频中加入特定的信息，使人很难觉察，而通过特殊的方法和步骤又能提取出所加入的特定信息。本节知识点包含数字水印原理、数字水印攻击方式、水印分类等。

参考题型

- 数字水印技术通过在数字化的多媒体数据中嵌入隐蔽的水印标记，可以有效实现对数字多媒体数据的版权保护等功能。以下各项中，不属于数字水印在数字版权保护中必须满足的基本应用的需求是<u>（1）</u>。

A．安全性　　B．隐蔽性　　C．鲁棒性　　D．可见性

■ **试题分析** 数字水印技术通过在数字化的多媒体数据中嵌入隐蔽的水印标记，可以有效实现对数字多媒体数据的版权保护等功能。数字水印在数字版权保护中必须满足的基本应用的需求是完整性、保密性、安全性、隐蔽性、鲁棒性（即健壮性）。

该题涉及的知识点，在历次考试中经常出现。

■ **参考答案** （1）D

● 数字水印是通过数字信号处理的方法，在数字化的多媒体数据中，嵌入隐蔽的水印标记。其应用领域不包括__（2）__。

A．版权保护　　B．票据防伪

C．证据篡改鉴定　　D．图像数据

■ **试题分析** 数字水印利用人类的听觉、视觉系统的特点，在图像、音频、视频中加入特定的信息，使人很难觉察，而通过特殊方法和步骤又能提取所加入的特定信息。

数字水印应用领域有数字版权保护、票据防伪、证据篡改鉴定、数据侦测和跟踪、数据真伪鉴别等。

■ **参考答案** （2）D

● 典型的水印攻击方式包括鲁棒性攻击、表达攻击、解释攻击和法律攻击。其中鲁棒性攻击是指在不损害图像使用价值的前提下减弱、移去或破坏水印的一类攻击方式。以下不属于鲁棒性攻击的是__（3）__。

A．像素值失真攻击　　B．敏感性分析攻击

C．置乱攻击　　D．梯度下降攻击

■ **试题分析** 鲁棒性攻击以减少或消除数字水印的存在为目的，包括像素值失真攻击、敏感性分析攻击和梯度下降攻击等。这些方法并不能将水印完全除去，但可能充分损坏水印信息。

表达攻击是让图像水印变形从而导致检测不出水印的存在。表达攻击包括置乱攻击、同步攻击等。与鲁棒性攻击相反，表达攻击实际上并不除去嵌入的水印，而试图使水印检测器与嵌入的信息不同步。

■ **参考答案** （3）C

● 数字水印技术通过在数字化的多媒体数据中嵌入隐蔽的水印标记，可以有效实现对数字多媒体数据的版权保护功能。以下关于数字水印的描述中，不正确的是__（4）__。

A．隐形数字水印可应用于数据侦测与跟踪

B．在数字水印技术中，隐藏水印的数据量和鲁棒性是矛盾的

C．秘密水印也称盲化水印，其验证过程不需要原始秘密信息

D．视频水印算法必须满足实时性的要求

■ **试题分析** 水印可以分为秘密水印（非盲化水印）、半秘密水印（半盲化水印）、公开水印（盲化或健忘水印）。

■ **参考答案** （4）C

16.6 隐私保护

知识点综述

隐私就是个人、机构等实体不愿意被外部世界知晓的信息。隐私可以分为个人隐私、通信内容隐私、行为隐私。本节知识点包含隐私分类与定义、隐私保护技术、隐私保护技术度量、位置隐私保护等。

参考题型

- 移动用户有些属性信息需要受到保护，这些信息一旦泄露，会对公众用户的生命财产安全构成威胁。以下各项中，不需要被保护的属性是＿（1）＿。

  A．用户身份（ID） B．用户位置信息

  C．终端设备信息 D．公众运营商信息

■ **试题分析** 移动用户的隐私数据包括用户身份信息、口令、用户位置信息、终端设备信息等。公众运营商信息属于公开信息，不需要被保护。

该题涉及的知识点常考。

■ **参考答案** （1）D

- 面向数据挖掘的隐私保护技术主要解决高层应用中的隐私保护问题，致力于研究如何根据不同数据挖掘操作的特征来实现对隐私的保护，从数据挖掘的角度，不属于隐私保护技术的是＿（2）＿。

  A．基于数据分析的隐私保护技术 B．基于数据失真的隐私保护技术

  C．基于数据匿名化的隐私保护技术 D．基于数据加密的隐私保护技术

■ **试题分析** 隐私保护技术可以分为三类：基于数据失真的隐私保护技术、基于数据加密的隐私保护技术、基于数据匿名化的隐私保护技术。

基于数据失真的隐私保护技术通过添加噪声等方法，使敏感数据失真但同时保持某些数据或数据属性不变，仍然可以保持某些统计方面的性质。

基于数据加密的隐私保护技术在数据挖掘过程中隐藏敏感数据的方法，包括安全多方计算（Secure Multiparty Computation，SMC），即使两个或多个站点通过某种协议完成计算后，每一方都只知道自己的输入数据和所有数据计算后的最终结果。

基于数据匿名化的隐私保护技术则基于限制发布的技术，有选择地发布原始数据、不发布或者发布精度较低的敏感数据，实现隐私保护。

■ **参考答案** （2）A

- 假如某数据库中数据记录的规范为<姓名，出生日期，性别，电话>，其中一条数据记录为：<张三，1965 年 4 月 15 日，男，12345678>。为了保护用户隐私，对其进行隐私保护处理，处理后的数据记录为：<张*，1960—1970 年生，男，1234****>，这种隐私保护措施被称为＿（3）＿。

  A．泛化 B．抑制 C．扰动 D．置换

■ 试题分析 常见的隐私保护技术有抑制、泛化、置换、扰动、裁剪等。

1）抑制：通过数据置空的方式限制数据发布。

2）泛化：通过降低数据精度实现数据匿名。

3）置换：不对数据内容进行更改，只改变数据的属主。

4）扰动：在数据发布时添加一定的噪声，包括数据增删、变换等。

5）裁剪：将数据分开发布。

本题描述的隐私保护处理方法是泛化。

■ 参考答案 （3）A

16.7 网络陷阱

知识点综述

网络陷阱是通过改变保护目标的基础信息，进而欺骗攻击者，达到提高网络安全性的目的。本节知识点包含网络陷阱的基本概念、蜜罐技术等。

参考题型

● 以下行为中，不属于威胁计算机网络安全的因素是__（1）__。

A．操作员安全配置不当而造成的安全漏洞

B．在不影响网络正常工作的情况下，进行截获、窃取、破译以获得重要机密信息

C．安装非正版软件

D．安装蜜罐系统

■ 试题分析 蜜罐（Honeypot）是一个安全资源，它的价值在于被探测、攻击和损害。蜜罐是网络管理员经过周密布置而设下的“黑匣子”，看似漏洞百出却尽在掌握之中，它收集的入侵数据十分有价值。属于提高网络安全，找出安全攻击源的一种手段。

■ 参考答案 （1）D

● 网络蜜罐技术是一种主动防御技术，是入侵检测技术的一个重要发展方向，以下有关蜜罐的说法，不正确的是__（2）__。

A．蜜罐系统是一个包含漏洞的诱骗系统，它通过模拟一个或者多个易受攻击的主机和服务，给攻击者提供一个容易攻击的目标

B．使用蜜罐技术，可以使目标系统得以保护，便于研究入侵者的攻击行为

C．如果没人攻击，蜜罐系统就变得毫无意义

D．蜜罐系统会直接提高计算机网络安全等级，是其他安全策略不可替代的

■ 试题分析 蜜罐系统不会直接提高计算机网络安全等级。

■ 参考答案 （2）D

● 网络安全技术可以分为主动防御技术和被动防御技术两大类，以下属于主动防御技术的是__（3）__。

A．蜜罐技术　　B．入侵检测技术　　C．防火墙技术　　D．恶意代码扫描技术

■ **试题分析** 蜜罐技术是一种主动防御技术，是入侵检测技术的一个重要发展方向。蜜罐系统是一个包含漏洞的诱骗系统，它通过模拟一个或多个易受攻击的主机和服务，给攻击者提供一个容易攻击的目标。由于蜜罐并没有向外界提供真正有价值的服务，因此所有试图与其进行连接的行为均可认为是可疑的，同时让攻击者在蜜罐上浪费时间，延缓对真正目标的攻击，从而使目标系统得到保护。

■ **参考答案** （3）A

- 蜜罐是一种在互联网上运行的计算机系统，是专门为吸引并诱骗那些试图非法闯入他人计算机系统的人而设计的。以下关于蜜罐的描述中，不正确的是__（4）__。

A．蜜罐系统是一个包含漏洞的诱骗系统

B．蜜罐技术是一种被动防御技术

C．蜜罐可以与防火墙协作使用

D．蜜罐可以查找和发现新型攻击

■ **试题分析** 蜜罐是网络管理员经过周密布置而设下的“黑匣子”，看似漏洞百出却尽在掌握之中，它收集的入侵数据十分有价值。网络蜜罐技术是一种主动防御技术，是入侵检测技术的一个重要发展方向。

■ **参考答案** （4）B

16.8 匿名网络

知识点综述

本节知识点包含匿名网络的定义和概念。

参考题型

- 以下选项中，关于匿名网络的说法，错误的是_______。

A．TOR专门防范流量过滤、嗅探分析，让用户免受其害

B．TOR是一种广播式的代理软件，依靠网络上的众多计算机运行的TOR服务来提供代理

C．TOR代理网络是自动连接并随机安排访问链路的

D．TOR的代理一般在2～5层左右，加密程度也比较高

■ **试题分析** 匿名网络（The Onion Router，TOR）是第二代洋葱路由的一种实现，用户通过TOR可以在因特网上进行匿名交流。TOR专门防范流量过滤、嗅探分析，让用户免受其害。

TOR是一种点对点的代理软件，依靠网络上的众多计算机运行的TOR服务来提供代理。TOR代理网络是自动连接并随机安排访问链路的，这样就没有了固定的代理服务器，也不需要去费劲寻找代理服务器地址了。而且TOR的代理一般在2～5层左右，加密程度也比较高。

■ **参考答案** B

16.9 入侵容忍与系统生存技术

知识点综述

本节知识点包含入侵容忍技术和生存型3R方法定义与特点等。

参考题型

- 生存型3R方法针对入侵给出3R策略，________不属于3R策略。

A．抵抗　　B．识别　　C．变革　　D．恢复

■ **试题分析** 生存型3R方法假定系统可以分为不可攻破安全核、可恢复两个部分；系统模式分为正常模式及入侵模式。针对入侵则给出3R策略，其中3R为抵抗（Resistance）、识别（Recognition）、恢复（Recovery）。

■ **参考答案** C

第17章 网络设备与无线网安全

本章考点知识结构图如图17-0-1所示。

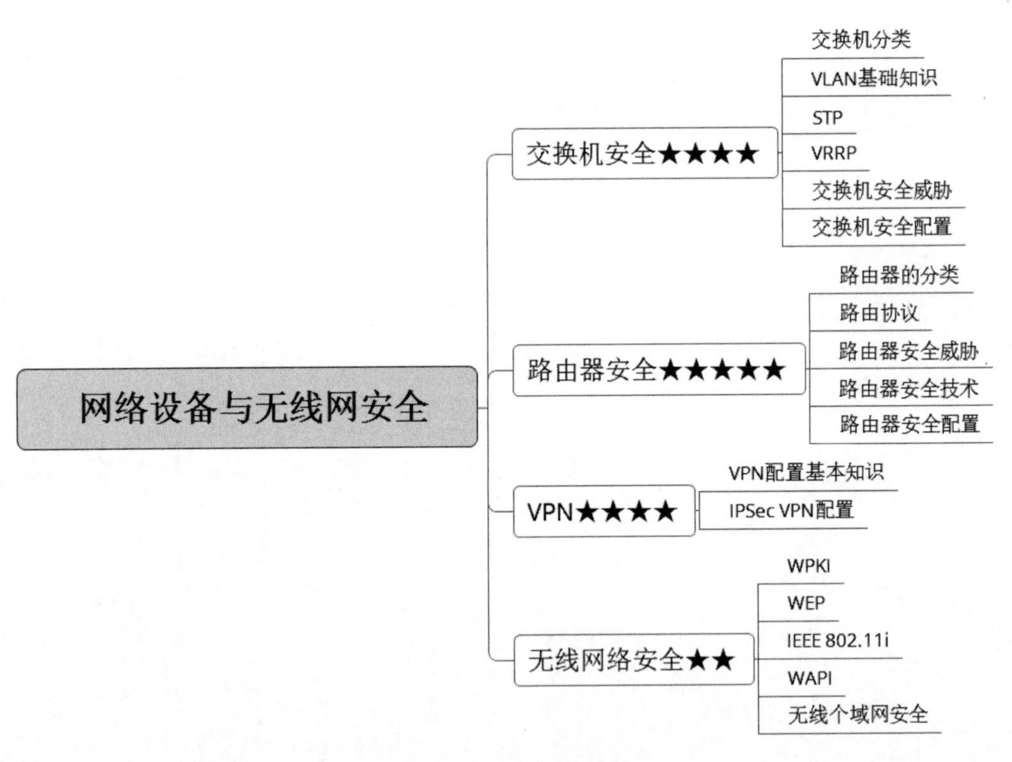

图17-0-1 考点知识结构图

17.1 交换机安全

知识点综述

本节知识点包含交换机分类、VLAN 基础知识、STP、VRRP、交换机安全威胁、交换机安全配置等。

参考题型

- 第三层交换根据___（1）___对数据包进行转发。

A. MAC 地址　　B. IP 地址　　C. 端口号　　D. 应用协议

■ **试题分析**　第三层属于网络层，第三层交换根据 IP 地址对数据包进行转发。

■ **参考答案**　（1）B

- 在交换机之间的链路中，能够传送多个 VLAN 数据包的是___（2）___。

A. 中继链路　　B. 接入链路　　C. 控制连接　　D. 分支链路

■ **试题分析**　中继（Trunk）能在同一个线路上传输多个 VLAN 数据。

■ **参考答案**　（2）A

- 在生成树协议（STP）IEEE 802.1d 中，根据___（3）___来选择根交换机。

A. 最小的 MAC 地址　　B. 最大的 MAC 地址

C. 最小的交换机 ID　　D. 最大的交换机 ID

■ **试题分析**　每台交换机都有一个唯一的网桥 ID（Bridge ID，BID），最小 BID 值的交换机为根交换机。其中 BID 由 2 字节的网桥优先级字段和 6 字节的 MAC 地址字段组成，在选根交换机时，通常先比较优先级，相等的情况下，再比较 MAC 地址。BID 也可以看作交换机 ID。

■ **参考答案**　（3）C

17.2 路由器安全

知识点综述

本节知识点包含路由器的分类、路由协议、路由器安全威胁、路由器安全技术、路由器安全配置等。

参考题型

- 在距离矢量路由协议中，每一个路由器接收的路由信息来源于___（1）___。

A. 网络中的每一个路由器　　B. 它的邻居路由器

C. 主机中储存的一个路由总表　　D. 距离不超过两个跳步的其他路由器

■ **试题分析**　距离矢量名称的由来是因为路由是以矢量（距离、方向）的方式被通告出去的，这里的距离是根据度量来决定的。距离矢量路由算法是动态路由算法。它的工作流程是：每个路由器维护一张矢量表，表中列出了当前已知的到每个目标的最佳距离及所使用的线路。通过在邻居之间相互交换信息，路由器不断地更新它们内部的表。

■ 参考答案　（1）B

● RIP 协议默认的路由更新周期是＿（2）＿秒。

A．30　　B．60　　C．90　　D．100

■ 试题分析　RIP 路由更新周期为 30 秒，路由器 180 秒没有回应则标志路由不可达，240 秒内没有回应则删除路由表信息。

■ 参考答案　（2）A

● 在 OSPF 协议中，链路状态算法用于＿（3）＿。

A．生成链路状态数据库　　B．计算路由表

C．产生链路状态公告　　D．计算发送路由信息的组播树

■ 试题分析　开放式最短路径优先（Open Shortest Path First，OSPF）是一个内部网关协议（Interior Gateway Protocol，IGP），用于在单一自治系统（Autonomous System，AS）内决策路由。各个 OSPF 路由器维护一张全网的链路状态数据库，采用 Dijkstra 的最短路径优先算法（Shortest Path First，SPF）计算生成路由表。

■ 参考答案　（3）B

注：由于新考纲、教程中的路由器配置主要基于思科设备，因此本书路由器相关命令也以思科命令为主。

17.3 VPN

知识点综述

本节知识点包含虚拟专用网络（Virtual Private Network，VPN）配置基本知识、IPSec VPN 配置等。

参考题型

● 隧道技术是 VPN 的基本技术，隧道是由隧道协议形成的，常见隧道协议有 IPSec、PPTP 和 L2TP，其中＿（1）＿和＿（2）＿属于第二层隧道协议，＿（3）＿属于第三层隧道协议。IPSec 安全体系结构包括 AH、ESP 和 ISA KMP/Oakley 等协议。其中，＿（4）＿为 IP 包提供信息源验证和报文完整性验证，但不支持加密服务；＿（5）＿提供加密服务；＿（6）＿提供密钥管理服务。

■ 试题分析　常见的隧道协议见表 17-3-1。

表 17-3-1　常见的隧道协议

协议层次	实例
数据链路层	L2TP、PPTP、L2F
网络层	IPSec
传输层	SSL

IPSec 是一个协议体系，由建立安全分组流的密钥交换协议和保护分组流的协议两个部分构成。前者即为 IKE 协议，后者则包含 AH 和 ESP 协议。

1）IKE 协议。Internet 密钥交换协议（Internet Key Exchange Protocol，IKE）属于一种混合型协议，由 Internet 安全关联和密钥管理协议（Internet Security Association and Key Management Protocol，ISAKMP）及两种密钥交换协议奥克利协议（Oakley Key Determination Protocol，OAKLEY）与 SKEME 组成。即 IKE 由 ISAKMP 框架、Oakley 密钥交换模式以及 SKEME 的共享和密钥更新技术组成。IKE 定义了自己的密钥交换方式（手工密钥交换和自动 IKE）。

注意：ISAKMP 只对认证和密钥交换提出了结构框架，但没有具体定义，因此支持多种不同的密钥交换。

2）AH。认证头（Authentication Header，AH）是 IPSec 体系结构中的一种主要协议，它为 IP 数据报提供完整性检查与数据源认证，并防止重放攻击。AH 不支持数据加密。AH 常用摘要算法（单向 Hash 函数）MD5 和 SHA-1 实现摘要、认证，确保数据完整。

3）ESP。封装安全载荷（Encapsulating Security Payload，ESP）可以同时提供数据完整性确认、数据加密等服务。ESP 通常使用 DES、3DES、AES 等加密算法实现数据加密，使用 MD5 或 SHA-1 来实现摘要、认证，确保数据完整。

■ 参考答案

（1）PPTP （2）L2TP（1、2 顺序可调换） （3）IPSec

（4）AH （5）ESP （6）ISAKMP/Oakley

17.4 无线网络安全

知识点综述

本节知识点包含无线公开密钥体系（Web Public Key Infrastructure，WPKI）、在线等效保密（Wired Equivalent Privacy，WEP）、IEEE 802.11i、无线局域网鉴别和保密基础结构（Wireless LAN Authentication and Privacy Infrastructure，WAPI）、无线个域网安全等。这些知识点往往混合起来进行系统地、综合性地考查。

参考题型

● 国家密码管理局于 2006 年发布了“无线局域网产品须使用的系列密码算法”，其中规定密钥协商算法应使用的是__（1）__。

A．DH B．ECDSA C．ECDH D．CPK

■ 试题分析 国家密码管理局于 2006 年 1 月 6 日发布公告，公布了“无线局域网产品须使用的系列密码算法”，包括：

1）对称密码算法：SMS4（原 SM4）。

2）签名算法：ECDSA。

3）密钥协商算法：ECDH。

4）杂凑算法：SHA-256。

5）随机数生成算法：自行选择。

其中，ECDSA 和 ECDH 密码算法须采用国家密码管理局指定的椭圆曲线和参数。

■ **参考答案** （1）C

● Wi-Fi 网络安全接入是一种保护无线网络安全的系统，WPA 加密模式不包括__（2）__。

A．WPA 和 WPA2　　B．WPA-PSK

C．WEP　　D．WPA2-PSK

■ **试题分析** IEEE 802.11i 包含 WPA 和 WPA2 两个标准。

1）Wi-Fi 网络安全接入（Wi-Fi Protected Access，WPA）：WPA 是 IEEE 802.11i 的子集，并向前兼容 WEP。WPA 使用了加强的生成加密密钥的算法，并加入了 WEP 中缺乏的用户认证。WPA 中的用户认证是结合了 802.1x 和扩展认证协议（Extensible Authentication Protocol，EAP）来实现的。

2）WPA2：WPA2 则是 WPA 升级，使用了更为安全的加密算法 CCMP。

采用 WPA 加密方式来加密的话目前有四种认证方式：WPA、WPA-PSK、WPA2、WPA2-PSK。该题涉及的知识被重复考查过。

■ **参考答案** （2）C

● WPKI（无线公开密钥体系）是基于无线网络环境的一套遵循既定标准的密钥及证书管理平台，该平台采用的加密算法是__（3）__。

A．SM4　　B．优化的 RSA 加密算法

C．SM9　　D．优化的椭圆曲线加密算法

■ **试题分析** WPKI 采用了优化的 ECC 椭圆曲线加密和 X.509 数字证书；采用证书管理公钥，通过第三方的可信任机构——认证中心（CA）验证用户的身份，从而实现信息的安全传输。

■ **参考答案** （3）D

● 有线等效保密协议 WEP 采用 RC4 流技术实现保密性，标准的 64 位标准流 WEP 使用的密钥和初始向量长度分别是__（4）__。

A．32 位和 32 位　　B．48 位和 16 位　　C．56 位和 8 位　　D．40 位和 24 位

■ **试题分析** WEP 采用的是 RC4 算法，使用 40 位或 64 位密钥，有些厂商将密钥位数扩展到 128 位（WEP2）。标准的 64 位标准流 WEP 使用的密钥和初始向量长度分别是 40 位和 24 位。

■ **参考答案** （4）D

● 我国制定的关于无线局域网安全的强制标准是__（5）__。

A．IEEE 802.11i　　B．WPA　　C．WAPI　　D．WEP

■ **试题分析** 无线局域网鉴别和保密基础结构（WAPI），是一种安全协议，同时也是中国无线局域网安全强制性标准。WAPI 是一种认证和私密性保护协议，其作用类似于 WEP，但是能提供更加完善的安全保护。

IEEE 802.11i 是美国提出的无线安全标准。

■ **参考答案** （5）C

● 无线局域网鉴别和保密体系（WAPI）是我国无线局域网安全强制性标准，以下关于 WAPI 的描述，正确的是__（6）__。

A．WAPI 从应用模式上分为单点式、分布式和集中式

B．WAPI 与 Wi-Fi 认证方式类似，均采用单向加密的认证技术

C．WAPI 包括 WAI 和 WPI 两部分，其中 WAI 采用对称密码算法实现加、解密操作

D．WAPI 的密钥管理方式包括基于证书和基于预共享密钥两种方式

■ 试题分析 WAPI 鉴别及密钥管理的方式有两种，即基于证书和基于预共享密钥（PSK）。若采用基于证书的方式，整个过程包括证书鉴别、单播密钥协商与组播密钥通告；若采用预共享密钥的方式，整个过程则为单播密钥协商与组播密钥通告。

该题所涉及的知识点被重复考查过。

■ 参考答案 （6）D

● 无线传感器网容易受到各种恶意攻击，以下关于其防御手段的说法，错误的是__（7）__。

A．采用干扰区内节点切换频率的方式抵御干扰

B．通过向独立多路径发送验证数据来发现异常节点

C．利用中心节点监视网络中其他所有节点来发现恶意节点

D．利用安全并具有弹性的时间同步协议对抗外部攻击和被俘获节点的影响

■ 试题分析 无线传感器网容易受到各种恶意攻击，其防御手段有采用干扰区内节点切换频率的方式抵御干扰，通过向独立多路径发送验证数据来发现异常节点，利用安全并具有弹性的时间同步协议对抗外部攻击和被俘获节点的影响。

中心节点监视方案中，如果破解了网络中的节点，然后对网络进行偷窥，就没办法发现恶意节点了。

■ 参考答案 （7）C

● 对无线网络的攻击可以分为对无线接口的攻击、对无线设备的攻击和对无线网络的攻击。以下属于对无线设备攻击的是__（8）__。

A．窃听 B．重放 C．克隆 D．欺诈

■ 试题分析 克隆、盗窃都是针对无线设备攻击。典型的有克隆 SIM 卡攻击。

■ 参考答案 （8）C

● 无线传感器网络（WSN）是由部署在监测区域内大量的廉价微型传感器节点组成，通过无线通信方式形成的一个多跳的自组织网络系统。以下针对 WSN 安全问题的描述中，错误的是__（9）__。

A．通过频率切换可以有效抵御 WSN 物理层的电子干扰攻击

B．WSN 链路层容易受到拒绝服务攻击

C．分组密码算法不适合在 WSN 中使用

D．虫洞攻击是针对 WSN 路由层的一种网络攻击形式

■ 试题分析 无线传感器网络（Wireless Sensor Networks，WSN）的媒体访问控制子层很容易受到拒绝服务攻击。虫洞攻击通常是由两个以上的恶意节点共同合作发动攻击，两个处于不同位

置的恶意节点会互相把收到的绕路信息，经由私有的通信管道传给另一个恶意节点。

WSN 结合序列密码和分组密码实现安全保障。

■ **参考答案** （9）C

● 物联网中使用的无线传感网络技术是 （10） 。

A．IEEE 802.15.1 蓝牙个域网

B．IEEE 802.11n 无线局域网

C．IEEE 802.15.3 ZigBee 微微网

D．IEEE 802.16m 无线城域网

■ **试题分析** 物联网中使用的无线传感网络技术是 IEEE 802.15.3 ZigBee 微微网。

■ **参考答案** （10）C

第18章 操作系统安全

本章考点知识结构图如图 18-0-1 所示。

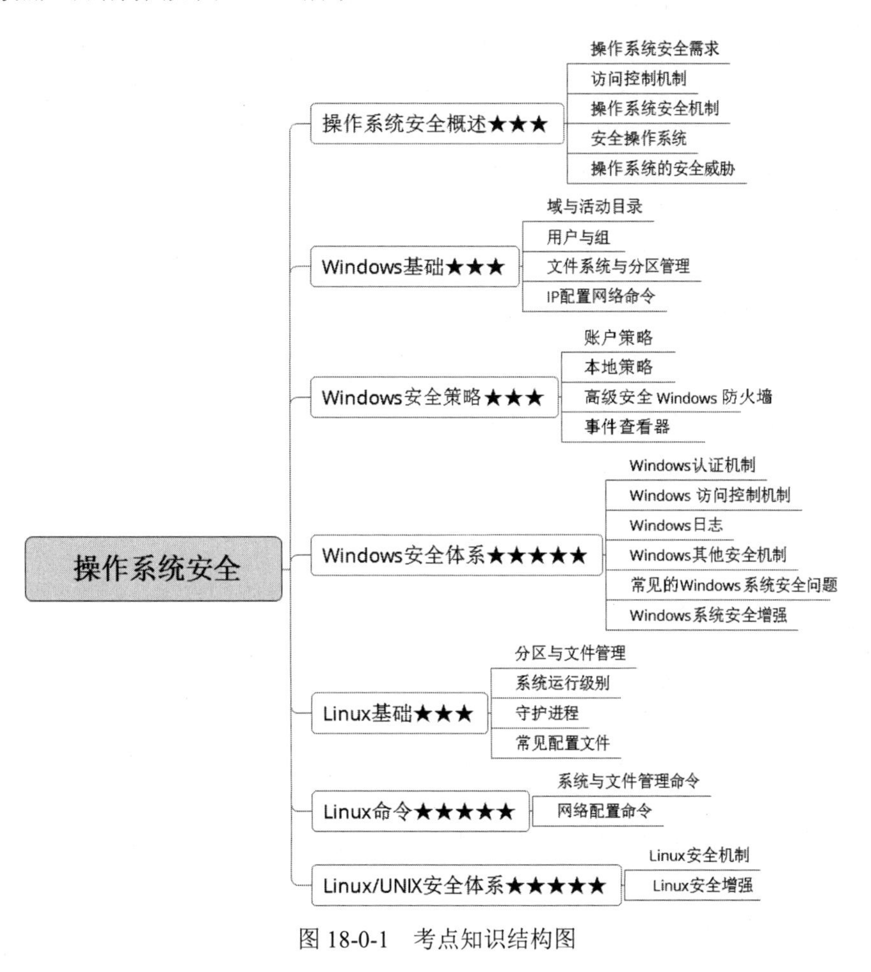

图 18-0-1　考点知识结构图

18.1 操作系统安全概述

知识点综述

本节知识点包含操作系统安全需求、访问控制机制、操作系统安全机制、安全操作系统、操作系统的安全威胁等。

参考题型

- 以下关于 USB Key 身份认证特点的说法，错误的是__（1）__。

  A．每一个 USB Key 都具有硬件 PIN 码保护，PIN 码和硬件构成了用户使用 USB Key 的两个必要因素，即所谓“双因子认证”。用户只有同时取得了 USB Key 和用户 PIN 码，才可以登录系统

  B．USB Key 具有安全数据存储空间，可存储数字证书、用户密钥等秘密数据，对该存储空间的读写操作必须通过程序实现，用户无法直接读取

  C．USB Key 内置 CPU 或智能卡芯片，可以实现 PKI 体系中使用的数据摘要、数据加解密和签名的各种算法，加解密运算在 USB Key 内进行，保证了用户密钥不会出现在计算机内存中

  D．USB Key 的密钥和证书可以通过导出方式导出，便于携带

  ■ **试题分析** USB Key 密钥和证书不可导出。

  ■ **参考答案** （1）D

- 计算机系统的安全级别分为四级：D、C（C1、C2）、B（B1、B2、B3）和 A。其中被称为选择保护级的是__（2）__。

  A．C1　　　　B．C2

  C．B1　　　　D．B2

  ■ **试题分析** C1 级：自主安全保护级（也叫选择性保护级），能够实现对用户和数据的分离，进行自主存取控制，数据保护以用户组为单位。

  ■ **参考答案** （2）A

- 对日志数据进行审计检查，属于__（3）__类控制措施。

  A．预防　　　　B．检测

  C．威慑　　　　D．修正

  ■ **试题分析** 对日志数据进行审计检查，属于检测类控制措施。

  ■ **参考答案** （3）B

- 有一些信息安全事件是由于信息系统中多个部分共同作用造成的，人们称这类事件为“多组件事故”，应对这类安全事件最有效的方法是__（4）__。

  A．配置网络入侵检测系统以检测某些类型的违法或误用行为

  B．使用防病毒软件，并且保持更新为最新的病毒特征码

  C．将所有公共访问的服务放在网络非军事区（DMZ）

D．使用集中的日志审计工具和事件关联分析软件

■ **试题分析** 有一些信息安全事件是由于信息系统中多个部分共同作用造成的，人们称这类事件为“多组件事故”，应对这类安全事件最有效的方法是使用集中的日志审计工具和事件关联分析软件。

■ **参考答案** （4）D

● 审计系统包括＿（5）＿三大功能模块。

A．审计事件收集及过滤、审计事件记录及查询、审计事件分析及响应报警

B．审计书籍挖掘、审计事件记录及查询、审计事件分析及响应报警

C．系统日志采集与挖掘、安全时间记录及查询、安全响应报警

D．审计事件特征提取、审计事件特征匹配、安全响应报警

■ **试题分析** 审计系统包含三大功能模块：审计事件收集及过滤、审计事件记录及查询、审计事件分析及响应报警。

■ **参考答案** （5）A

● 文件加密就是将重要的文件以密文形式存储在媒介上，对文件进行加密是一种有效的数据加密存储技术。基于 Windows 系统的是＿（6）＿。

A．AFS　　B．TCFS　　C．CFS　　D．EFS

■ **试题分析** 加密文件系统（Encrypting File System，EFS）是基于公钥的数据加/解密，使用标准 X.509 证书，一个用户要访问一个已加密的文件，可以加密 NTFS 分区上的文件和文件夹，能够实时、透明地对磁盘上的数据进行加密，就必须拥有与文件加密公钥对应的私钥。

■ **参考答案** （6）D

● 按照形成安全威胁的途径来分，操作系统安全威胁可以有多种，其中，分配了过多的权限，这些额外权限可能被用来进行一些不希望的操作，对系统造成危害，这属于＿（7）＿威胁。

A．不恰当的代码执行　　B．不恰当的主体控制

C．网络协议的安全漏洞　　D．不合理的授权机制

■ **试题分析** 按照形成安全威胁的途径来分，操作系统安全威胁可以分为如下几类：

1）不合理的授权机制。最小特权原则是为完成某任务，只分配给用户必要的权限。如果分配了过多权限，则额外权限可能被用来进行一些非法的操作，对操作系统造成危害，这种授权机制便违反了最小特权原则。授权机制还要符合责任分离原则，将安全权限分散到各用户，避免集中，造成权力滥用。

2）不恰当的代码执行。如 C 程序中的缓冲区溢出问题、各类代码问题等。

3）不恰当的主体控制。如不恰当的控制主体的创建、删除行为。

4）不安全的进程间通信（Inter Process Communication，IPC）。共享内存 IPC，存在数据存储的安全隐患。

5）网络协议的安全漏洞。

6）服务的不当配置。不当的系统安全配置，往往使得操作系统安全性大大下降。

■ **参考答案** （7）D

18.2 Windows 基础

知识点综述

本节知识点包含域与活动目录、用户与组、文件系统与分区管理、IP 配置网络命令等。

参考题型

● Windows Server 2008 采用了活动目录（Active Directory）对网络资源进行管理，活动目录需安装在___（1）___分区。

A．FAT16　　B．FAT32　　C．EXT2　　D．NTFS

■ **试题分析**　在 Windows Server 2008 中活动目录必须安装在 NTFS 中，并且需要有 DNS 服务的支持。

■ **参考答案**　（1）D

● 在 Windows 系统中，默认权限最低的用户组是___（2）___。

A．guests　　B．administrators

C．power users　　D．users

■ **试题分析**　本题考查 Windows 中基本用户和组的权限。其中 guests 代表来宾用户组，因此其权限相对是最低的。Administrators 组是管理员，级别最高，权限也最大。

■ **参考答案**　（2）A

● 若在 Windows“运行”窗口中输入___（3）___命令，可以查看和修改注册表。

（3）A．CMD　　B．MMC　　C．AUTOEXE　　D．REGEDIT

■ **试题分析**　CMD（Command）命令用来进入 Windows 的命令行界面。

微软使用管理控制台（Microsoft Management Console，MMC）的思想来管理计算机中的系统设置。在 MMC 中，用户可以添加不同的控制台组件，利用这些组件就可以对系统作设置。通过 MMC 组件，所有设置都可以在统一的界面中完成，降低了设置的难度。

REGEDIT 是 Windows 系统的注册表编辑器，其操作界面与 Windows 资源管理器很类似。

Windows 系统中没有 AUTOEXE 命令。

■ **参考答案**　（3）D

● 在 Windows 系统中需要重新从 DHCP 服务器获取 IP 地址时，可以使用___（4）___命令。

A．ifconfig -a　　B．ipconfig　　C．ipconfig/all　　D．ipconfig/renew

■ **试题分析**　在 Windows 系统中，需要重新从 DHCP 服务器获取 IP 地址时，可以使用 ipconfig/renew 命令。

ipconfig /all 用于显示所有网卡的 TCP/IP 配置信息。

■ **参考答案**　（4）D

● Windows 下，nslookup 命令结果如下所示，ftp.softwaretest.com 的 IP 地址是___（5）___，可通过在 DNS 服务器中新建___（6）___实现。

```
C:\Users\Administrator>NSLOOKUP ftp.softwaretest.com
服务器:ns1.aaa.com
Address:192.168.21.252
非权威应答:
名称: ns1.softwaretest.com
Address: 10.10.20.1
Aliases: ftp.softwaretest.com
```

（5）A. 192.168.21.252　B. 192.168.21.1　C. 10.10.20.1　D. 10.10.20.254

（6）A. 邮件交换器　B. 别名　C. 域　D. 主机

■ **试题分析** 从应答的情况可以看出，名称: ns1.softwaretest.com 和 Address: 10.10.20.1 是一个对应关系。Aliases 是别名的意思。

■ **参考答案** （5）C　（6）B

18.3 Windows 安全策略

知识点综述

本节知识点包含账户策略、本地策略、高级安全 Windows 防火墙、事件查看器等。

参考题型

- Windows 系统的用户管理配置中，有多项安全设置，其中密码和账户锁定安全选项设置属于 （1） 。

A. 本地策略　B. 公钥策略　C. 软件限制策略　D. 账户策略

■ **试题分析** Windows 系统的用户管理配置中，有多项安全设置，其中密码和账户锁定安全选项设置属于账户策略。

■ **参考答案** （1）D

- 在 Windows Server 2008 系统中，某共享文件夹的 NTFS 权限和共享文件权限设置得不一致，则对于访问该文件夹的用户而言，下列 （2） 有效。

A. 共享文件夹权限

B. 共享文件夹的 NTFS 权限

C. 共享文件夹权限和共享文件夹的 NTFS 权限累加

D. 共享文件夹权限和共享文件夹的 NTFS 权限中更小的权限

■ **试题分析** 共享权限和 NTFS 权限的联系和区别：

1）共享权限是基于文件夹的，即只可在文件夹上设置共享权限，不能在文件上设置共享权限；NTFS 权限是基于文件的，即可在文件夹和文件上设置。

2）共享权限只针对网络访问的用户访问共享文件夹时才起作用，如果用户是本地登录计算机则共享权限不起作用；NTFS 权限无论用户是通过网络还是本地登录使用文件都会起作用，**只不过当用户通过网络访问文件时它会与共享权限联合起作用，规则是取最严格的权限设置。**比如，共享权限为只读，NTFS 权限是写入，那么最终权限是完全拒绝，即两个权限的交集为完全拒绝。

3）共享权限与文件操作系统无关，只要设置共享就能够应用共享权限；NTFS 权限必须是 NTFS 文件系统，否则不起作用。

■ **参考答案** （2）D

● 在 Windows Server 2008 系统中，要有效防止"穷举法"破解用户密码，应采用＿（3）＿。

A．安全选项策略　　B．账户锁定策略
C．审核对象访问策略　　D．用户权利指派策略

■ **试题分析** 账户锁定策略：用户在指定时间内输入错误密码的次数达到了相应的次数（这个次数是自己设置的，即"账户锁定阈值"），账户锁定策略就会将该用户禁用。该策略可以防止攻击者猜测用户密码，从而提高用户的安全性。

■ **参考答案** （3）B

● 在 Windows 系统中，默认权限最低的用户组是＿（4）＿。

A．guests　　B．administrators　　C．power users　　D．users

■ **试题分析** 本题考查 Windows 中基本用户和组的权限。其中 guests 代表来宾用户组，因此其权限相对是最低的。administrators 组是管理员，级别最高，权限也最大。

■ **参考答案** （4）A

● 默认情况下，远程桌面用户组（Remote Desktop Users）成员对终端服务器＿（5）＿。

A．具有完全控制权　　B．具有用户访问权和来宾访问权
C．仅具有来宾访问权　　D．仅具有用户访问权

■ **试题分析** Remote Desktop Users 组内用户具有来宾访问或用户访问的权限。

■ **参考答案** （5）B

● 在 Windows 系统中需要配置的安全策略主要有账户策略、审计策略、远程访问、文件共享等。以下不属于配置账户策略的是＿（6）＿。

A．密码复杂度要求　　B．账户锁定阈值
C．日志审计　　D．账户锁定计数器

■ **试题分析** 配置账户策略包含密码复杂度要求，账户锁定阈值，账户锁定时间，账户锁定计数器等。

■ **参考答案** （6）C

18.4 Windows 安全体系

知识点综述

本节知识点包含 Windows 认证机制、Windows 访问控制机制、Windows 日志、Windows 其他

安全机制、常见的 Windows 系统安全问题、Windows 系统安全增强等。

参考题型

● Windows 日志系统中，（1）记录了 Windows 系统组件生成的事件；（2）包含各类对象访问日志、系统事件、登录、账号管理、特权使用等。

（1）A．系统日志　B．应用程序日志　C．访问日志　D．安全日志

（2）A．系统日志　B．应用程序日志　C．访问日志　D．安全日志

■ **试题分析**　常见的 Windows 日志类型有系统日志、应用程序日志、安全日志等。系统日志记录了 Windows 系统组件生成的事件；安全日志包含各类对象访问日志、系统事件、登录、账号管理、特权使用等。应用程序日志主要记录了应用程序运行事件。

■ **参考答案**　（1）A　（2）D

18.5 Linux 基础

知识点综述

本节知识点包含分区与文件管理、系统运行级别、守护进程、常见配置文件等。

参考题型

● Linux 系统的运行日志存储的目录是（1）。

A．/var/log　B．/usr/log　C．/etc/log　D．/tmp/log

■ **试题分析**　Linux 系统的/var/log/目录之下有许多日志文件。

■ **参考答案**　（1）A

● 下列关于 Linux 系统文件挂载的叙述中，正确的是（2）。

A．/可以作为一个挂载点　B．也可以是一个文件

C．不能对一个磁盘分区进行挂载　D．挂载点是一个目录时，这个目录必须为空

■ **试题分析**　Linux 要求挂载点必须是个目录，当把一个分区挂载到目录之后，目录不一定必须为空，目录原来的文件都不可用，直到卸载这个挂载点。

■ **参考答案**　（2）A

● 默认情况下，Linux 系统中用户登录密码信息存放在（3）文件中。

A．/etc/group　B．/etc/userinfo　C．/etc/shadow　D．/etc/profile

■ **试题分析**　Linux 系统中的/etc/passwd 文件是用于存放用户密码的重要文件，这个文件对所有用户都是可读的，系统中的每个用户在 /etc/passwd 文件中都有一行对应的记录。/etc/shadow 保存着加密后的用户口令。

■ **参考答案**　（3）C

● 日志文件是纯文本文件，日志文件的每一行表示一个消息，由（4）四个域的固定格式组成。

A．时间标签、主机名、生成消息的子系统名称、消息

B．主机名、生成消息的子系统名称、消息、备注

C．时间标签、主机名、消息、备注

D．时间标签、主机名、用户名、消息

■ 试题分析　日志文件绝大多数是纯文本文件，每一行就是一个消息。消息由以下四个域组成。

1）时间标签：表示消息发出的日期和时间。

2）主机名：表示生成消息的计算机的名字。

3）生成消息的子系统名称：可以是“Kernel”，表示消息来自内核；或者是进程的名字，即进程的 PID。

4）消息：即消息的内容。

■ 参考答案　（4）A

18.6　Linux 命令

知识点综述

本节知识点包含系统与文件管理命令、网络配置命令等。

参考题型

- 在 Linux 系统中可用 ls -al 命令列出文件列表，__（1）__列出的是一个符号连接文件。

A．drwxr-xr-x 2 root root 220 2009-04-14 17:30 doc

B．-rw-r--r-- 1 root root 1050 2009-04-14 17:30 doc1

C．lrwxrwxrwx 1 root root 4096 2009-04-14 17:30 profile

D．drwxrwxrwx 4 root root 4096 2009-04-14 17:30 protocols

■ 试题分析　ls 命令说明如图 18-6-1 所示。

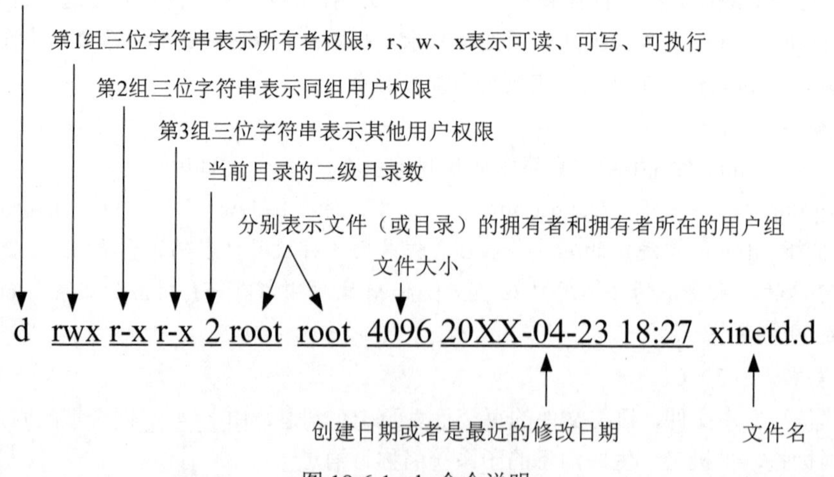

图 18-6-1　ls 命令说明

■ 参考答案 （1）C

- 在 Linux 中，强制复制目录的命令是＿（2）＿。

A．cp -f　　B．cp -I　　C．cp -a　　D．cp -l

■ 试题分析 cp 的-f 参数是强制复制。cp 命令复制的时候一旦造成冲突，就会提示用户要不要继续复制，如果加上-f 就不会提示，强制执行。

■ 参考答案 （2）A

- Linux 系统中，下列关于文件管理命令 cp 与 mv 的说法，正确的是＿（3）＿。

A．没有区别　　B．mv 操作不增加文件个数

C．cp 操作增加文件个数　　D．mv 操作不删除原有文件

■ 试题分析 cp 是拷贝文件，而 mv 是移动文件。cp 操作会增加文件个数。

■ 参考答案 （3）C

- 在 Linux 中，更改用户口令的命令是＿（4）＿。

A．pwd　　B．passwd　　C．kouling　　D．password

■ 试题分析 pwd 命令用于显示用户的当前工作目录。passwd 用于更改用户口令。

■ 参考答案 （4）B

- 在 Linux 中，目录“/proc”主要用于存放＿（5）＿。

A．设备文件　　B．命令文件　　C．配置文件　　D．进程和系统信息

■ 试题分析 /proc：映射内存中的进程信息，内容是动态的，关机后不保存。

■ 参考答案 （5）D

18.7 Linux/UNIX 安全体系

知识点综述

本节知识点包含 Linux 安全机制、Linux 安全增强等。

参考题型

- Linux 通过访问控制列表控制访问系统资源。Linux 系统下，可以通过 ls 命令查看文件权限。在 Linux 中，＿（1）＿命令可将文件按修改时间顺序显示。

A．ls -a　　B．ls -b　　C．ls -c　　D．ls -d

■ 试题分析 ls 命令的参数含义如下：

-t 以时间排序。

-a 列出目录下的所有文件，包括以“.”开头的隐含文件。

-b 把文件名中不可输出的字符用反斜杠加字符编号（就像在 C 语言里一样）的形式列出。

-c 输出文件的 i 节点的修改时间，并以此排序。

-d 将目录像文件一样显示，而不是显示其下的文件。

■ 参考答案 （1）C

● Linux 系统审计信息文件中，__（2）__表示系统启动日志；__（3）__记录 su 命令的使用。

（2）A．boot.log　　B．sulog　　C．utmp　　D．wtmp

（3）A．boot.log　　B．sulog　　C．utmp　　D．wtmp

■ **试题分析**　Linux 系统审计信息文件有：系统启动日志（boot.log）、记录用户执行命令日志（acct/pacct）、记录 su 命令的使用（sulog）、记录当前登录的用户信息（utmp）、用户每次登录和退出信息（wtmp）、最近几次成功登录及最后一次不成功登录日志（lastlog）。

■ **参考答案**　（2）A　（3）B

第19章 数据库系统安全

本章考点知识结构图如图 19-0-1 所示。

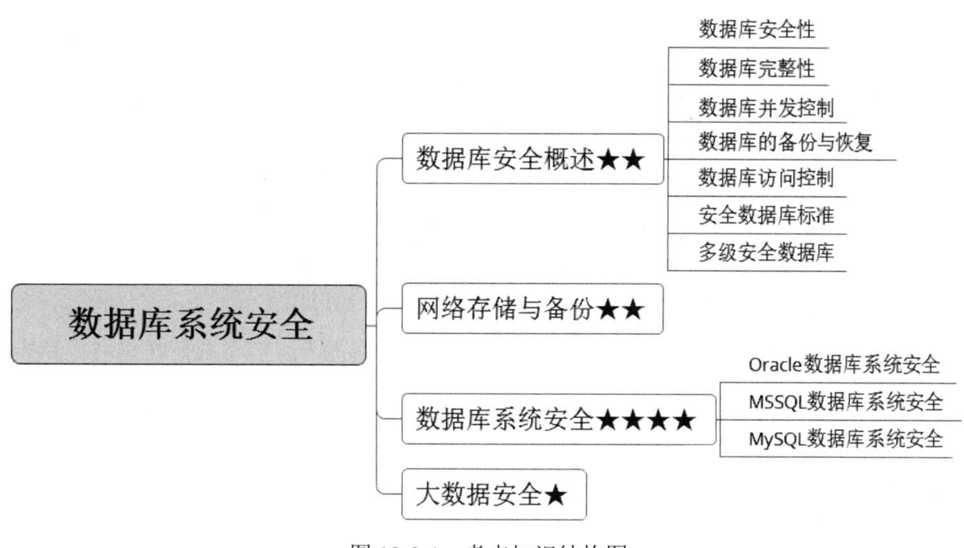

图 19-0-1　考点知识结构图

19.1　数据库安全概述

知识点综述

本节知识点包含数据库安全性、数据库完整性、数据库并发控制、数据库的备份与恢复、数据库访问控制、安全数据库标准、多级安全数据库等。

参考题型

- 数据库安全性是保护数据库避免不合法的使用造成数据破坏、篡改、泄露。数据库安全可分为系统安全性、数据安全性两个方面。数据安全性是在__（1）__控制数据库的使用、存取的机制。

A．表格级　　B．系统级　　C．对象级　　D．单元格级

■ **试题分析**　数据安全性是在对象级控制数据库的使用、存取的机制。系统安全性是在系统级控制数据库的使用、存取的机制。

■ **参考答案**　（1）C

- 数据库防火墙往往部署在__（2）__。

A．网络出口边界

B．网络应用服务器与存储之间

C．存储网络边界

D．网络应用服务器与数据库服务器之间

■ **试题分析**　数据库防火墙的作用有：屏蔽直接访问数据库通道、增强认证、攻击检测、防止漏洞利用、防止内部高危操作、防止敏感数据泄露、可进行数据库安全审计。数据库防火墙往往部署在网络应用服务器与数据库服务器之间。

■ **参考答案**　（2）D

- 随着数据库所处的环境日益开放，所面临的安全威胁也日益增多，其中攻击者假冒用户身份获取数据库系统访问权限的威胁属于__（3）__。

A．旁路控制　　B．隐蔽信道　　C．口令密码破解　　D．伪装

■ **试题分析**　旁路控制：在数据库设置后门，绕过数据库系统的安全访问控制机制。

隐蔽信道：通常储存在数据库中的数据经由合法的数据信道被取出。

伪装：攻击者假冒用户身份获取数据库系统的访问权限。

口令密码破解：利用口令字典或者手动猜测数据库用户名密码，以达到非授权访问数据库系统的目的。

■ **参考答案**　（3）D

- 多数数据库系统有公开的默认账号和默认密码，系统密码有些就存储在操作系统中的普通文本文件中，如 Oracle 数据库的内部密码就存储在__（4）__文件中。

A．listener.ora　　B．strXXX.cmd　　C．key.ora　　D．paswrd.cmd

■ **试题分析**　Oracle 内部密码就储存在 strXXX.cmd 文件中，其中 XXX 是 Oracle 系统 ID 和 SID，默认是“ORCL”。这个密码用于数据库启动进程，提供完全访问数据库资源。

Oracle 监听进程密码，保存在文件“listener ora”中，用于启动和停止 Oracle 的监听进程。

■ **参考答案**　（4）B

- 数据库系统是一个复杂性高的基础性软件，其安全机制主要有标识与鉴别、访问控制、安全审计、数据加密、安全加固、安全管理等，其中__（5）__可以实现安全角色配置、安全功能管理。

A．访问控制　　B．安全审计　　C．安全加固　　D．安全管理

■ 试题分析 数据库系统的各种安全机制功能见表19-1-1。

表19-1-1 数据库系统的各种安全机制功能

安全机制名称	安全功能
标识与鉴别	用户属性定义、用户主体绑定、鉴别失败处理、秘密的验证、鉴别的时机、多重鉴别机制设置等
访问控制	会话建立控制、系统权限设置、数据资源访问权限设置
安全审计	审计数据产生、用户身份关联、安全审计查阅、限制审计查阅、可选审计查阅、选择审计事件
备份与恢复	备份和恢复策略设置、备份数据的导入和导出
数据加密	加密算法参数设置、密钥生成和管理、数据库加密和解密操作
资源限制	持久存储空间分配最高配额、临时存储空间分配最高配额、特定事务持续使用时间或未使用时间限制
安全加固	漏洞修补、弱口令限制
安全管理	安全角色配置、安全功能管理

■ 参考答案 （5）D

19.2 网络存储与备份

知识点综述

本节知识点包含存储形式、备份与恢复、系统容灾等。

参考题型

- 安全备份的策略不包括___（1）___。

  A．所有网络基础设施设备的配置和软件　　B．所有提供网络服务的服务器配置

  C．网络服务　　D．定期验证备份文件的正确性和完整性

  ■ 试题分析 网络服务是一种实时服务，和安全备份关系不大。

  ■ 参考答案 （1）C

- 数据备份通常可分为全备份、增量备份、差分备份和渐进式备份几种方式。其中将系统中所有选择的数据对象进行一次全面的备份，而不管数据对象自上次备份之后是否修改过的备份方式是___（2）___。

  A．全备份　　B．增量备份　　C．差分备份　　D．渐进式备份

  ■ 试题分析 全备份：将系统中所有的数据信息全部备份。

增量备份：备份自上一次备份（包含完全备份、差异备份、增量备份）之后所有变化的数据（含删除文件信息）。

差分备份：每次备份的数据是相对于上一次全备份之后新增加的和修改过的数据。

渐进式备份（又称只有增量备份、连续增量备份）：渐进式备份只在初始时做全备份，之后只备份变化（新建、改动）的文件，比上述三种备份方式具有更少的数据移动、更好的性能。

■ **参考答案** （2）A

● 在冗余磁盘阵列中，以下不具有容错技术的是__（3）__。

A．RAID0　　B．RAID1　　C．RAID5　　D．RAID10

■ **试题分析** RAID0 是没有容错技术的方式，因此磁盘利用率最高。

■ **参考答案** （3）A

● 廉价磁盘冗余阵列 RAID 利用冗余技术实现高可靠性，其中 RAID1 的磁盘利用率为__（4）__。如果利用 4 个盘组成 RAID3 阵列，则磁盘利用率为__（5）__。

（4）A．25%　　B．50%　　C．75%　　D．100%

（5）A．25%　　B．50%　　C．75%　　D．100%

■ **试题分析** RAID1：磁盘镜像，可并行读数据，在不同的两块磁盘写入相同数据，写入数据比 RAID0 慢一些。其安全性最好，但空间利用率为 50%，利用率最低。实现 RAID1 至少需要两块硬盘。

RAID3 使用单独的一块校验盘进行奇偶校验。磁盘利用率=$(n-1)/n$=3/4=75%，其中 n 为 RAID3 中的磁盘总数。

■ **参考答案** （4）B　（5）C

● RAID 技术中，磁盘容量利用率最高的是__（6）__。

A．RAID0　　B．RAID1　　C．RAID3　　D．RAID5

■ **试题分析** 由于 RAID0 没有校验功能，所以磁盘容量利用率最高。

■ **参考答案** （6）A

● 开放系统的数据存储有多种方式，属于网络化存储的是__（7）__。

A．内置式存储和 DAS　　B．DAS 和 NAS

C．DAS 和 SAN　　D．NAS 和 SAN

■ **试题分析** 开放系统的数据存储有多种方式，属于网络化存储的是网络接入存储（Network Attached Storage，NAS）和存储区域网络（Storage Area Network，SAN）。

■ **参考答案** （7）D

19.3 数据库系统安全

知识点综述

本节知识点包含 Oracle 数据库系统安全、MSSQL 数据库系统安全、MySQL 数据库系统安全等。

参考题型

● 在缺省安装数据库管理系统 MySQL，root 用户拥有所有权限且是空口令，为了安全起见，必须为 root 用户设置口令，以下口令设置方法中，不正确的是__（1）__。

A．使用 MySQL 自带的命令 mysqladmin 设置 root 口令

B．使用 set password 设置口令

C．登录数据库，修改数据库 MySQL 下 user 表的字段内容设置口令

D．登录数据库，修改数据库 MySQL 下的访问控制列表内容设置口令

■ 试题分析 缺省安装数据库管理系统 MySQL 后，安全管理 MySQL 的方法有：设置 root 用户口令、删除默认数据库和数据库用户、改变 MySQL 默认管理员名称、修改用户口令、用户授权等。

1）设置 root 用户口令。

缺省安装 MySQL 后，root 用户拥有所有权限，且是空口令。为了安全起见，必须为 root 用户设置口令。设置 root 口令如下：

a. 使用 MySQL 的命令 mysqladmin 设置 root 口令。

```
% mysqladmin -u root password  'rootpassword'
```

b. 使用 set password 设置口令。

```
%mysql> SET password for root@localhost=PASSWORD('rootpassword');
```

c. 登录数据库，修改数据库 MySQL 下 user 表的字段内容。

```
%mysql> use mysql;
%mysql> UPDATE user SET password=PASSWORD('rootpassword') WHERE user='root';
%mysql> FLUSH PRIVILEGES; / /强制刷新内存授权表
```

2）删除默认数据库和数据库用户。

MySQL 初始化后会自动生成空用户和 test 数据库，可以用于安装过程的测试，但会威胁 MySQL 系统安全，需要全部删除，仅保留 root。删除的方法如下：

a. 删除 test 数据库。

```
%mysql> SHOW DATABASES;        //显示所有数据库
%mysql> DROP DATABASE test;    //删除数据库 test
```

b. 删除非 root 用户。

```
%mysql> DELETE FROM user WHERE NOT (User='root' );
```

c. 删除空口令的 root 用户。

```
%mysql> DELETE FROM user WHERE User='root' and password='';
%mysql> FLUSH PRIVILEGES;
```

3）改变 MySQL 默认管理员名称。MySQL 默认管理员名为 root，往往给攻击者提供便利，因此需要修改。

```
%mysql> UPDATE user SET User='newroot' WHERE User='root';    //改成不易被猜测的用户名
%mysql> FLUSH PRIVILEGES;
```

4）修改用户口令。定期修改用户口令，防止口令泄露，导致非法访问数据库。

```
%mysql> use mysql;
%mysql> UPDATE user SET password=PASSWORD('newpassword') WHERE User='username' and Host='host';
```

5）用户授权。用户授权就是给予用户一定的数据库访问权限，主要使用 SQL 的 GRANT 语句进行授权。

■ 参考答案 （1）D

- 在 Oracle 的安全机制中，__（2）__可以加密数据文件中的数据，保护从操作系统层面上对数据文件的访问。这样可以避免攻击者直接读取存储文件而得到关键数据。

  A．审计安全库　　B．数据库防火墙

  C．透明数据加密　　D．数据屏蔽

■ **试题分析**　透明数据加密（Transparent Data Encryption，TDE）可以加密数据文件中的数据，从操作系统层面上保护对数据文件的访问。这样可以避免攻击者直接读取存储文件，得到关键数据。

■ **参考答案**　（2）C

- 下列四个选项中，__（3）__不属于 MS SQL Server 数据库通用的安全增强手段。

  A．增强操作系统安全，比如最小化操作系统安装、打补丁、关闭不必要的网络服务

  B．增强数据库系统安全，只安装必要组件，打补丁，修补漏洞，删除或者修改默认用户名

  C．启用审计，定时查看日志

  D．要避免 ROOT 系统用户密码为空

■ **试题分析**　MS SQL Server 数据库通用的安全增强手段中，要避免 SA 用户密码为空。

■ **参考答案**　（3）D

19.4　大数据安全

知识点综述

本节知识点包含大数据特点、大数据关键技术、大数据相关技术等。

参考题型

- 大数据所涉及关键技术很多，主要包括采集、存储、管理、分析与挖掘相关技术。其中 HBase 属于________技术。

  A．数据采集　　B．数据存储　　C．数据管理　　D．数据分析与挖掘

■ **试题分析**　HBase 属于大数据存储技术。大数据所涉及的技术很多，主要包括数据采集、数据存储、数据管理、数据分析与挖掘四个环节。在数据采集阶段主要使用的技术是数据抽取工具 ETL。在数据存储环节主要有结构化数据、非结构化数据和半结构化数据的存储与访问。结构化数据一般存放在关系数据库，通过数据查询语言（SQL）来访问；非结构化（如图片、视频、doc 文件等）和半结构化数据一般通过分布式文件系统的 NoSQL（Not Only SQL）进行存储，比较典型的 NoSQL 有 Google 的 Bigtable、Amazon 的 Dynamo 和 Apache 的 HBase。

■ **参考答案**　B

第20章
网站安全与电子商务安全

本章考点知识结构图如图 20-0-1 所示。

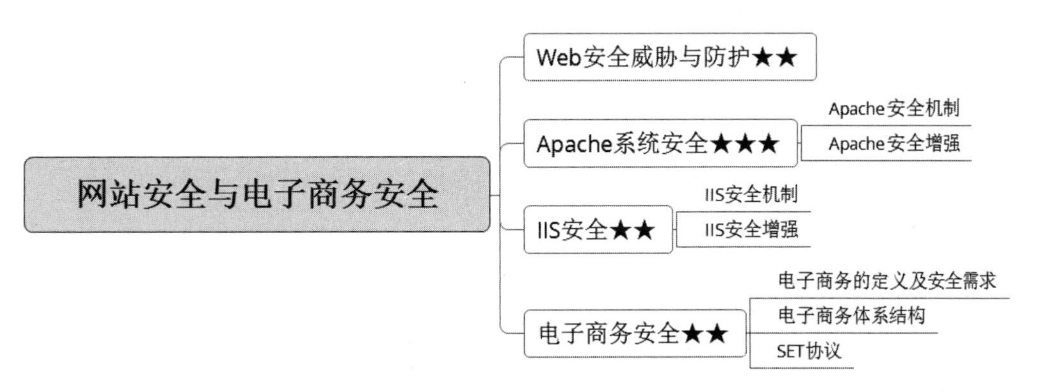

图 20-0-1　考点知识结构图

20.1　Web 安全威胁与防护

知识点综述

本节知识点有 Web 安全威胁、Web 访问安全、网页防篡改等。

参考题型

- 注入语句：http://xxx.xxx.xxx/abc.asp?p=YY and user>0 不仅可以判断服务器的后台数据库是否为 SQL Server，还可以得到__（1）__。

  A．当前连接数据库的用户数量　　　　B．当前连接数据库的用户名

  C．当前连接数据库的用户口令　　　　D．当前连接数据库的数据库名

■ **试题分析** SQL Server 有 user、db_name()等系统变量，利用这些系统值不仅可以判断服务器的后台数据库是否为 SQL Server，而且还可以得到大量有用的信息。如下所述：

- 语句 http://xxx.xxx.xxx/abc.asp?p=YY and user>0，不仅可以判断是否是 SQL Server，而且还可以得到当前连接数据库的用户名。
- 语句 http://xxx.xxx.xxx/abc.asp?p=YY and db_name()>0，不仅可以判断是否是 SQL Server，而且还可以得到当前正在使用的数据库名。

■ **参考答案** （1）B

- 在访问因特网时，为了防止 Web 页面中恶意代码对自己计算机的损害，可以采取的防范措施是<u>（2）</u>。

  A．将要访问的 Web 站点按其可信度分配到浏览器的不同安全区域

  B．在浏览器中安装数字证书

  C．利用 IP 安全协议访问 Web 站点

  D．利用 SSL 访问 Web 站点

■ **试题分析** 划分不同安全区域是IE浏览器为保护用户计算机免受恶意代码的危害而采取的一种技术。通常浏览器将 Web 站点按其可信度分配到不同的区域，针对不同的区域指定不同的文件下载方式。

■ **参考答案** （2）A

- 下列关于跨站攻击的描述，不正确的是<u>（3）</u>。

  A．跨站脚本攻击指的是恶意攻击者向 Web 页面里插入恶意的 HTML 代码

  B．跨站脚本攻击简称 XSS

  C．跨站脚本攻击也可称作 CSS

  D．跨站脚本攻击是主动攻击

■ **试题分析** 跨站脚本攻击（Cross Site Scripting，CSS）：为了避免与层叠样式表（Cascading Style Sheets，CSS）的缩写混淆，因此常缩写为 XSS。恶意攻击者往 Web 页面里插入恶意 HTML 代码，当用户浏览该页时，嵌入 Web 中的 HTML 代码会被执行，从而达到恶意用户的特殊目的。造成 XSS 攻击的原因是网站程序对用户的输入过滤不足，不属于主动攻击。

■ **参考答案** （3）D

- 网络管理员在对公司门户网站（www.***hunnu.edu.cn）巡检时，在访问日志中发现如下入侵记录：2018-07-10 21:07:44 202.197.1.1 访问 www.***hunnu.edu.cn/manager/html/start?path=<script> alert(/scanner) </script>，该入侵为<u>（4）</u>攻击，应配备<u>（5）</u>设备进行防护。

  （4）A．远程命令执行　　B．跨站脚本（XSS）

  　　 C．SQL 注入　　D．Http Heads

  （5）A．数据库审计系统　　B．堡垒机

  　　 C．漏洞扫描系统　　D．Web 应用防火墙

■ **试题分析** 程序没有经过过滤等安全措施，因此它会很容易受到攻击，如被植入了反射型

的跨站脚本。即被植入了“<script>alert(/scanner)</script>”一段代码。对付这类攻击的办法就是部署Web应用防火墙（Web Application Firewall，WAF）。

■ **参考答案** （4）B （5）D

20.2 Apache系统安全

知识点综述

本节知识点有Apache安全机制、Apache安全增强等。

参考题型

- Linux操作系统中，网络管理员可以通过修改___(1)___文件对Web服务器的端口进行配置。

  A．/etc/inetd.conf　　B．/etc/lilo.conf

  C．/etc/httpd/conf/httpd.conf　　D．/etc/httpd/conf/access.conf

■ **试题分析**

- /etc/inetd.conf是inetd的配置文件，它告诉inetd监听哪些网络端口、为每个端口启动哪个服务。
- /etc/lilo.conf：网络管理员可以通过修改lilo.conf文件对系统启动进行配置。
- /etc/httpd/conf/httpd.conf：Apache的主配置文件为/etc/httpd.conf，提供了最基本的服务器配置，是对守护程序httpd如何运行的技术描述。
- /etc/httpd/conf/access.conf：Apache中的access.conf用于配置服务器的访问权限，控制不同用户和计算机的访问限制。

■ **参考答案** （1）C

- 在一台Apache服务器上，通过虚拟主机可以实现多个Web站点。虚拟主机可以是基于___(2)___的虚拟主机，也可以是基于名字的虚拟主机。若某公司创建名为www.*sohu.com的虚拟主机，则需要在___(3)___服务器中添加地址记录。在Linux中该地址记录的配置信息如下，请补充完整。（注：*sohu是不可以直接访问的）

```
NameVirtualHost 192.168.0.1
<VirtualHost 192.168.0.1>
    ___(4)___www. *sohu.com
    DocumentRoot /var/www/html/sohu
</VirtualHost>
```

（2）A．IP　　B．TCP　　C．UDP　　D．HTTP

（3）A．SNMP　　B．DNS　　C．SMTP　　D．FTP

（4）A．WebName　　B．HostName　　C．ServerName　　D．WWW

■ **试题分析** Apache提供基于IP或者名字的虚拟主机服务。创建名为www. *sohu.com的虚拟主机，则需要在DNS服务器中添加地址记录。ServerName www. *sohu.com用于设置服务器辨识自己的主机信息。

■ **参考答案** （2）A （3）B （4）C

20.3 IIS 安全

知识点综述

本节知识点包含 IIS 安全机制、IIS 安全增强等。

参考题型

- Windows Server 2008 操作系统中，IIS 7.5 不提供下列__（1）__服务。

A．WWW　　B．SMTP　　C．POP3　　D．FTP

■ 试题分析　IIS 7.5 提供 WWW、FTP、SMTP 服务，不提供 POP3 服务，但是 Windows Server 2008 中以组件“电子邮件服务”提供 POP3 的服务。

■ 参考答案　（1）C

- 在 Windows Server 2008 操作系统中，WWW 服务包含在__（2）__组件下。

A．DNS　　B．DHCP　　C．FTP　　D．IIS

■ 试题分析　Windows Server 2008 操作系统中的 IIS 服务包含了 WWW、FTP、虚拟的 SMTP 等服务器。本题属于识记类型。

■ 参考答案　（2）D

- 配置 FTP 服务器的属性对话框如图 20-3-1 所示，默认情况下“本地路径”文本框中的值为__（3）__。

A．c:\inetpub\wwwroot　　B．c:\inetpub\ftproot

C．c:\wmpubi\wwwroot　　D．c:\wmpubi\ftproot

■ 试题分析　配置 FTP 服务器的属性对话框中，默认情况下“本地路径”文本框中的值为 c:\inetpub\ftproot。

■ 参考答案　（3）B

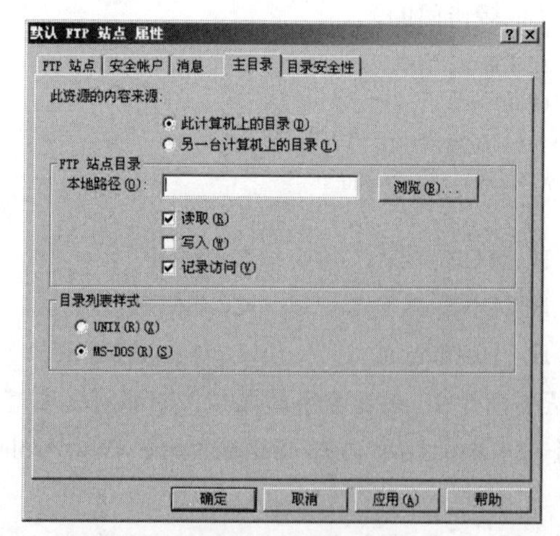

图 20-3-1　配置 FTP 服务器的“默认 FTP 站点 属性”对话框

● IIS 服务支持的身份认证方法中，需要利用明文在网络上传递用户名和密码的是__（4）__。

A．.NET Passport 身份验证　　B．集成 Windows 身份验证

C．基本身份认证　　D．摘要式身份认证

■ 试题分析　IIS 的身份认证分为五种：匿名身份认证、基本身份认证、摘要式身份认证、集成 Windows 身份验证、.NET Passport 身份验证。其特点见表 20-3-1。

表 20-3-1　IIS 的身份认证方式及特点

身份认证方式	认证过程	特点	安全等级
匿名身份认证	IIS 创建 IUSR_ComputerName 账户（其中 ComputerName 为 IIS 服务器名），用于匿名用户访问 Web 时的身份认证	不要求身份认证	无
基本身份认证	限制对 NTFS 格式的 Web 服务器访问，该认证方式基于用户 ID	用户 ID、密码均为明文（Base64 编码），安全等级低	低
摘要式身份认证	需要用户 ID 和密码，用户凭据作为 Hash MD5 或消息摘要在网络中进行传输	可通过代理，客户端也需要使用活动目录	中
集成 Windows 身份验证	该方式下浏览器尝试使用当前用户在域登录过程中使用的凭据，如果此尝试失败，就会提示该用户输入用户名和密码	两种验证方式： • NTLM 身份验证（不支持 HTTP 代理） • Kerberos 版本 5（客户端要能访问域控制器）	NTLM：中 Kerberos：高
.NET Passport 身份验证	.NET Passport 身份验证提供了单一登录安全性，为用户提供对 Internet 上各种服务的访问权限	对 IIS 服务的请求必须在查询字符串或 Cookie 中包含有效的.NET Passport 凭据	高

■ 参考答案　（4）C

20.4　电子商务安全

知识点综述

本节知识点包含电子商务的定义及安全需求、电子商务体系结构、SET 协议等。

参考题型

● 电子商务系统除了面临一般的信息系统所涉及的安全威胁之外，更容易成为黑客分子的攻击目标，其安全性需求普遍高于一般的信息系统。电子商务系统中的电子交易安全需求不包括__（1）__。

A．交易的真实性　　B．交易的保密性和完整性

C．交易的可撤销性　　D．交易的不可抵赖性

■ 试题分析　商务交易安全紧紧围绕传统商务在互联网络上应用时产生的各种安全问题，在

网络安全的基础上，保障以电子交易和电子支付为核心的电子商务过程的顺利进行。即实现电子商务的真实性、保密性、完整性、可认证性、不可拒绝性、不可伪造性和不可抵赖性。

■ 参考答案　（1）C

● 下列说法中，错误的是　（2）　。

A．数据被非授权地增删、修改或破坏都属于破坏数据的完整性

B．抵赖是一种来自黑客的攻击

C．非授权访问是指某一资源被某个非授权的人，或以非授权的方式使用

D．重放攻击是指出于非法目的，将所截获的某次合法的通信数据进行拷贝而重新发送

■ 试题分析　抵赖是指信息的发送方否认已经发送的信息。

■ 参考答案　（2）B

● 以下选项中，属于电子商务系统安全架构中的安全管理运维部分的是　（3）　。

A．交易安全　　B．安全评估　　C．行为安全　　D．服务安全

■ 试题分析　电子商务系统安全架构中，安全运维包含安全治理、安全运维、安全评估、应急管理。

■ 参考答案　（3）B

● 数字信封技术能够　（4）　。

A．对发送者和接收者的身份进行认证　　B．保证数据在传输过程中的安全性

C．防止交易中的抵赖发送　　D．隐藏发送者的身份

■ 试题分析　数字信封：报文数据先使用一个随机产生的对称密钥加密，该密钥再用报文接收者的公钥进行加密，这称为报文的数字信封（Digital Envelope）。然后将加密后的报文和数字信封发给接收者。

■ 参考答案　（4）B

● 安全电子交易协议（SET）是由 VISA 和 MasterCard 两大信用卡组织联合开发的电子商务安全协议。以下关于 SET 的叙述中，正确的是　（5）　。

A．SET 是一种基于流密码的协议

B．SET 不需要可信的第三方认证中心的参与

C．SET 要实现的主要目标包括保障付款安全，确定应用的互通性和达到全球市场的可接受性

D．SET 通过向电子商务各参与方发放验证码来确认各方的身份，保证网上支付的安全性

■ 试题分析　安全电子交易协议（Secure Electronic Transaction，SET）由威士（VISA）国际组织、万事达（MasterCard）国际组织创建，结合 IBM、Microsoft、Netscope、GTE 等公司制定的电子商务中安全电子交易的一个国际标准。SET 支付系统主要由持卡人（CardHolder）、商家（Merchant）、发卡行（Issuing Bank）、收单行（Acquiring Bank）、支付网关（Payment Gateway）、认证中心（Certificate Authority）六个部分组成。

SET 协议是应用层的协议，是一种基于消息流的协议。SET 要实现的主要目标包括保障付款安全，确定应用的互通性和达到全球市场的可接受性。

SET 协议采用现代密码体制（公钥、对称密钥和哈希），不是用验证码来实现身份确认。

该题涉及的知识点曾多次考查到。

■ 参考答案 （5）C

- 安全电子交易协议（SET）中采用的公钥密码算法是RSA，采用的私钥密码算法是DES，其所使用的DES有效密钥长度是__（6）__。

A．48位　　B．56位　　C．64位　　D．128位

■ 试题分析 DES分组长度为64比特，使用56比特密钥对64比特的明文串进行16轮加密，得到64比特的密文串。其中，使用密钥为64比特，实际使用56比特，另外8比特用作奇偶校验。

■ 参考答案 （6）B

第21章 云、工业控制、移动应用安全

本章考点知识结构图如图 21-0-1 所示。

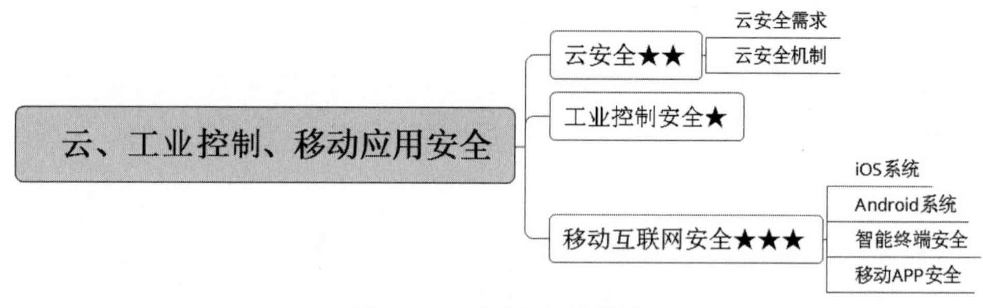

图 21-0-1　考点知识结构图

21.1　云安全

知识点综述

本节知识点包含云安全需求、云安全机制等。

参考题型

- 建设完善电子政务公共平台包括建设以__（1）__为基础的电子政务公共平台顶层设计、制定相关标准规范等内容。

  A．云计算　　B．人工智能　　C．物联网　　D．区块链信管网

■ 试题分析 电子政务建设的发展方向和应用重点包括：①完善以云计算为基础的电子政务公共平台顶层设计；②全面提升电子政务技术服务能力；③制定电子政务云计算标准规范；④鼓励向云计算模式迁移。

■ 参考答案　（1）A

● 云计算面临的安全威胁中，（2）不属于云终端与云计算平台间的网络安全威胁。

A．云平台不能稳定提供服务　　B．网络监听与数据泄露

C．拒绝服务　　D．中间人攻击

■ 试题分析　云平台不能稳定提供服务属于云平台的安全威胁。

■ 参考答案　（2）A

21.2　工业控制安全

知识点综述

工业控制主要是指使用计算机技术、微电子技术、电气手段，使工厂的生产和制造过程更加自动化、效率化、精确化，并具有可控性及可视性。随着计算机技术、通信技术和控制技术的发展，工业控制系统的结构从计算机集中控制系统（Computer Control System，CCS）到分散控制系统（Distributed Control System，DCS），再发展到现场总线控制系统（Fieldbus Control System，FCS）。

本节知识点包含工业控制系统的定义、工业控制系统的安全问题、提升工业控制系统的安全手段等。

参考题型

● 工业控制系统广泛应用于电力、石化、医药、航天等领域，已经成为国家关键基础设施的重要组成部分。作为信息基础设施的基础，电力工控系统安全面临的主要威胁不包括______。

A．内部人为风险　　B．黑客攻击　　C．设备损耗　　D．病毒破坏

■ 试题分析　工业控制主要是指使用计算机技术、微电子技术、电气手段，使工厂的生产和制造过程更加自动化、效率化、精确化，并具有可控性及可视性。

工业控制面临的安全问题有外部黑客攻击、内部人为风险、安全策略和管理流程漏洞、病毒与恶意代码、操作系统安全漏洞、网络通信协议安全漏洞等。

针对上述问题，可采取的防范措施有部署安全方案、实施风险评估、加强制度和人员管理、部署防火墙、杀毒软件、物理隔离、实施产品认证、工控系统入侵检测与防护等。

■ 参考答案　C

21.3　移动互联网安全

知识点综述

本节知识点包含 iOS 系统、Android 系统、智能终端安全、移动 APP 安全等。

参考题型

● 安卓的系统架构从上层到下层包括应用程序层、应用程序框架层、系统库和安卓运行时、Linux 内核。其中，文件访问控制的安全服务位于（1）。

A．应用程序层　　B．应用程序架构层

C．系统库和安卓运行时　　D．Linux 内核

■ **试题分析** 安卓的系统架构从上层到下层包括应用程序层、应用程序框架层、系统库和安卓运行时、Linux 内核。安卓的核心系统服务，如安全性、内存管理、进程管理、网络协议以及驱动模型都依赖于 Linux 内核。

■ **参考答案** （1）D

- 恶意软件是目前移动智能终端上被不法分子利用最多、对用户造成危害和损失最大的安全威胁类型。数据显示，目前安卓平台恶意软件主要有＿（2）＿四种类型。

A．远程控制木马、话费吸取、隐私窃取类和系统破坏类

B．远程控制木马、话费吸取、系统破坏类和硬件资源消耗类

C．远程控制木马、话费吸取、隐私窃取类和恶意推广

D．远程控制木马、话费吸取、系统破坏类和恶意推广

■ **试题分析** 消耗硬件、破坏系统不是不法分子的主要目的。

■ **参考答案** （2）C

- Android 系统是一种以 Linux 为基础的开放源代码操作系统，主要用于便携智能终端设备。Android 采用分层的系统架构，从高层到低层分别是＿（3）＿。

A．应用程序层、应用程序框架层、系统运行库层和 Linux 内核层

B．Linux 内核层、系统运行库层、应用程序框架层和应用程序层

C．应用程序框架层、应用程序层、系统运行库层和 Linux 内核层

D．Linux 内核层、系统运行库层、应用程序层和应用程序框架层

■ **试题分析** Android 的系统架构分为四层，从高到低分别是 Android 应用层，Android 应用程序框架层，Android 系统运行层和 Linux 内核层。

■ **参考答案** （3）A

第22章 安全风险评估

本章考点知识结构图如图 22-0-1 所示。

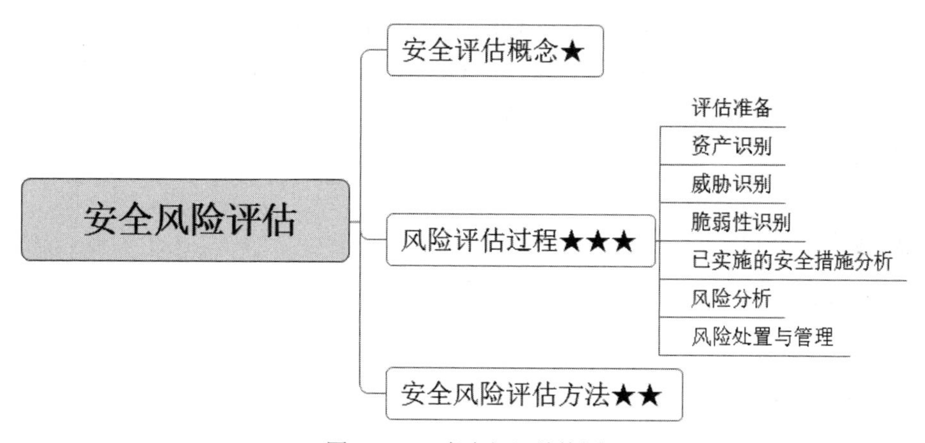

图 22-0-1　考点知识结构图

安全风险评估就是依据标准，利用评估技术、方法、工具，对系统中资产、威胁、脆弱点所带来风险的大小，以及可能的控制措施进行的全面评估。

22.1　安全评估概念

知识点综述

本节知识点包含期望货币值、系统风险量化值等。

参考题型

- S 公司开发一套信息管理软件，其中一个核心模块的性能对整个系统的市场销售前景影响极大，该模块可以采用 S 公司自己研发、采购代销和有条件购买三种方式实现。S 公司的可能利润收入见表 22-1-1。

表 22-1-1　S 公司的可能利润收入表　　单位：万元

方案	销售 50 万套	销售 20 万套	销售 5 万套	销售不出去
自己研发	450000	200000	-50000	-150000
采购代销	65000	65000	65000	65000
有条件购买	250000	100000	0	0

● 按经验，此类管理软件销售 50 万套、20 万套、5 万套和销售不出去的概率分别为 15%、25%、40%和 20%，则 S 公司应选择_______方案。

A．自己研发　　B．采购代销　　C．有条件购买　　D．条件不足无法选择

■ 试题分析　**本题考核的是决策表技术，面临的决策问题是："自己研发""采购代销"还是"有条件购买"，因此，决策的关键是针对三个决策选项计算其所带来的期望货币值（EMV）。**

自己研发的 EMV 为：450000 × 15%+200000 × 25%−50000 × 40%−150000 × 20%=67500。

采购代销的 EMV 为：65000 × 15%+65000 × 25%+65000 × 40%+65000 × 20%=65000。

有条件购买的 EMV 为：250000 × 15%+100000 × 25%=62500。

因此，S 公司应选择自己研发以获得最高可能利润。

■ 参考答案　A

22.2　风险评估过程

知识点综述

本节知识点包含评估准备、现状识别（包含资产识别、威胁识别、脆弱性识别）、已实施的安全措施分析、风险分析、风险处置与管理等。

参考题型

● 下列报告中，不属于信息安全风险评估识别阶段的是__（1）__。

A．资产价值分析报告　　B．风险评估报告

C．威胁分析报告　　D．已有安全威胁分析报告

■ 试题分析　风险评估阶段及输出文档见表 22-2-1。

表 22-2-1　风险评估阶段及输出文档

工作阶段	输出文档	文档内容
准备	《系统调研报告》	被评估系统的情况，如系统环境、网络结构、业务组成等
	《风险评估方案》	调研现状与目的，确定评估的目标、计划、对象、范围、技术路线、应急预案等

续表

工作阶段	输出文档	文档内容
识别	《资产价值分析报告》	资产分析，包括资产组成、资产价值及必要说明
	《威胁分析报告》	威胁分析，确定威胁的种类、后果及发生的可能性
	《安全技术脆弱性分析报告》	网络、数据库、应用系统、设备等方面的脆弱性说明
	《安全管理脆弱性分析报告》	安全相关策略、组织、制度、人员、运维等方面的脆弱性说明
	《已有安全措施分析报告》	已部署安全措施的有效性分析，包含技术和管理两个方面
风险分析	《风险评估报告》	对资产、威胁、脆弱性等数据，进行建模、分析、计算、评价
风险处置	《安全整改建议》	对于已知风险给出处置建议

■ **参考答案** （1）B

● 以下不属于信息安全风险评估中需要识别的对象是＿（2）＿。

A. 资产识别　　B. 威胁识别　　C. 风险识别　　D. 脆弱性识别

■ **试题分析** 信息安全风险评估通过对资产、脆弱性、控制措施和威胁四个风险要素进行识别与评估，获取被评估系统的风险值或风险级别。而各风险要素之间存在复杂的关系，即风险评估实施带来的困难。

■ **参考答案** （2）C

● 信息安全风险评估是依照科学的风险管理程序和方法，充分地对组成系统的各部分所面临的危险因素进行分析评价，针对系统存在的安全问题，根据系统对其自身的安全需求，提出有效的安全措施，达到最大限度减少风险，降低危害和确保系统安全运行的目的，风险评估的过程包括＿（3）＿四个阶段。

A. 风险评估准备、漏洞检测、风险计算和风险等级评价

B. 资产识别、漏洞检测、风险计算和风险等级评价

C. 风险评估准备、风险因素识别、风险程度分析和风险等级评价

D. 资产识别、风险因素识别、风险程度分析和风险等级评价

■ **试题分析** 风险评估的过程包括风险评估准备、风险因素识别、风险程度分析和风险等级评价四个阶段。

■ **参考答案** （3）C

● 信息安全风险评估是指确定在计算机系统和网络中每一种资源缺失或遭到破坏对整个系统造成的预计损失数量，是对威胁、脆弱点以及由此带来的风险大小的评估。在信息安全风险评估中，以下说法正确的是＿（4）＿。

A. 安全需求可通过安全措施得以满足，不需要结合资产价值考虑实施成本

B. 风险评估要识别资产相关要素的关系，从而判断资产面临的风险大小。在对这些要素的评估过程中，不需要充分考虑与这些基本要素相关的各类属性

C．风险评估要识别资产相关要素的关系，从而判断资产面临的风险大小。在对这些要素的评估过程中，需要充分考虑与这些基本要素相关的各类属性

D．信息系统的风险在实施了安全措施后可以降为零

■ **试题分析** 风险评估要识别资产相关要素的关系，从而判断资产面临的风险大小。在对这些要素的评估过程中，需要充分考虑与这些基本要素相关的各类属性。

■ **参考答案** （4）C

- 信息安全风险评估是指确定在计算机系统和网络中每一种资源缺失或遭到破坏对整个系统造成的预计损失数量，是对威胁、脆弱点以及由此带来的风险大小的评估。一般将信息安全风险评估实施划分为评估准备、风险要素识别、风险分析和风险处置四个阶段。其中对评估活动中的各类关键要素资产、威胁、脆弱性、安全措施进行识别和赋值的过程属于（5）阶段。

A．评估准备　　B．风险要素识别

C．风险分析　　D．风险处置

■ **试题分析** GB/T 20984—2007 规定了风险评估的实施流程，将风险评估实施划分为评估准备、风险要素识别、风险分析与风险处置四个阶段。

1）评估准备阶段：是对评估实施有效性的保证，是评估工作的开始。

2）风险要素识别阶段：对评估活动中的各类关键要素资产、威胁、脆弱性、安全措施进行识别与赋值。

3）风险分析阶段：识别阶段中获得的各类信息进行关联分析，并计算风险值。

4）风险处置阶段：针对评估出的风险，提出相应的处置建议，以及按照处置建议实施安全加固后进行残余风险处置等。

■ **参考答案** （5）B

22.3 安全风险评估方法

知识点综述

本节知识点包含风险评估方法分类和具体工具等。

参考题型

- 下列四个选项中，（1）不属于渗透测试集成工具箱。

A．BackTrack 5　　B．Metasploit

C．Cobalt Strike　　D．regedit

■ **试题分析** regedit 是“注册表编辑器”的简称，是 Windows 系统中内置的一款用于编辑 Windows 注册表的工具，不属于渗透测试集成工具箱。

■ **参考答案** （1）D

- 网络安全渗透测试的过程可以分为委托受理、准备、实施、综合评估和结题 5 个阶段，其中确认渗透时间、制定渗透方案属于（2）阶段。

A．委托受理　　B．准备　　C．实施　　D．综合评估

■ **试题分析** 在网络安全渗透测试过程中的准备阶段，项目经理组织人员依据客户提供的文档资料和调查数据，编写制定网络信息系统渗透测试方案。项目经理与客户沟通测试方案，确定渗透测试的具体日期、客户方配合的人员。项目经理协助被测单位填写“网络信息系统渗透测试用户授权单”，并通知客户做好测试前的准备工作。如果项目需在被测单位的办公局域网内进行，测试全过程需有客户方配合人员在场陪同。

■ **参考答案** （2）B

第23章

安全应急响应

本章考点知识结构图如图 23-0-1 所示。

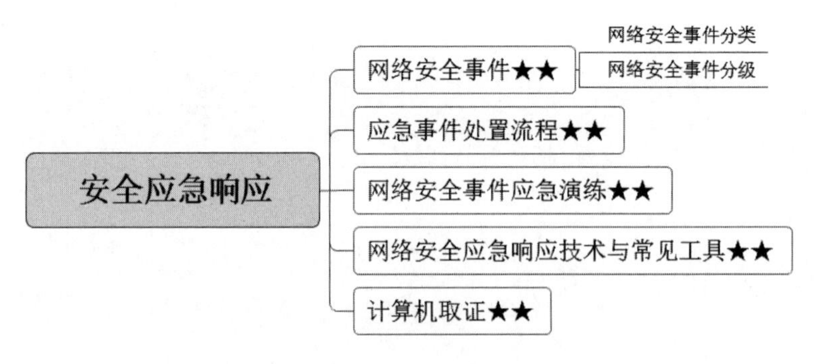

图 23-0-1　考点知识结构图

安全应急响应（Emergency Response）是组织或者机构应对可能的网络安全事件，而采取的监测、预警、响应、恢复等网络安全措施。

网络安全应急响应组织是收集、汇总、发布安全事件信息，针对安全事件展开监测、预警、响应、恢复等活动的团队。

应急响应组可以细分为公益性应急响应组、商业性应急响应组、厂商应急响应组、内部应急响应组。

23.1　网络安全事件

知识点综述

本节知识点包含网络安全事件分类、网络安全事件分级等。

参考题型

- 下列四个网络安全事件中，__（1）__不属于有害程序事件。

A．计算机病毒事件　　B．蠕虫事件
C．特洛伊木马事件　　D．拒绝服务攻击事件

■ 试题分析 有害程序事件分为计算机病毒事件、蠕虫事件、特洛伊木马事件、僵尸网络事件、混合程序攻击事件、网页内嵌恶意代码事件和其他有害程序事件等。拒绝服务攻击事件属于网络攻击事件。

■ 参考答案 （1）D

- 下列四个网络安全事件中，出现重要网络和信息系统遭受特别严重的系统损失，造成系统大面积瘫痪，丧失业务处理能力，这属于__（2）__。

A．特别重大网络安全事件　　B．重大网络安全事件
C．较大网络安全事件　　D．一般网络安全事件

■ 试题分析 符合下列情形之一的，即为特别重大网络安全事件：

1）重要网络和信息系统遭受特别严重的系统损失，造成系统大面积瘫痪，丧失业务处理能力。

2）国家秘密信息、重要敏感信息和关键数据丢失或被窃取、篡改、假冒，对国家安全和社会稳定构成特别严重威胁。

3）其他对国家安全、社会秩序、经济建设和公众利益构成特别严重威胁、造成特别严重影响的网络安全事件。

■ 参考答案 （2）A

23.2 应急事件处置流程

知识点综述

本节知识点包含网络安全事件分类、网络安全事件分级等。

参考题型

- 应急事件处置流程中，保存现场、保存证据属于______过程。

A．安全事件报警　　B．安全事件确认
C．安全事件处理　　D．撰写安全事件报告

■ 试题分析 安全事件处理包含的过程如下：

1）准备工作：通知并进行信息交换。

2）检测工作：保存现场、保存证据（包含系统事件、处置事故的行动、外界沟通情况等）。

3）抑制工作：围堵措施，尽可能地缩小攻击范围。

4）根除工作：解决发生和发现的问题，消除隐患。

5）恢复工作：系统恢复。

6）总结工作：提交事故处理报告。

■ 参考答案　C

23.3　网络安全事件应急演练

知识点综述

本节知识点包含网络安全事件应急演练的定义与分类等。

参考题型

● __（1）__通常在室内完成。相关人员利用图形工具、沙盘、计算机模拟等手段，假定场景，讨论并分析应急响应工作机制和网络安全事件预案的有效性。

A．桌面应急演练　　B．实战应急演练

C．单项应急演练　　D．综合应急演练

■ 试题分析　桌面应急演练通常在室内完成。相关人员利用图形工具、沙盘、计算机模拟等手段，假定场景，讨论并分析应急响应工作机制和网络安全事件预案的有效性。

■ 参考答案　（1）A

● __（2）__通常在特定的场所完成，可利用实际设备、物资，结合应急响应工作机制和网络安全事件预案分析有效性。

A．桌面应急演练　　B．实战应急演练

C．单项应急演练　　D．综合应急演练

■ 试题分析　实战应急演练通常在特定的场所完成，可利用实际设备、物资，结合应急响应工作机制和网络安全事件预案分析有效性。

■ 参考答案　（2）B

23.4　网络安全应急响应技术与常见工具

知识点综述

本节知识点包含常见的网络安全应急响应技术、工具等。

参考题型

● 网络安全监测的目的是对受害系统的网络活动或内部活动进行分析，获取受害系统的当前状态信息。下列说法，______是不正确的。

A．网络流量监测通过利用网络监测工具，获取受害系统的网络流量数据，挖掘分析受害系统在网络上的通信信息，以发现受害系统的网上异常行为，特别是一些隐蔽的网络攻击，如远控木马、窃密木马、网络蠕虫、勒索病毒等

B．系统自身监测的目的主要在于掌握受害系统的当前活动状态，以确认入侵者在受害系统的操作

C. 可以用 netstat 命令、TCPView、HTTPNetworkSniffer 等显示当前受害机器的网络监听程序及网络连接

D. Linux 的 ps 命令可用于受害系统的网络通信状态监测

■ 试题分析 Linux 的 ps 命令可用于受害系统的操作系统进程活动状态监测。

■ 参考答案 D

23.5 计算机取证

知识点综述

计算机取证是将计算机调查和分析技术应用于对潜在的、有法律效力的证据的确定和提取。计算机取证在打击计算机和网络犯罪中的作用十分关键，它的目的是将犯罪者留在计算机中的“痕迹”作为有效的诉讼证据提供给法庭。本节知识点包含电子证据、电子证据的合法性认定、电子取证步骤、计算机取证常用工具等。

参考题型

● 计算机取证是将计算机调查和分析技术应用于对潜在的、有法律效力的证据的确定和提取。以下关于计算机取证的描述中，错误的是__（1）__。

A. 计算机取证包括对磁介质编码信息方式存储的计算机证据的保护、确认提取和归档

B. 计算机取证围绕电子证据进行，电子证据具有高科技性、无形性和易破坏性等特点

C. 计算机取证包括保护目标计算机系统、确定收集和保存电子证据，必须在开机状态下进行

D. 计算机取证是一门在犯罪进行过程中或之后收集证据的技术

■ 试题分析 计算机取证是扫描和破解计算机系统，重建入侵事件的过程。但并不要求一定处于开机状态。

■ 参考答案 （1）C

● 计算机取证主要是对电子证据的获取、分析、归档和描述的过程，而电子证据需要在法庭上作为证据展示，进行计算机取证时应当充分考虑电子证据的真实性和电子证据的证明力，除了相关准备之外，计算机取证步骤通常不包括__（2）__。

A. 保护目标计算机系统　　B. 确定电子证据

C. 收集电子数据、保护电子证据　　D. 清除恶意代码

■ 试题分析 计算机取证就是获取、分析、归档、保存和描述电子证据的过程，最后电子证据会作为证据，在法庭上展示。

计算机取证的步骤通常包括：准备好工具、文档等，保护目标计算机系统，确定电子证据，收集电子证据，保护电子证据。

■ 参考答案 （2）D

● 计算机取证主要围绕电子证据进行，电子证据必须是可信、准确、完整、符合法律法规的。电子证据不能够肉眼直接可见，必须借助适当的工具的性质是指电子证据的__（3）__。

A．高科技性　　B．易破坏性　　C．无形性　　D．机密性

■ **试题分析**　电子证据必须是可信、准确、完整、符合法律法规的，同时电子证据和传统证据不同，具有高科技性、无形性、易破坏性等特点。

1）高科技性：指电子证据的产生、储存和传输，都必须借助于计算机技术、存储技术、网络技术等，离开了相应技术设备，电子证据就无法保存和传输。

2）无形性：指电子证据肉眼不能够直接可见的，必须借助适当的工具。

3）易破坏性：指电子证据很容易被篡改、删除。计算机取证要解决的关键问题是电子物证如何收集、如何保护、如何分析和如何展示。

■ **参考答案**　（3）C

第24章 安全测评

本章考点知识结构图如图 24-0-1 所示。

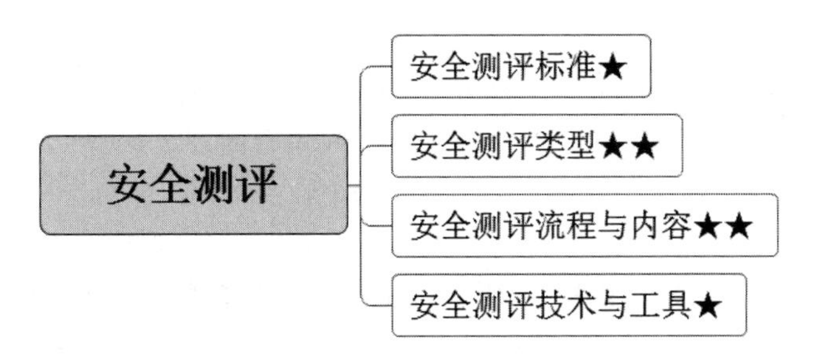

图 24-0-1　考点知识结构图

24.1　安全测评标准

知识点综述

本节知识点包含国内、国际的安全测评标准等。

参考题型

● 下列四个选项中，________不属于密码测评相关标准。

A.《可信计算 可信密码模块接口符合性测试规范》（GM/T 0013—2021）

B.《密码模块安全要求》（GM/T 0028—2014）

C.《证书认证系统检测规范》（GM/T 0037—2014）

D.《信息安全技术 信息安全风险评估规范》（GB/T 20984—2022）

■ **试题分析** 密码测评相关标准包括《安全芯片密码检测准则》（GM/T 0008—2012）、《可信计算 可信密码模块接口符合性测试规范》（GM/T 0013—2021）、《密码模块安全要求》（GM/T 0028—2014）、《证书认证系统检测规范》（GM/T 0037—2014）、《服务器密码机技术规范》（GM/T 0030—2014）、《基于角色的授权管理与访问控制技术规范》（GM/T 0032—2014）、《密码模块安全检测要求》（GM/T 0039—2015）、《数字证书互操作检测规范》（GM/T 0043—2015）、《金融数据密码机检测规范》（GM/T 0046—2016）等。

《信息安全技术 信息安全风险评估规范》（GB/T 20984—2022）、《信息安全技术 信息安全风险评估实施指南》（GB/T 31509—2015）、《信息安全技术 信息安全风险处理实施指南》（GB/T 33132—2016）属于风险评估相关标准。

■ **参考答案** D

24.2 安全测评类型

知识点综述

本节知识点包含基于测评目标、基于测评内容、基于实施方式、基于测评对象保密性的安全测评类型等。

参考题型

- 基于实施方式分类，安全测评可以分为安全功能检测、安全管理检测、代码安全审查、安全渗透测试、信息系统攻击测试。__（1）__属于代码安全审查的方法。

  A．现场访谈调研与查看　　B．社会工程

  C．口令分析工具　　D．静态安全扫描

■ **试题分析** 代码安全审查方法包含静态安全扫描、审查等。安全管理检测和安全功能检测方法包含现场访谈调研与查看、文档审查、社会工程等。安全渗透测试方法包含各类扫描工具、口令分析工具等。

■ **参考答案** （1）D

- 目前，信息系统安全等级测评采用的是__（2）__标准版本。

  A．1.0　　B．2.0

  C．3.0　　D．4.0

■ **试题分析** 目前，信息系统安全等级测评采用的是 2.0 标准版本。

■ **参考答案** （2）B

24.3 安全测评流程与内容

知识点综述

本节知识点包含安全测评过程、安全测评的内容、渗透测试流程、安全渗透测试分类等。

参考题型

● 下面四个选项中，________不属于《信息安全技术 网络安全等级保护测评过程指南》（GB/T 28449—2018）中安全测评过程的活动。

A．测评准备 B．方案编制

C．管理安全测评 D．编制报告

■ **试题分析** 依据《信息安全技术 网络安全等级保护测评过程指南》(GB/T 28449—2018)，安全测评的过程包含**测评准备**、**方案编制**、**现场测评**、**编制报告**四个活动。

■ **参考答案** C

24.4 安全测评技术与工具

知识点综述

本节知识点包含漏洞扫描、安全渗透测试、代码安全审查、协议分析（例如Tcpdump、Wireshark等）、性能测试等工具。

参考题型

● 黑盒测试也称为功能测试。黑盒测试不能发现________。

A．终止性错误 B．输入是否正确接收

C．界面是否有误 D．是否存在冗余代码

■ **试题分析** 黑盒测试把被测试的对象看成一个黑盒，测试时完全不用考虑对象程序的内部结构、处理过程，利用软件接口进行测试。黑盒测试不会分析程序代码，所以无法发现是否存在冗余代码。

■ **参考答案** D

第25章 信息安全管理

本章考点知识结构图如图 25-0-1 所示。

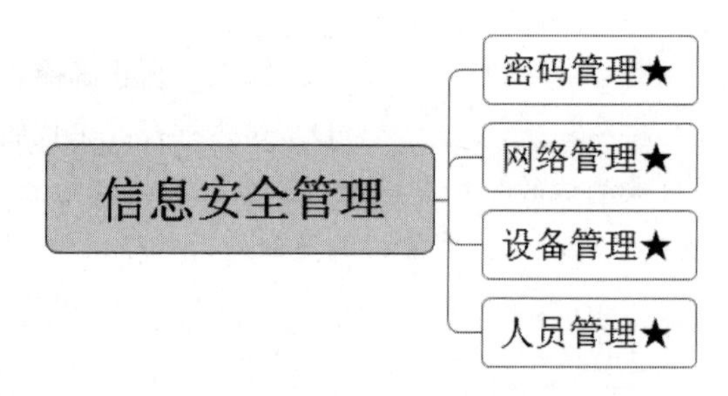

图 25-0-1　考点知识结构图

信息安全管理是维护信息安全的体制，是对信息安全保障进行指导、规范的一系列活动和过程。**信息安全管理体系**是组织在整体或特定范围内建立的信息安全方针和目标，以及所采用的方法和手段所构成的体系。该体系包含**密码管理、网络管理、设备管理、人员管理**。

25.1　密码管理

知识点综述

密码技术是保护信息安全的最有效手段，也是保护信息安全的最关键技术。考试涉及的密码管理政策有《商用密码管理条例》《电子认证服务密码管理办法》《证书认证系统密码及其相关安全技术规范》《商用密码科研管理规定》《商用密码产品生产管理规定》《商用密码产品销售管理规定》《信息安全技术 可信计算密码支撑平台功能与接口规范》等。

参考题型

- 国家密码管理局于 2006 年 1 月 6 日发布公告，公布了“无线局域网产品须使用的系列密码算法”包括__（1）__对称密码算法；__（2）__密钥协商算法。

（1）A．SMS4　　B．ECDSA　　C．ECDH　　D．SHA-256

（2）A．SMS4　　B．ECDSA　　C．ECDH　　D．SHA-256

■ **试题分析** 国家密码管理局公布了“无线局域网产品须使用的系列密码算法”，包括：

1）对称密码算法：SMS4。

2）签名算法：ECDSA。

3）密钥协商算法：ECDH。

4）杂凑算法：SHA-256。

5）随机数生成算法：自行选择。

其中，ECDSA 和 ECDH 密码算法须采用国家密码管理局指定的椭圆曲线和参数。

■ **参考答案** （1）A　（2）C

25.2　网络管理

知识点综述

网络管理是对网络进行有效而安全的监控、检查。网络管理的任务就是检测和控制。

参考题型

- 网络管理最大的特点是对网络组成成分管理的统一性和远程性。为了保证网络传输性能和安全，网管体系应包含__（1）__四个方面。

A．协议、表示、安全、对象　　B．网络、设备、交易、协议

C．协议、设备、管理者、被管理者　　D．协议、对象、设备、操作者

■ **试题分析** 网络管理体系结构应该包括以下四个方面：

1）协议：以 SNMP 协议为主。

2）表示：主要是面向对象表示法，如 SNMP 的 ASN.1 定义方法等。

3）安全：指管理者和被管理者之间的加密、认证协议。

4）对象：包括设备、各种协议、业务和交易过程。

■ **参考答案** （1）A

- SNMP 采用 UDP 提供的数据报服务传递信息，这是由于__（2）__。

A．UDP 比 TCP 更加可靠

B．UDP 数据报文可以比 TCP 数据报文大

C．UDP 是面向连接的传输方式

D．UDP 实现网络管理的效率较高

■ **试题分析** SNMP 采用 UDP 提供的数据报服务传递信息，这是由于 UDP 传输数据效率高。

■ 参考答案　（2）A

- 以下不属于网络设备提供的SNMP访问控制措施的是__（3）__。

  A．SNMP权限分级机制

  B．限制SNMP访问的IP地址

  C．SNMP访问认证

  D．关闭SNMP访问

■ 试题分析　为避免攻击者利用Read-only SNMP或Read/Write SNMP对网络设备进行危害操作，网络设备提供了SNMP访问安全控制措施，包括SNMP访问认证、限制SNMP访问的IP地址、关闭SNMP访问。

■ 参考答案　（3）A

25.3　设备管理

知识点综述

设备管理包含设备的选型、安装、调试、安装与维护、登记与使用、存储管理等。

参考题型

- __（1）__不是信息系统采用有关信息安全技术措施和采购相应的安全设备时，应遵循的原则。

  A．采用境外的信息安全产品时，该产品须通过国家信息安全测评机构的认可

  B．严禁直接使用境外的密码设备

  C．严禁使用未经国家密码管理部门批准和未通过国家信息安全质量认证的国内密码设备

  D．严禁使用未经国家信息安全测评机构认可的信息安全产品

■ 试题分析　尽量避免直接使用境外的密码设备，必须采用境外的信息安全产品时，该产品须通过国家信息安全测评机构的认可。

■ 参考答案　（1）B

- 设备使用和维护需要严格按照预先制定的信息系统安全管理规定。__（2）__不属于安全的设备维护的原则。

  A．应根据设备的资质情况及系统的可靠性等级，制订相关的预防性维护维修计划

  B．对系统进行设备维护维修时应采取相关的数据保护措施

  C．对维护维修的情况进行记录并有专人管理

  D．对折旧设备的处理或严重故障无法维修的设备处理，直接报废处理

■ 试题分析　对折旧设备的处理或严重故障无法维修的设备处理，须由专业人士或机构对其进行鉴定，并对其中的敏感数据进行处理、登记，提出报告和处理意见报管理机构备案和批准后方可进行报废处理。

■ 参考答案　（2）D

25.4 人员管理

知识点综述

人员管理应该包含全面提升管理人员的业务素质、职业道德和思想素质。网络安全管理人员首先应该通过安全意识、法律意识、管理技能等多方面的审查；之后要对所有相关人员进行适合的安全教育培训。

安全教育对象不仅仅包含网络管理员，还应该包含用户、管理者、工程实施人员、研发人员、运维人员等。

安全教育培训内容包含法规教育、安全技术教育（包括加密技术、防火墙技术、入侵检测技术、漏洞扫描技术、备份技术、计算机病毒防御技术和反垃圾邮件技术、风险防范措施和技术等）和安全意识教育（包括了解组织安全目标、安全规定与规则、安全相关法律法规等）。

参考题型

● 以下有关信息安全管理员职责的叙述，不正确的是__（1）__。

A．信息安全管理员应该对网络的总体安全布局进行规划

B．信息安全管理员应该对信息系统安全事件进行处理

C．信息安全管理员应该负责为用户编写安全应用程序

D．信息安全管理员应该对安全设备进行优化配置

■ **试题分析** 信息安全管理员应该对网络的总体安全布局进行规划，对信息系统安全事件进行处理，对安全设备进行优化配置等。

■ **参考答案** （1）C

● 对于提高人员安全意识和安全操作技能来说，以下所列的安全管理方法最有效的是__（2）__。

A．安全检查　　B．安全教育和安全培训

C．安全责任追究　　D．安全制度约束

■ **试题分析** 对于提高人员安全意识和安全操作技能来说，在以上所有选项涉及的安全管理方法中，最有效的是安全教育和安全培训。

■ **参考答案** （2）B

● 以下关于人员管理的说法，不正确的是__（3）__。

A．因人造成的信息安全威胁，往往是因为安全意识淡薄，不理解安全方针或者专业技能不足等原因造成的

B．安全教育信息安全人员管理的对象主要包含系统研发和维护人员、一般用户、工程人员等，但不会涉及信息安全相关的所有人员

C．信息安全教育和培训的具体内容和要求因对象不同而不同，主要包括法规教育、安全技术教育和安全意识教育等

D. 安全意识教育主要包括组织信息安全方针与控制目标；安全职责、安全程序及安全管理规章制度；适用的法律法规；防范恶意软件以及其他与安全有关的内容等

■ 试题分析 信息安全人员管理的安全教育对象，应当包含信息安全相关的所有人员，可能包含领导和管理人员、信息系统的工程技术人员（包括系统研发和维护人员）、一般用户和其他相关人员等。

■ 参考答案 （3）B

- 人员安全管理按受聘前、在聘中、离职三个时间段来实施。其中__（4）__属于离职管理的内容。

A. 考查教育、工作背景　　B. 签订保密协议、进行定期考核和评价

C. 收回权限　　D. 考查信用记录、犯罪记录等背景

■ 试题分析 人员安全管理按受聘前、在聘中、离职三个时间段来实施。

1）受聘前：考查教育、工作、信用记录、犯罪记录等背景。

2）在聘中：签订保密协议，并实施访问控制、进行定期考核和评价。

3）离职：离职谈话，收回权限，签订离职协议。

■ 参考答案 （4）C

第26章 信息系统安全

本章考点知识结构图如图 26-0-1 所示。

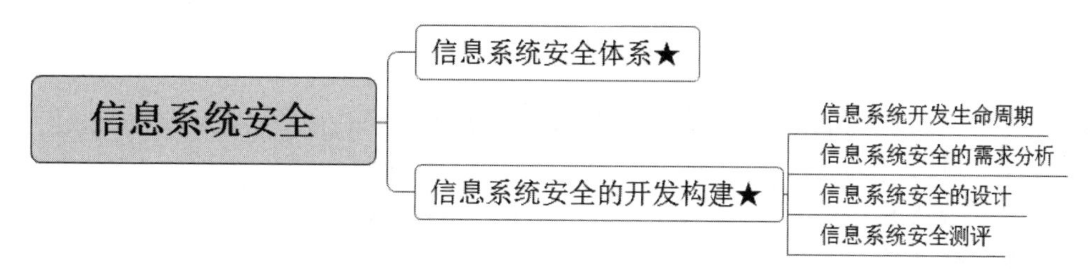

图 26-0-1　考点知识结构图

26.1　信息系统安全体系

知识点综述

本节知识点包含信息系统安全体系框架等。信息系统安全体系框架（Information Systems Security Architecture，ISSA）如图 26-1-1 所示。

参考题型

● 一个全局的安全框架必须包含的安全结构因素是__（1）__。

A．审计、完整性、保密性、可用性　　B．审计、完整性、身份认证、保密性、可用性

C．审计、完整性、身份认证、可用性　　D．审计、完整性、身份认证、保密性

■ **试题分析**　一个全局的安全框架必须包含的安全结构因素是审计、完整性、身份认证、保密性、可用性。

■ **参考答案**　（1）B

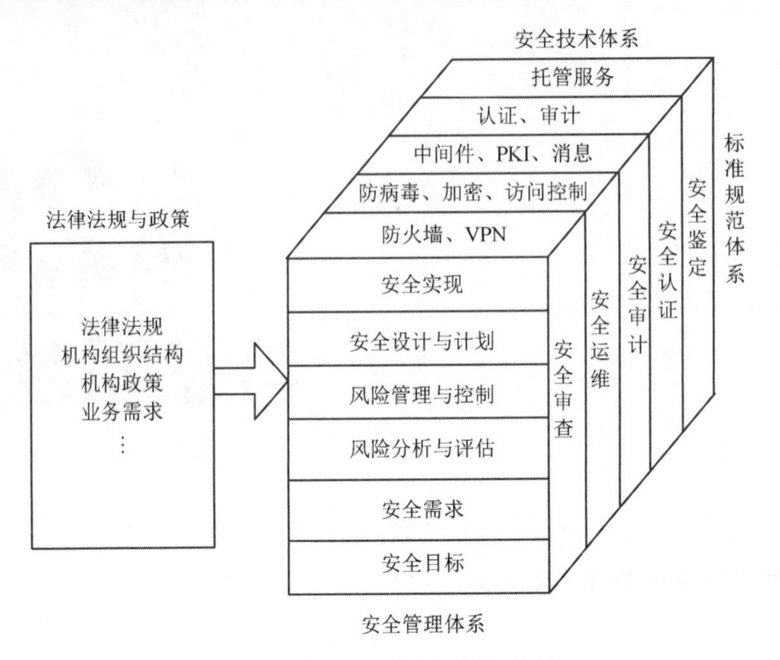

图 26-1-1　信息系统安全体系框架

● 系统安全的研究大致可以分为基础理论研究、应用技术研究、安全管理研究等。__（2）__不属于安全管理研究。

A．安全实现技术　　B．安全标准研究

C．安全策略研究　　D．安全测评研究

■ 试题分析 计算机系统安全是一门交叉学科，涉及多方面的理论和应用知识。除了数学、通信、计算机等自然科学外，还涉及法律、心理学等社会科学。对系统安全的研究大致可以分为基础理论研究、应用技术研究、安全管理研究等。

基础理论研究包括密码研究、安全理论研究；应用技术研究包括安全实现技术、安全平台技术研究；安全管理研究包括安全标准、安全策略、安全测评等。

■ 参考答案 （2）A

● 美国国家标准与技术研究院 NIST 发布了《提升关键基础设施网络安全的框架》，该框架定义了五种核心功能：识别（Identify）、保护（Protect）、检测（Detect）、响应（Respond）、恢复（Recover），每个功能对应具体的子类。其中，访问控制子类属于__（3）__功能。

A．识别　　B．保护

C．检测　　D．响应

■ 试题分析 保护（Protect）是指制定和实施合适的安全措施，确保能够提供关键基础设施服务，类型包括：访问控制、意识和培训、数据安全、信息保护流程和规程、维护、保护技术等。

■ 参考答案 （3）B

26.2 信息系统安全的开发构建

知识点综述

本节知识点包含信息系统开发生命周期、信息系统安全的需求分析、信息系统安全的设计、信息系统安全测评等。

参考题型

- 信息系统安全测评方法中模糊测试是一种黑盒测试技术，它将大量的畸形数据输入到目标程序中，通过监测程序的异常来发现被测程序中可能存在的安全漏洞。关于模糊测试，以下说法错误的是__（1）__。

  A．与白盒测试相比，具有更好的适用性

  B．模糊测试是一种自动化的动态漏洞挖掘技术，不存在误报，也不需要人工进行大量的逆向分析工作

  C．模糊测试不需要程序的源代码就可以发现问题

  D．模糊测试受限于被测系统的内容实现细节和复杂度

■ **试题分析** 模糊测试属于软件测试中的黑盒测试，是一种通过向目标系统提供非预期的输入并监视异常结果来发现软件漏洞的方法。模糊测试不需要程序的代码就可以发现问题。

■ **参考答案** （1）D

- 以下不属于代码静态分析的方法是__（2）__。

  A．内存扫描　　B．模式匹配

  C．定理证明　　D．模型检测

■ **试题分析** 代码静态分析的方法包括模式匹配、定理证明、模型检测等，不包括内存扫描。

■ **参考答案** （2）A

第27章 案例分析

27.1 密码学概念题

试题一（共15分）

阅读下列说明，回答问题1至问题3，将解答填入答题纸的对应栏内。

【说明】

研究密码编码的科学称为密码编码学，研究密码破译的科学称为密码分析学，密码编码学和密码分析学共同组成密码学。密码学作为信息安全的关键技术，在信息安全领域有着广泛的应用。

【问题1】（9分）

密码学的安全目标至少包括哪三个方面？这三方面的具体内涵是什么？

【问题2】（3分）

指出下列违规安全事件分别违反了安全目标中的哪些项。

（1）小明抄袭了小丽的家庭作业。

（2）小明私自修改了自己的成绩。

（3）小李窃取了小刘的学位证号码、登录口令信息，并通过学位信息系统更改了小刘的学位信息记录和登录口令，将系统中小刘的学位信息用一份伪造的信息替代，造成小刘无法访问学位信息系统。

【问题3】（3分）

现代密码体制的安全性通常取决于密钥的安全，为了保证密钥的安全，密钥管理包括哪些技术问题？

试题分析

略。

参考答案

【问题1】

密码学的安全目标包括保密性、完整性、可用性。

（1）保密性，确保信息仅被合法用户访问，而不泄露给非授权的用户。

（2）完整性，所有资源只能由授权方或者以授权方式进行修改。

（3）可用性，所有资源在适当的时候可以由授权方访问。

【问题2】

（1）保密性。

（2）完整性。

（3）保密性、完整性、可用性。

【问题3】

密钥管理包括密钥的产生、存储、分配、组织、使用、停用、更换、销毁等一系列技术问题。

试题二（共11分）

阅读下列说明，回答题1至问题3，将解答填入答题纸的对应栏内。

【说明】

安全目标的关键是实现安全的三大要素：机密性、完整性和可用性。对于一般性的信息类型的安全分类有以下表达形式：

{（机密性，影响等级），（完整性，影响等级），（可用性，影响等级）}

在上述表达式中，“影响等级”的值可以取为低（L）、中（M）、高（H）三级以及不适用（NA）。

【问题1】（6分）

请简要说明机密性、完整性和可用性的含义。

【问题2】（2分）

对于影响等级“不适用”通常只针对哪个安全要素？

【问题3】（3分）

如果一个普通人在他的个人Web服务器上管理其公开信息。请问这种公开信息的安全分类是什么？

试题分析

【问题1】

需要答题者能掌握和理解机密性、完整性和可用性的含义。答对意思就能得分。

【问题2】

“不适用”通常针对机密性。对于公开的信息，机密性没有意义，所以机密性在公开信息类型中并不适用。

而完整性和可用性总是可以对应一个影响等级（低、中、高）的。

【问题 3】

（1）机密性：公开且放个人 Web 服务器上的信息，不需要机密性，因此分类为（机密性，NA）。

（2）完整性：公开且放个人 Web 服务器上的信息，其完整性分类为（完整性，M）。

（3）可用性：公开且放个人 Web 服务器上的信息，其可用性分类为（可用性，M）。

而公开的实时的股票信息，则完整性和可用性就需要非常高。因此安全分类可表述为：

{（机密性，NA）、（完整性，H）、（可用性，H）}

参考答案

【问题 1】

（1）机密性：确保信息未经非授权的访问，避免信息泄露。

（2）完整性：防止信息被非法修改和毁坏，包括保证信息的不可抵赖性和真实性。

（3）可用性：保证信息及时且可靠的访问和使用。

【问题 2】

机密性。

【问题 3】

{（机密性，NA）、（完整性，M）、（可用性，M）}

试题三（共 13 分）

阅读下列说明和表，回答问题 1 至问题 3，将解答填入答题纸的对应栏内。

【说明】

密码学作为信息安全的关键技术，在信息安全领域有着广泛的应用。密码学中，根据加密和解密过程所采用密钥的特点可以将密码算法分为两类：对称密码算法和非对称密码算法。此外，密码技术还用于信息鉴别、数据完整性检验、数字签名等。

【问题 1】（6 分）

信息安全的基本目标包括真实性、保密性、完整性、不可否认性、可控性、可用性、可审查性等。密码学的三大安全目标 C、I、A 分别表示什么？

【问题 2】（5 分）

仿射密码是一种典型的对称密码算法。仿射密码体制的定义如下：

令明文和密文空间 $M=C=Z_{26}$，密钥空间

$$K=\{(k_1, k_2)\in Z_{26}\times Z_{26}: \gcd(k_1,26)=1\}$$

对任意的密钥 key=$\{(k_1, k_2)\in k，x\in M，y\in C\}$，定义加密和解密的过程如下：

加密：$e_{key}(x)=(k_1x+k_2)\bmod 26$

解密：$d_{key}(y)=k_1^{-1}(y-k_2)\bmod 26$

其中，k_1^{-1} 表示 k_1 在 Z_{26} 中的乘法逆元，即 k_1^{-1} 乘以 k_1 对 26 取模等于 1，$\gcd(k_1,26)=1$ 表示 k_1

与 26 互素。

设已知仿射密码的密钥 Key=(11,3)，英文字符和整数之间的对应关系见表 27-1-1。

表 27-1-1 试题用表

英文字符	A	B	C	D	E	F	G	H	I	J	K	L	M
整数	00	01	02	03	04	05	06	07	08	09	10	11	12
英文字符	N	O	P	Q	R	S	T	U	V	W	X	Y	Z
整数	13	14	15	16	17	18	19	20	21	22	23	24	25

（1）整数 11 在 Z_{26} 中的乘法逆元是多少？

（2）假设明文消息为“SEC”，相应的密文消息是什么？

【问题 3】（2 分）

根据表 27-1-1 的对应关系，仿射密码中，如果已知明文“E”对应密文“C”，明文“T”对应密文“F”，则相应的 Key=(k_1, k_2)等于多少？

试题分析

【问题 1】

相关知识点解释参见《信息安全工程师 5 天修炼（第二版）》（施游 朱小平编著，中国水利水电出版社，2021 年版）的密码学基本概念部分。密码学的安全目标至少包含三个方面：

（1）**保密性（Confidentiality）**：信息仅被合法用户访问（浏览、阅读、打印等），不被泄露给非授权的用户、实体或过程。

提高保密性的手段有防侦察、防辐射、数据加密、物理保密等。

（2）**完整性（Integrity）**：资源只有授权方或以授权的方式进行修改，所有资源没有授权则不能修改。保证数据完整性，就是保证数据不能被偶然或者蓄意地编辑（修改、插入、删除、排序）或者攻击（伪造、重放）。

影响完整性的因素有故障、误码、攻击、病毒等。

（3）**可用性（Availability）**：资源只有在适当的时候被授权方访问，并按需求使用。

【问题 2】

求 A 关于模 N 的逆元 B，即求整数 B，使得 A × B mod N = 1（要求 A 和 N 互素）。

首先，对余数进行辗转相除。

对余数进行辗转相除的方法如下：

$N = A \times a_0 + r_0$

$A = r_0 \times a_1 + r_1$

$r_0 = r_1 \times a_2 + r_2$

$r_1 = r_2 \times a_3 + r_3$

…

$r_{n-2} = r_{n-1} \times a_n + r_n$

$r_{n-1}=r_{n-2}\times a_{n+1}+0$

然后，对商数 a_i(i=0,…,n)逆向排列(不含余数为 0 的商数 a_{i+1})，并按下列方法生成 b_i(i=−1,…,n)。

$b_{-1}=1$

$b_0=a_n$

$b_i=a_{n-i}\times b_{i-1}+b_{i-2}$

a_i 的逆向排列与 b_i 的生成过程如图 27-1-1 所示。

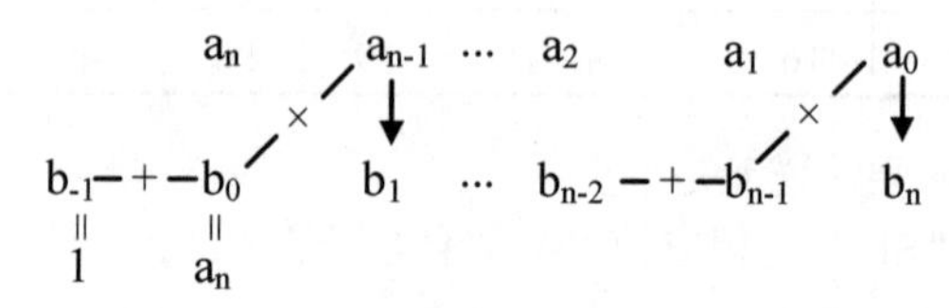

图 27-1-1 对商数 a_i 逆向排列与 b_i 的生成过程

最后：

- 如果 $a_0,\cdots,a_n$ 为偶数个数，则 b_n 即为所求的逆元 B。
- 如果 $a_0,\cdots,a_n$ 为奇数个数，则 N–b_n 即为所求的逆元 B。

（1）题目告知，由于 k_1^{-1} 表示 k_1 在 Z_{26} 中的乘法逆元，即 k_1^{-1} 乘以 k_1 对 26 取模等于 1，gcd(k_1,26)=1 表示 k_1 与 26 互素。其中 k_1=11，实际上就是求 11 关于模 26 的逆元。解法如下：

1）对余数进行辗转相除。

$$26=11\times2+4$$

$$11=4\times2+3$$

$$4=3\times1+1$$

$$3=1\times3+0$$

2）对商数逆向排列（不含余数为 0 的商数）。

```
            1       2      2
               ×    ↓  ×   ↓
1 — + — 1           3 ——— 7
‖       ‖
1       1
```

由于 $a_0,\cdots,a_n$ 为奇数个数，因此 26-7=19 即为 11 关于模 26 的逆元。

（2）定义加密和解密的过程如下：

由于加密过程：$e_{key}(x)=(k_1x+k_2)\bmod 26$，而密钥 Key=(11,3)，所以 k_1=11，k_2=3。

把 SEC 对应的值 18、4、2 分别代入 x，可以算出结果。

(11×18+3) mod 26=19，查表得到 T；这个过程中，mod 求余运算具体如下：

```
       7
26 ) 201
     182
     ---
      19   余数
```

$(11\times4+3) \bmod 26=21$，查表得到 V；

$(11\times2+3) \bmod 26=25$，查表得到 Z。

【问题 3】

根据表 27-1-1 可以得到，明文 E=4、T=19；对应的密文 C=2、F=5。

代入加密过程：$e_{key}(x)=(k_1x+k_2) \bmod 26$ 可以得到方程组：

$$(k_1 4+k_2) \bmod 26=2;$$
$$(k_1 19+k_2) \bmod 26=5;$$

求解可得，$k_1=21$，$k_2=22$。

参考答案

【问题 1】保密性、完整性、可用性。

【问题 2】（1）19　（2）TVZ

【问题 3】$k_1=21$；$k_2=22$。

27.2 安全工具与设备配置题

试题一（共 19 分）

阅读下列说明和图，回答问题 1 至问题 3，将解答填入答题纸的对应栏内。

【说明】

防火墙是一种广泛应用的网络安全防御技术，它阻挡对网络的非法访问和不安全的数据传递，保护本地系统和网络免于受到安全威胁。

防火墙的体系结构如图 27-2-1 所示。

【问题 1】（6 分）

防火墙的体系结构主要有：

（1）双重宿主主机体系结构。

（2）（被）屏蔽主机体系结构。

（3）（被）屏蔽子网体系结构。

请简要说明这三种体系结构的特点。

【问题 2】（5 分）

（1）图 27-2-1 描述的是哪一种防火墙的体系结构？

（2）其中内部包过滤器和外部包过滤器的作用分别是什么？

【问题 3】（8 分）

设图 27-2-1 中外部包过滤器的外部 IP 地址为 10.20.100.1，内部 IP 地址为 10.20.100.2；内部包过滤器的外部 IP 地址为 10.20.100.3，内部 IP 地址为 192.168.0.1，DMZ 中 Web 服务器 IP 为 10.20.100.6，SMTP 服务器 IP 为 10.20.100.8。

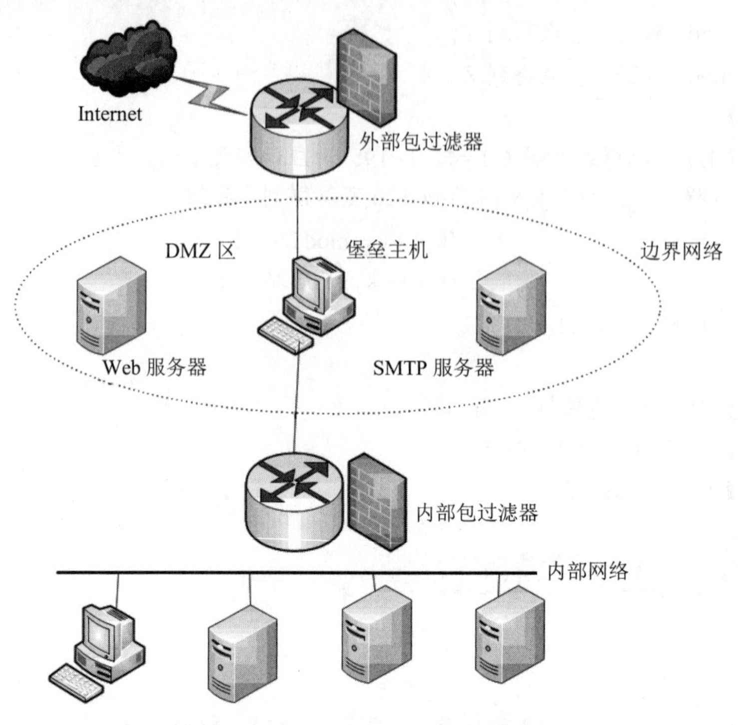

图 27-2-1　某种防火墙体系结构图

关于包过滤器，要求实现以下功能：不允许内部网络用户访问外网和 DMZ，外部网络用户只允许访问 DMZ 中的 Web 服务器和 SMTP 服务器。内部包过滤器规则见表 27-2-1。请完成外部包过滤器规则表 27-2-2，将对应空缺表项的答案填入答题纸对应栏内。

表 27-2-1　内部包过滤器规则

规则号	协议	源地址	目的地址	源端口	目的端口	动作	方向
1	*	*	*	*	*	拒绝	*

表 27-2-2　外部包过滤器规则

规则号	协议	源地址	目的地址	源端口	目的端口	动作	方向
1	TCP	*	10.20.100.6	>1024	80	允许	入
2	TCP	10.20.100.6	*	80	>1024	允许	出
3	TCP	（1）	（2）	>1024	25	允许	入
4	TCP	（3）	（4）	25	>1024	允许	出
5	（5）	（6）	*	>1024	53	允许	入
6	（7）	*	（8）	53	>1024	允许	出
7	*	*	*	*	*	拒绝	*

试题分析

【问题 1】

双重宿主主机体系结构：以一台双重宿主主机作为防火墙系统的主体，执行分离外部网络与内部网络的任务。

（被）屏蔽主机体系结构：通过一个单独的路由器和内部网络上的堡垒主机共同构成防火墙，主要通过数据包过滤实现内外网络的隔离和对内网的保护。

（被）屏蔽子网体系结构：由两台路由器包围起来的周边网络，并且将容易受到攻击的堡垒主机都置于这个周边网络中。其主要由四个部件构成，分别为：周边网络、外部路由器、内部路由器以及堡垒主机。

【问题 2】

略。

【问题 3】

依据题意，防火墙应该设置 Web 端口 80、SMTP 端口 25 的访问控制规则。由于访问网站需要使用 DNS，所以还需要额外设定端口 53 的访问规则。

参考答案

【问题 1】

双重宿主主机体系结构：以一台双重宿主主机作为防火墙系统的主体，执行分离外部网络与内部网络的任务。

（被）屏蔽主机体系结构：通过一个单独的路由器和内部网络上的堡垒主机共同构成防火墙，主要通过数据包过滤实现内外网络的隔离和对内网的保护。

（被）屏蔽子网体系结构：由两台路由器包围起来的周边网络，并且将容易受到攻击的堡垒主机都置于这个周边网络中。

【问题 2】

（1）屏蔽子网体系结构。

（2）内部包过滤器作用：内部包过滤器用于隔离周边网络和内部网络，是屏蔽子网体系结构的第二道屏障。在其上设置了针对内部用户的访问过滤规则，规则主要对内部用户访问周边网络和外部网络进行限制。

外部包过滤器作用：外部包过滤器用于保护周边网络和内部网络，是屏蔽子网体系结构的第一道屏障。在其上设置了对周边网络和内部网络进行访问的过滤规则，规则主要针对外网用户。

【问题 3】

（1）* （2）10.20.100.8

（3）10.20.100.8 （4）*

（5）UDP （6）10.20.100.*

（7）UDP （8）10.20.100.*

试题二（共 20 分）

阅读下列说明，回答问题 1 至问题 7，将解答填入答题纸的对应栏内。

【说明】

扫描技术是网络攻防的一种重要手段，在攻和防当中都有其重要意义。nmap 是一个开放源码的网络扫描工具，可以查看网络系统中有哪些主机在运行以及哪些服务是开放的。nmap 工具的命令选项：sS 用于实现 SYN 扫描，该扫描类型是通过观察开放端口和关闭端口对探测分组的响应来实现端口扫描的。

请根据图 27-2-2 回答下列问题。

No.	Source	Destination	Info
97	192.168.220.129	192.168.220.1	64442→143 [SYN] Seq=0 Win=1024 Len=0 MSS=1460
100	192.168.220.1	192.168.220.129	143→64442 [RST, ACK] Seq=1 Ack=1 Win=0 Len=0
101	192.168.220.129	192.168.220.1	64442→135 [SYN] Seq=0 Win=1024 Len=0 MSS=1460
102	192.168.220.1	192.168.220.129	135→64442 [SYN, ACK] Seq=0 Ack=1 Win=8192 Len
103	192.168.220.129	192.168.220.1	64442→135 [RST] Seq=1 Win=0 Len=0
104	192.168.220.129	192.168.220.1	64442→139 [SYN] Seq=0 Win=1024 Len=0 MSS=1460
105	192.168.220.1	192.168.220.129	139→64442 [SYN, ACK] Seq=0 Ack=1 Win=8192 Len
106	192.168.220.129	192.168.220.1	64442→139 [RST] Seq=1 Win=0 Len=0
107	192.168.220.129	192.168.220.1	64442→133 [SYN] Seq=0 Win=1024 Len=0 MSS=1460
108	192.168.220.1	192.168.220.129	133→64442 [RST, ACK] Seq=1 Ack=1 Win=0 Len=0
109	192.168.220.129	192.168.220.1	64442→146 [SYN] Seq=0 Win=1024 Len=0 MSS=1460
110	192.168.220.1	192.168.220.129	146→64442 [RST, ACK] Seq=1 Ack=1 Win=0 Len=0
111	192.168.220.129	192.168.220.1	64442→150 [SYN] Seq=0 Win=1024 Len=0 MSS=1460
112	192.168.220.1	192.168.220.129	150→64442 [RST, ACK] Seq=1 Ack=1 Win=0 Len=0
113	192.168.220.129	192.168.220.1	64442→130 [SYN] Seq=0 Win=1024 Len=0 MSS=1460
114	192.168.220.1	192.168.220.129	130→64442 [RST, ACK] Seq=1 Ack=1 Win=0 Len=0
115	192.168.220.129	192.168.220.1	64442→138 [SYN] Seq=0 Win=1024 Len=0 MSS=1460
116	192.168.220.1	192.168.220.129	138→64442 [RST, ACK] Seq=1 Ack=1 Win=0 Len=0
117	192.168.220.129	192.168.220.1	64442→141 [SYN] Seq=0 Win=1024 Len=0 MSS=1460
118	192.168.220.1	192.168.220.129	141→64442 [RST, ACK] Seq=1 Ack=1 Win=0 Len=0
119	192.168.220.129	192.168.220.1	64442→140 [SYN] Seq=0 Win=1024 Len=0 MSS=1460
120	192.168.220.1	192.168.220.129	140→64442 [RST, ACK] Seq=1 Ack=1 Win=0 Len=0

图 27-2-2　试题用图

【问题 1】（2 分）

此次扫描的目标主机的 IP 地址是多少？

【问题 2】（2 分）

SYN 扫描采用的传输层协议名称是什么？

【问题 3】（2 分）

SYN 的含义是什么？

【问题 4】（4 分）

目标主机开放了哪几个端口？简要说明判断依据。

【问题 5】（3 分）

每次扫描有没有完成完整的三次握手？这样做的目的是什么？

【问题 6】（5 分）

补全表 27-2-3 所示的防火墙过滤器规则表中的空（1）～（5），达到防火墙禁止此类扫描流量进入和流出网络，同时又能允许网内用户访问外部网页服务器的目的。

表 27-2-3 防火墙过滤器规则

规则号	协议	源地址	目的地址	源端口	目的端口	ACK	动作
1	TCP	*	192.168.220.1/24	*	*	(4)	拒绝
2	TCP	192.168.220.1/24	*	> 1024	(3)	*	允许
3	(1)	192.168.220.1/24	*	> 1024	53	*	允许
4	UDP	*	192.168.220.1/24	53	> 1024	(5)	允许
5	(2)	*	*	*	*	*	拒绝

【问题 7】（2 分）

简要说明为什么防火墙需要在进出两个方向上对数据包进行过滤。

试题分析

【问题 1】

通常客户端首先向服务器发送 SYN 分组以便建立连接。目标服务器接收到 SYN 包后发回确认数据报文，该数据报文 ACK=1。

该题中，扫描主机发送 SYN 分组给目标主机（192.168.220.1），目标主机反馈 SYN、ACK 报文给扫描主机。

【问题 2】

同步（SYN）：TCP 协议的发起连接位，说明是 TCP 协议。

【问题 3】

同步（SYN）：同步信号，TCP 协议的发起连接位，是 TCP/IP 建立连接时使用的握手信号。

通常 TCP 连接使用的三次握手建立连接，客户机首先发出一个 SYN 消息，服务器使用 SYN+ACK 应答表示接收到了这个消息，最后客户机再以 ACK 消息响应。这样在客户机和服务器之间才能建立起可靠的 TCP 连接。

【问题 4】

判断依据：如果端口开放，目标主机会响应扫描主机的 SYN/ACK 连接请求；如果端口关闭，则目标主机向扫描主机发送 RST 的响应。

如果收到 RST/ACK 分组，表示该端口不在监听状态。客户端不管收到的是什么样的分组，都向发起方发送一个 RST/ACK 分组，表示该端口关闭。

【问题 5】

从题目来看，扫描机首先发出一个 SYN 连接，目标机使用 SYN+ACK 应答，而扫描机就返回 RST 终止了三次握手。

防火墙往往只记录成功的连接，而半连接的方式减少了对方主机或者防火墙记录这样的扫描行为。

【问题 6】

第 1 条规则，拒绝从外网向内网发送请求连接信息，所以 ACK=0。

第 2、3、4 条规则，配置允许内网用户访问外部网页服务器。

第 2 条规则，允许内网向外网服务器 80 端口发送的请求连接和应答信息，所以目的端口为 80。

第 3 条规则，允许内网向外网域名服务器发送的请求连接和应答信息，所以协议为 UDP。

第 4 条规则，允许外网域名服务器发往内网的应答信息，UDP 协议不关心 ACK，所以 ACK=*。

第 5 条规则，其他流量一律不允许进出内外部网络，所以协议为*。

【问题 7】

在进入方向过滤是为了防止被人攻击，而在出口方向过滤则是为了防止内部用户通过本网络对外攻击。

参考答案

【问题 1】192.168.220.1。

【问题 2】TCP 协议。

【问题 3】同步信号，是 TCP 建立连接时使用的握手信号。

【问题 4】（4 分，每答对一个端口给 1 分，判断依据正确给 2 分）

135 端口和 139 端口；如果端口开放，目标主机会响应扫描主机的 SYN/ ACK 连接请求。

【问题 5】

没有完成完整的三次握手。（1 分）

减少了对方主机或者防火墙记录这样的扫描行为。（2 分）

【问题 6】

（1）UDP　（2）*　（3）80　（4）0　（5）*

【问题 7】在进入方向过滤是为了防止被人攻击，而在出口方向过滤则是为了防止内部用户通过本网络对外攻击。

试题三（共 15 分）

阅读下列说明和图，回答问题 1 至问题 5，将解答填入答题纸的对应栏内。

【说明】

入侵检测系统（IDS）和入侵防护系统（IPS）是两种重要的网络安全防御手段，IDS 注重的是网络安全状况的监管，IPS 则注重对入侵行为的控制。

【问题 1】（2 分）

网络安全防护可以分为主动防护和被动防护，请问 IDS 和 IPS 分别属于哪种防护？

【问题 2】（4 分）

入侵检测是动态安全模型（P2DR）的重要组成部分。请列举 P2DR 模型的四个主要组成部分。

【问题 3】（2 分）

假如某入侵检测系统记录了如图 27-2-3 所示的网络数据包，请问图中的数据包属于哪种网络攻击？该攻击的具体名字是什么？

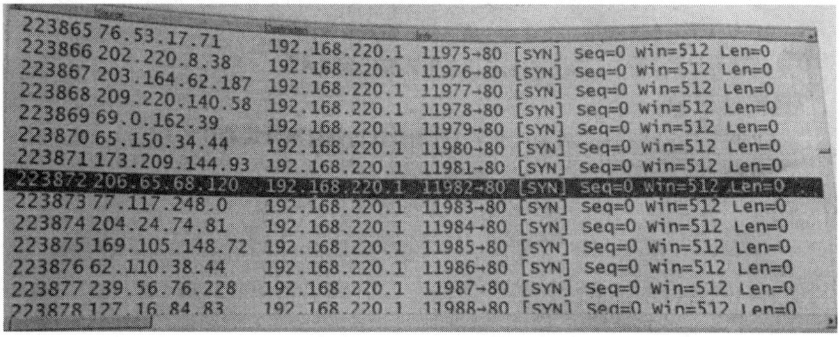

```
223865 76.53.17.71       192.168.220.1  11975→80 [SYN] Seq=0 Win=512 Len=0
223866 202.220.8.38      192.168.220.1  11976→80 [SYN] Seq=0 Win=512 Len=0
223867 203.164.62.187    192.168.220.1  11977→80 [SYN] Seq=0 Win=512 Len=0
223868 209.220.140.58    192.168.220.1  11978→80 [SYN] Seq=0 Win=512 Len=0
223869 69.0.162.39       192.168.220.1  11979→80 [SYN] Seq=0 Win=512 Len=0
223870 65.150.34.44      192.168.220.1  11980→80 [SYN] Seq=0 Win=512 Len=0
223871 173.209.144.93    192.168.220.1  11981→80 [SYN] Seq=0 Win=512 Len=0
223872 206.65.68.120     192.168.220.1  11982→80 [SYN] Seq=0 Win=512 Len=0
223873 77.117.248.0      192.168.220.1  11983→80 [SYN] Seq=0 Win=512 Len=0
223874 204.24.74.81      192.168.220.1  11984→80 [SYN] Seq=0 Win=512 Len=0
223875 169.105.148.72    192.168.220.1  11985→80 [SYN] Seq=0 Win=512 Len=0
223876 62.110.38.44      192.168.220.1  11986→80 [SYN] Seq=0 Win=512 Len=0
223877 239.56.76.228     192.168.220.1  11987→80 [SYN] Seq=0 Win=512 Len=0
223878 127.16.84.83      192.168.220.1  11988→80 [SYN] Seq=0 Win=512 Len=0
```

图 27-2-3　试题用图

【问题 4】（4 分）

入侵检测系统常用的两种检测技术是异常检测和误用检测，请问针对图中所描述的网络攻击应该采用哪种检测技术？请简要说明原因。

【问题 5】（3 分）

Snort 是一款开源的网络入侵检测系统，它能够执行实时流量分析和 IP 协议网络的数据包记录。Snort 的配置有三种模式，请给出这三种模式的名字。

试题分析

【问题 1】

入侵检测技术（IDS）注重的是网络安全状况的监管，通过监视网络或系统资源，寻找违反安全策略的行为或攻击迹象，并发出报警。因此绝大多数 IDS 系统都是被动的。

入侵防护系统（IPS）则倾向于提供主动防护，注重对入侵行为的控制。其设计宗旨是预先对入侵活动和攻击性网络流量进行拦截，避免其造成损失。

【问题 2】

P2DR 模型是基于静态模型之上的动态安全模型，该模型不仅包含**防护、检测、响应**三个部分，还包含**安全策略**。

【问题 3】

拒绝服务攻击，SYN flood 攻击。

【问题 4】

（1）异常检测。异常检测（也称基于行为的检测）是指把用户习惯行为特征存储在特征库中，然后将用户当前行为特征与特征数据库中的特征进行比较，若两者偏差较大，则认为有异常情况发生。

（2）误用检测。误用检测一般是由计算机安全专家首先对攻击情况和系统漏洞进行分析和分类，然后手工编写相应的检测规则和特征模型。误用入侵检测的主要假设是具有能够被精确地按某种方式编码的攻击，并可以通过捕获攻击及重新整理，确认入侵活动是基于同一弱点进行攻击的入侵方法的变种。

SYN flood 攻击具有固定的攻击行为，攻击特征明显，所以可以使用误用检测的方法进行检测。

【问题 5】

Snort 的配置有三个主要模式：嗅探、包记录和网络入侵检测。

参考答案

【问题 1】入侵检测技术（IDS）属于被动防护；入侵防护系统（IPS）提供主动防护。

【问题 2】防护、检测、响应、安全策略。

【问题 3】图中数据包属于拒绝服务攻击，该攻击的名字为 SYN flood 攻击。

【问题 4】SYN flood 攻击具有固定的攻击行为，攻击特征明显，所以可以使用误用检测的方法进行检测。

【问题 5】Snort 的配置有三个主要模式：嗅探、包记录和网络入侵检测。

试题四（共 20 分）

阅读下列说明和表，回答问题 1 至问题 4，将解答填入答题纸的对应栏内。

【说明】

防火墙类似于我国古代的护城河，可以阻挡敌人的进攻。在网络安全中，防火墙主要用于逻辑隔离外部网络与受保护的内部网络，防火墙通过使用各种安全规则来实现网络的安全策略。

防火墙的安全规则由匹配条件和处理方式两个部分共同构成，网络流量通过防火墙时，根据数据包中的某些特定字段进行计算以后如果满足匹配条件，就必须采用规则中的处理方式进行处理。

【问题 1】（6 分）

假设某企业内部网（202.114.63.0/24）需要通过防火墙与外部网络互连，其防火墙的过滤规则见表 27-2-4。

表 27-2-4　防火墙过滤规则

序号	源地址	源端口	目的地址	目的端口	协议	ACK	动作
A	202.114.63.0/24	>1024	*	80	TCP	*	accept
B	*	80	202.114.63.0/24	>1024	TCP	Yes	accept
C	*	>1024	202.114.63.125	80	TCP	*	accept
D	202.114.63.125	80	*	>1024	TCP	Yes	accept
E	202.114.63.0/24	>1024	*	（1）	UDP	*	accept
F	*	53	202.114.63.0/24	>1024	UDP	*	accept
G	*	*	*	*	*	*	（2）

注："*"表示通配符，任意服务端口都有两条规则。

请补充表 27-2-4 中空（1）和（2）的内容，根据上述规则表给出该企业对应的安全需求。

【问题2】（4分）

一般来说，安全规则无法覆盖所有的网络流量，因此防火墙都有一条缺省（默认）规则，要求该规则能覆盖事先无法预料的网络流量，请问缺省规则的两种选择是什么？

【问题3】（6分）

请给出防火墙规则中的三种数据包处理方式。

【问题4】（4分）

防火墙的目的是实施访问控制和加强站点安全策略，其访问控制包含四个方面的内容：服务控制、方向控制、用户控制和行为控制。请问表27-2-4中的规则A涉及访问控制的哪几个方面的内容？

试题分析

【问题1】

防火墙的过滤规则A和B的规则是允许202.114.63.0/24网段的主机访问互联网80端口，即允许访问互联网网页。这还需要同步设定过滤规则E和F的规则，开放202.114.63.0/24网段的主机访问互联网53端口，即开放该网段主机对外网的域名解析，因此（1）空填53。过滤规则G作用是禁止拒绝其他请求，因此（2）空填drop。

防火墙的过滤规则C和D的规则是允许互联网能访问主机202.114.63.125的80端口，即访问该主机的Web服务。

【问题2】

两种缺省选择是默认拒绝或者默认允许。

默认拒绝是指一切未被允许的就是禁止的。其安全规则的处理方式一般为accept。

默认允许是指一切未被禁止的就是允许的。其安全规则的处理方式一般为reject或drop。

【问题3】

大多数防火墙规则中的处理方式主要包括以下三种：

- accept：允许数据包或信息通过。
- reject：拒绝数据包或信息通过，并且通知信息源该信息被禁止。
- drop：将数据包或信息直接丢弃，并且不通知信息源。

【问题4】

防火墙的目的是实施访问控制和加强站点安全策略，其访问控制包含四个方面的内容：

（1）服务控制：控制内部或者外部的服务，哪些可以被访问。服务常对应TCP/IP协议中的端口，例如110端口就是POP3服务，80端口就是Web服务，25端口是SMTP服务。

（2）方向控制：决定特定方向发起的服务请求可以通过防火墙。需确定服务是在内网还是在外网。可以限制双向的服务。

（3）用户控制：决定内网或者外网用户可以访问哪些服务。用户可以使用用户名、IP地址、Mac地址标示。

（4）行为控制：进行内容过滤。如过滤网络流量中的病毒、木马或者垃圾邮件。

参考答案

【问题 1】（1）53　（2）drop

企业对应的安全需求有：

（1）允许内部用户访问外部网络的网页服务器。

（2）允许外部用户访问内部网络的网页服务器（202.114.64.125）。

（3）除（1）和（2）外，禁止其他任何网络流量通过防火墙。

【问题 2】两种缺省选择是默认拒绝或者默认允许。

【问题 3】accept、reject、drop。

【问题 4】服务控制、方向控制和用户控制。

试题五（共 20 分）

阅读下列说明和图，回答问题 1 至问题 5，将解答填入答题纸的对应栏内。

【说明】

已知某公司网络环境结构主要由三个部分组成，分别是 DMZ 区、内网办公区和生产区，其拓扑结构如图 27-2-4 所示。信息安全部的王工正在按照等级保护 2.0 的要求对部分业务系统开展安全配置。图 27-2-4 中，网站服务器的 IP 地址是 192.168.70.140，数据库服务器的 IP 地址是 192.168.70.141，信息安全部计算机所在网段为 192.168.11.1/24，王工所使用的办公电脑 IP 地址为 192.168.11.2。

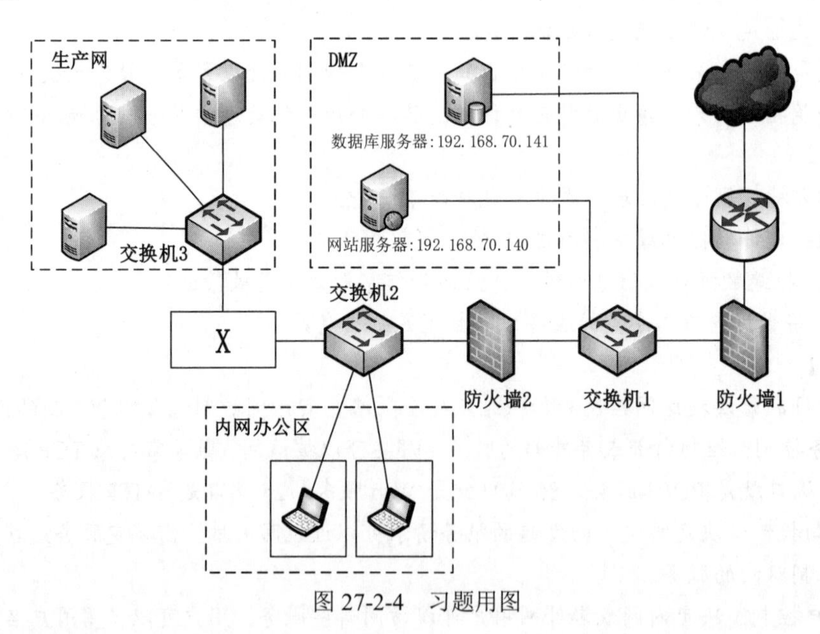

图 27-2-4　习题用图

【问题 1】（2 分）

为了防止生产网受到外部的网络安全威胁，安全策略要求生产网和其他网之间部署安全隔离装置，隔离强度达到接近物理隔离。请问图中 X 最有可能代表的安全设备是什么？

【问题 2】（2 分）

防火墙是网络安全区域边界保护的重要技术，防火墙防御体系结构主要有基于双宿主主机防火墙、基于代理型防火墙和基于屏蔽子网的防火墙。图 27-2-4 拓扑图中的防火墙布局属于哪种体系结构类型？

【问题 3】（2 分）

通常网络安全需要建立四道防线，第一道是保护，阻止网络入侵；第二道是监测，及时发现入侵和破坏；第三道是响应，攻击发生时确保网络打不垮；第四道是恢复，使网络在遭受攻击时能以最快速度起死回生。请问拓扑图 27-2-4 中防火墙 1 属于第几道防线？

【问题 4】（6 分）

图 27-2-4 中防火墙 1 和防火墙 2 都采用 Ubuntu 系统自带的 iptables 防火墙，其默认的过滤规则如图 27-2-5 所示。

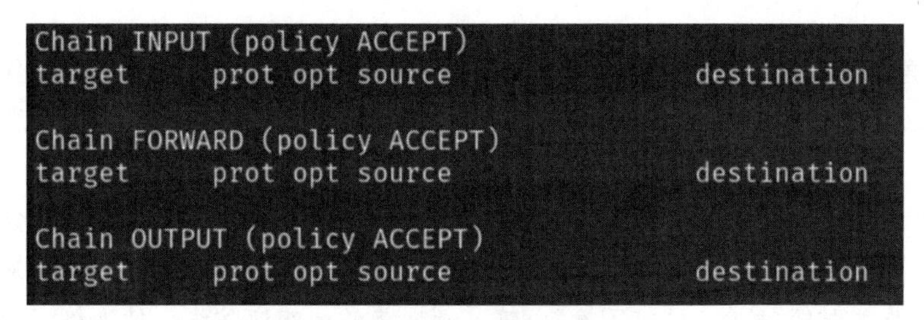

图 27-2-5　习题用图

（1）请说明上述防火墙采取的是白名单还是黑名单安全策略。

（2）图 27-2-5 显示的是 iptables 哪个表的信息，请写出表名。

（3）如果要设置 iptables 防火墙默认不允许任何数据包进入，请写出相应命令。

【问题 5】（8 分）

DMZ 区的网站服务器是允许互联网进行访问的，为了实现这个目标，王工需要对防火墙 1 进行有效配置。同时王工还需要通过防火墙 2 对网站服务器和数据库服务器进行日常运维。

（1）防火墙 1 应该允许哪些端口通过？

（2）请编写防火墙 1 上实现互联网只能访问网站服务器的 iptables 过滤规则。

（3）请写出王工电脑的子网掩码。

（4）为了使王工能通过 SSH 协议远程运维 DMZ 区中的服务器，请编写防火墙 2 的 iptables 过滤规则。

试题分析

【问题 1】

图中最有可能代表的设备是网闸，安全隔离网闸是一种由带有多种控制功能专用硬件在电路上切断网络之间的链路层连接，并能够在网络间进行安全适度的应用数据交换的网络安全设备。

【问题 2】

常见的防火墙体系结构见表 27-2-5。

表 27-2-5　常见的防火墙体系结构

体系结构类型	特点
双重宿主主机	以一台双重宿主主机作为防火墙系统的主体，分离内外网
屏蔽主机	一台独立的路由器和内网堡垒主机构成防火墙系统，通过包过滤方式实现内外网隔离和内网保护
屏蔽子网	由 DMZ 网络、外部路由器、内部路由器以及堡垒主机构成防火墙系统。外部路由器保护 DMZ 和内网、内部路由器隔离 DMZ 和内网

本题中可以明显地看到存在有防火墙 1、DMZ 网络和防火墙 2 等部分，因此拓扑图中的防火墙布局属于屏蔽子网的体系结构类型。

【问题 3】

纵深防御模型的基本思路就是将信息网络安全防护措施有机组合起来，针对保护对象，部署合适的安全措施，形成多道保护线，各安全防护措施能够互相支持和补救，尽可能地阻断攻击者的威胁。

目前，安全业界认为网络需要建立四道防线：安全保护是网络的第一道防线，能够阻止对网络的入侵和危害；安全监测是网络的第二道防线，可以及时发现入侵和破坏；实时响应是网络的第三道防线，当攻击发生时维持网络“打不垮”；恢复是网络的第四道防线，使网络在遭受攻击后能以最快的速度“起死回生”，最大限度地降低安全事件带来的损失。

显然，防火墙 1 位于纵深防御模型的最外层，作为安全保护的第一道防线，阻止互联网对内网的入侵和危害。

【问题 4】

（1）黑名单安全策略：当链的默认策略为 ACCEPT 时，链中的规则对应的动作应该为 DROP 或者 REJECT，表示只有匹配到规则的报文才会被拒绝，没有被规则匹配到的报文都会被默认接受。

白名单安全策略：当链的默认策略为 DROP 时，链中的规则对应的动作应该为 ACCEPT，表示只有匹配到规则的报文才会被放行，没有被规则匹配到的报文都会被默认拒绝。

图 27-2-5 中链的默认策略是 ACCEPT，因此防火墙采用的是黑名单策略。

（2）在 iptables 中内建的规则表有三个：nat、mangle 和 filter。这三个规则表的功能如下：

- nat：此规则表拥有 PREROUTING 和 POSTROUTING 两个规则链，主要功能是进行一对一、一对多、多对多等地址转换工作（snat、dnat），这个规则表在网络工程中使用得非常频繁。
- mangle：此规则表拥有 PREROUTING、FORWARD 和 POSTROUTING 三个规则链。除了进行网络地址转换外，还在某些特殊应用中改写数据包的 ttl、tos 的值等，这个规则表使用得很少，因此在这里不做过多讨论。

- filter：这个规则表是默认规则表，拥有 INPUT、FORWARD 和 OUTPUT 三个规则链，它是用来进行数据包过滤的处理动作（如 drop、accept 或 reject 等），通常的基本规则都建立在此规则表中。

图 27-2-5 中的 iptables 的默认规则链是 INPUT、FORWARD 和 OUTPUT，所以显示的是 filter 表的相关信息。

（3）防火墙 1 和防火墙 2 都需要经过路由判断后进行转发，即目的地不是本机的数据包执行的规则。所以需要修改 FORWARD 规则链的默认策略为 DROP 或者 REJECT。题干要求的是默认不允许任何数据包进入，命令如下：

iptables -P FORWARD DROP 或者 iptables -t filter -P FORWARD DROP

（注意参数中-P 的大小写，大写 P 表示策略，小写 p 表示协议，DROP 更改为 REJECT 也符合题意）

【问题 5】

（1）网站服务器提供的是 Web 服务，使用 HTTP 和 HTTPS，对应的默认端口是 80 和 443。

（2）首先设置 iptables 的默认规则为不允许任何数据包进入，即采用白名单策略，然后在 filter 表的 FORWARD 链中添加一条允许目标端口 80 和 443 的 TCP 服务。规则如下：

iptables -t filter -P FORWARD DROP（DROP 更改为 REJECT 也符合题意）

iptables -t filter -A FORWARD -p tcp --dport 80 -j ACCEPT

iptables -t filter -A FORWARD -p tcp --dport 443 -j ACCEPT

（3）王工 IP 地址位于信息安全部计算机所在网段为 192.168.11.1/24，/24 就是掩码，点分十进制表示为 255.255.255.0。

（4）SSH 协议是基于 TCP 的 22 号端口，所以在配置 iptables 需要设置源地址为网工办公电脑的 IP 地址、目标地址为 DMZ 区域所使用的 IP 地址、协议是 TCP 协议、目标端口是 22 的数据流的允许通过的规则，以及一条反向允许通过的规则。即：

iptables -t filter -A FORWARD -s 192.168.11.2 -d 192.168.70.140/24 -p tcp --dport 22 -j ACCEPT

iptables -t filter -A FORWARD -s 192.168.70.140/24 -d 192.168.11.2 -p tcp --sport 22 -j ACCEPT

参考答案

【问题 1】

代表的安全设备是网闸

【问题 2】

基于屏蔽子网的防火墙

【问题 3】

第一道防线

【问题 4】

（1）黑名单安全策略

（2）Filter

（3）iptables -P FORWARD DROP 或者 iptables -t filter -P FORWARD DROP

【问题 5】

（1）端口 80 和 443

（2）iptables -t filter -P FORWARD DROP（DROP 更改为 REJECT 也符合题意）

iptables -t filter -A FORWARD -d 192.168.70.140 -p tcp --dport 80 -j ACCEPT

iptables -t filter -A FORWARD -d 192.168.70.140 -p tcp --dport 443 -j ACCEPT

iptables -t filter -A FORWARD -d 192.168.70.140 -p tcp --sport 80 -j ACCEPT

iptables -t filter -A FORWARD -d 192.168.70.140 -p tcp --sport 443 -j ACCEPT

（3）255.255.255.0

（4）iptables -t filter -A FORWARD -s 192.168.11.2 -d 192.168.70.140/24 -p tcp --dport 22 -j ACCEPT

iptables -t filter -A FORWARD -s 192.168.70.140/24 -d 192.168.11.2 -p tcp --sport 22 -j ACCEPT

27.3 访问控制

试题一（共 10 分）

阅读下列说明和图，回答问题 1 至问题 2，将解答填入答题纸的对应栏内。

【说明】

访问控制是对信息系统资源进行保护的重要措施，适当的访问控制能够阻止未经授权的用户有意或者无意地获取资源。访问控制一般是在操作系统的控制下按照事先确定的规则决定是否允许用户对资源的访问。图 27-3-1 给出了某系统对客体 traceroute.mpg 实施的访问控制规则。

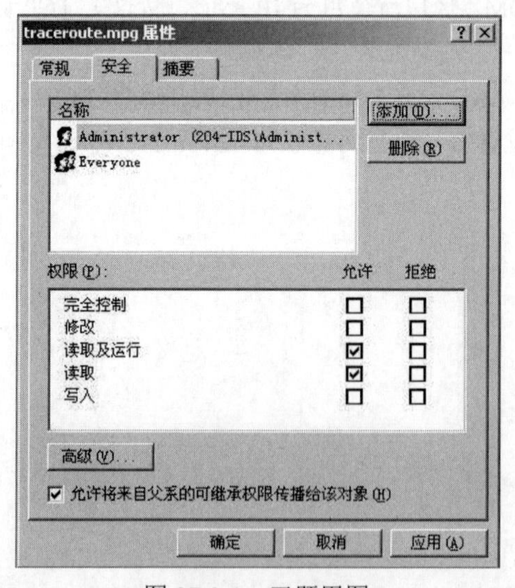

图 27-3-1 习题用图

【问题 1】（3 分）

针对信息系统的访问控制包含哪些基本要素？

【问题 2】（7 分）

分别写出图 27-3-1 中用户 Administrator 对应的三种访问控制实现方法，即访问控制矩阵、访问控制表和权能表下的访问控制规则。

试题分析

【问题 1】

访问控制的三个基本要素如下：

- 主体：改变信息流动和系统状态的主动方。主体可以访问客体。主体可以是进程、用户、用户组、应用等。
- 客体：包含或者接收信息的被动方。客体可以是文件、数据、内存段、字节等。
- 授权访问（访问权限）：决定谁能访问系统，谁能访问系统的哪种资源以及如何使用这些资源。方式有读、写、执行、搜索等。

【问题 2】

（1）访问控制矩阵。访问控制矩阵是最初实现访问控制机制的概念模型，它利用二维矩阵规定了任意主体和任意客体间的访问权限。

主体名	客体名	访问权限
Administrator	Traceroute.mpg	读取，运行

（2）访问控制表（Access Control Lists）。很多时候，访问控制矩阵是一个稀疏矩阵，因此访问控制可以按行或按列分解存储。访问控制矩阵按列分解，就生成了访问控制列表。访问控制列表实例如图 27-3-2 所示。

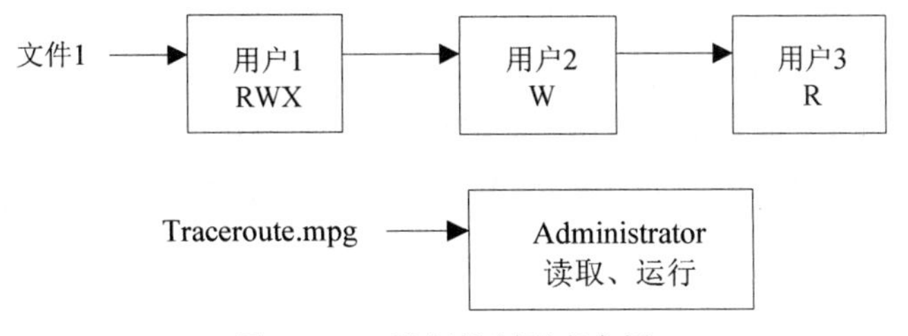

图 27-3-2 访问控制列表实例

（3）权能表（Capabilities Lists）。访问控制矩阵按行分解，就生成了权能表。权能表实例如图 27-3-3 所示。

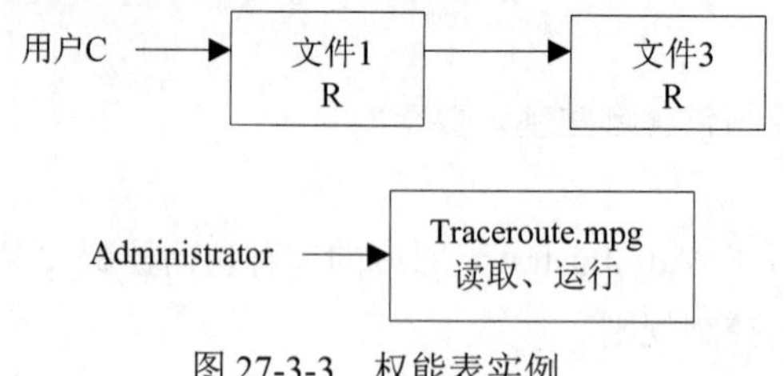

图 27-3-3 权能表实例

参考答案

【问题 1】访问控制的三个基本要素包括：主体、客体、授权访问（访问权限）。

【问题 2】

访问控制矩阵：

主体名	客体名	访问权限
Administrator	Traceroute.mpg	读取，运行

访问控制表：

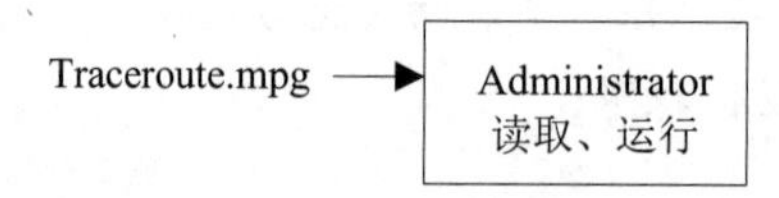

权能表：

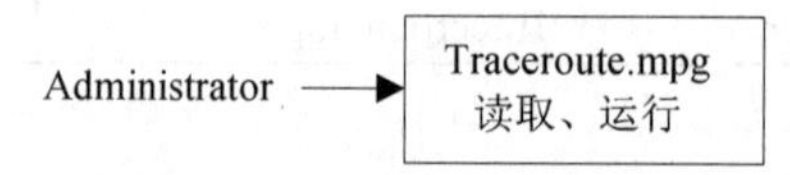

试题二（共 14 分）

阅读下列说明，回答问题 1 至问题 3，将解答填入答题纸的对应栏内。

【说明】

访问控制是保障信息系统安全的主要策略之一，其主要任务是保证系统资源不被非法使用和非常规访问。访问控制规定了主体对客体访问的限制，并在身份认证的基础上，对用户提出的资源访问请求加以控制。当前，主要的访问控制模型包括自主访问控制（DAC）模型和强制访问控制（MAC）模型。

【问题 1】（6 分）

针对信息系统的访问控制包含哪三个基本要素？

【问题 2】（4 分）

BLP 模型是一种强制访问控制模型。请问：

（1）BLP 模型保证了信息的机密性还是完整性？

（2）BLP 模型采用的访问控制策略是上读下写还是下读上写？

【问题3】（4分）

Linux 系统中可以通过 ls 命令查看文件的权限，例如，文件 net.txt 的权限属性如下所示：

-rwx------1 root root 5025 May 25 2019 /home/abc/net.txt

请问：

（1）文件 net.txt 属于系统的哪个用户？

（2）文件 net. txt 权限的数字表示是什么？

试题分析

【问题1】

访问控制的三个基本要素如下：

- 主体：改变信息流动和系统状态的主动方。主体可以访问客体。主体可以是进程、用户、用户组、应用等。
- 客体：包含或者接收信息的被动方。客体可以是文件、数据、内存段、字节等。
- 授权访问：决定谁能访问系统，谁能访问系统的哪种资源以及如何使用这些资源。方式有读、写、执行、搜索等。

【问题2】

相关知识点解释参见《信息安全工程师5天修炼（第二版）》（施游 朱小平编著，中国水利水电出版社，2021年版）的"第9章 访问控制"。

BLP模型特点：只允许主体向下读，不能上读（简单安全特性规则）；主体只能向上写，不能向下写（*特性规则）。既不允许低信任级别的主体读高敏感度的客体，也不允许高敏感度的客体写入低敏感度区域，禁止信息从高级别流向低级别。这样保证了数据的机密性。

【问题3】

文件属性

文件属性	文件数	拥有者	所属组	文件大小	建档日期	文件名
-rwx------	1	root	root	5025	May 25 2019	/home/abc/net.txt

所以，文件/net.txt 的拥有者和所属组都为 root。

第一列：表示文件的属性。Linux 的文件分为三个属性：可读（r）、可写（w）、可执行（x）。该列共有十个位置可以填。第一个位置是表示类型，可以是目录或连结文件，其中 d 表示目录，l 表示连结文件，"-"表示普通文件，b 代表块设备文件，c 代表字符设备文件。

剩下的九个位置以每三个为一组。第一列格式如图 27-3-4 所示。默认情况下，系统将创建的普通文件的权限设置为-rw-r-r-。

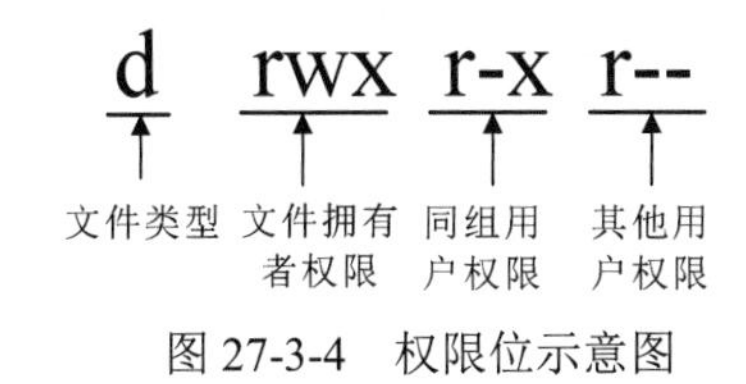

图 27-3-4 权限位示意图

三个一组的表达方式有两种。

（1）符号形式。每组由三位组成。第一位表示是否有读权限。“r”表示有读权限；“-”表示没有读权限。第二位表示是否有写权限。“w”表示有写权限；“-”表示设有写权限。第三位表示是否有执行权限。“x”表示有执行权限；“-”表示没有执行权限。

（2）数字形式。每组由三位组成。第一位表示是否有读权限。“4”表示有读权限；“0”表示没有读权限。第二位表示是否有写权限。“2”表示有写权限；“0”表示没有写权限。第三位表示是否有执行权限。“1”表示有执行权限；“0”表示没有执行权限。

各位相加即为该组权限的数值表达。

本题的第一组的权限符号形式为 rwx，则对应数字形式为 4+2+1=7。

本题的其他组的权限符号形式为---，则对应数字形式为 0+0+0=0。

所以，文件 net. txt 权限的数字表示是 700。

第二列：表示文件个数。如果是文件，这个数就是 1；如果是目录，则表示该目录中的文件个数。

第三列：表示该文件或目录的拥有者。

第四列：表示所属的组（group）。每一个使用者都可以拥有一个以上的组，但是大部分的使用者应该都只属于一个组。

第五列：表示文件大小。文件大小用 byte 来表示，而空目录一般都是 1024byte。

第六列：表示建档日期。以“月，日，年份”的格式表示。

第七列：表示文件名。

参考答案

【问题 1】主体、客体、授权访问

【问题 2】（1）机密性　　（2）下读上写

【问题 3】（1）root　　　（2）700

27.4　程序安全与缓冲区溢出题

试题一（共 8 分）

阅读下列说明和代码，回答问题 1 和问题 2，将解答填入答题纸的对应栏内。

【说明】

某一本地口令验证函数（C 语言环境，X86_32 指令集）包含如下关键代码：某用户的口令保存在字符数组 origPassword 中，用户输入的口令保存在字符数组 userPassword 中，如果两个数组中的内容相同则允许进入系统。

```
[...]
char origPassword[12]="Secret"
char userPassword[12];
```

```
[...]
gets(userPassword);  /* 读取用户输入的口令*/
[...]

if(strncmp(origPassword,userPassword,12)!=0) {
printf("Password,doesn't match!\n");
exit(-1);
}
[...]  /* 口令认证通过时允许用户访问*/
[...]
```

【问题 1】（4 分）用户在调用 gets()函数时输入什么样式的字符串，可以在不知道原始口令"Secret"的情况下绕过该口令验证函数的限制？

【问题 2】（4 分）上述代码存在什么类型的安全隐患？请给出消除该安全隐患的思路。

试题分析

【问题 1】

众所周知，C 语言不进行数组的边界检查。在许多 C 语言实现的应用程序中，都假定缓冲区的长度是足够的，即它的长度肯定大于要拷贝的字符串的长度，事实上却并非如此。

通常，一个程序在内存中分为程序段、数据段和堆栈三部分。程序段里放着程序的机器码和只读数据；数据段放程序中的静态数据；动态数据则通过堆栈来存放。在内存中，它们的位置如图 27-4-1 所示。

图 27-4-1 一个程序在内存中的存放位置

gets(userPassword)只要输入 24 个字符，其中前 12 个字符和后 12 个字符完全相同。这导致输入 userPassword 多余的 12 个字符数据，覆盖 origPassword 区域，导致 userPassword=origPassword 的结果。就可以在不知道原始口令"Secret"的情况下绕过该口令验证函数的限制。

【问题 2】

gets()函数必须保证输入长度不会超过缓冲区，一旦输入大于 12 个字符的口令，就会造成缓冲区溢出。

解决方案:

- 编写正确的代码。只要在所有拷贝数据的地方进行数据长度和有效性的检查，确保目标缓冲区中数据不越界并有效，则就可以避免缓冲区溢出，更不可能使程序跳转到恶意代码上。
- 缓冲区不可执行技术。通过使被攻击程序的数据段地址空间不可执行，从而使得攻击者不可能执行被植入被攻击程序输入缓冲区的代码，这种技术被称为缓冲区不可执行技术。
- 改进 C 语言函数库。C 语言中存在缓冲区溢出攻击隐患的系统函数有很多。例如 gets()、sprintf()、strcpy()、strcat()、fscanf()、scanf()、vsprintf()等。可以开发出更安全的、封装了若干已知易受堆栈溢出攻击的库函数。
- 使堆栈向高地址方向增长。使用的机器堆栈压入数据时向高地址方向前进，那么无论缓冲区如何溢出，都不可能覆盖低地址处的函数返回地址指针，也就避免了缓冲区溢出攻击。但是这种方法仍然无法防范利用堆和静态数据段的缓冲区进行溢出的攻击。
- 程序指针完整性检查。原理是在每次程序指针被引用之前先检测该指针是否已被恶意改动过，如果发现被改动，程序就拒绝执行。

参考答案

【问题 1】gets(userPassword)只要输入 24 个字符，其中前 12 个字符和后 12 个字符完全相同，就可以在不知道原始口令“Secret”的情况下绕过该口令验证函数的限制。

【问题 2】存在缓冲区溢出问题。检查代码正确性，检查输入口令长度。

试题二（共 12 分）

阅读以下说明，回答问题 1 至问题 4，将解答填入答题纸的对应栏内。

【说明】

基于 Windows 32 位系统分析下列代码，回答相关问题。

```
void Challenge(char *str)
{
    char temp[9]={0};
    strncpy(temp,str,8);
    printf("temp=%s\n",temp);
    if(strcmp(temp,"Please!@")==0){
    printf("KEY: ****");
    }
}
int main(int argc,char *argv[ ])
{
    char buf2[16]
    int check=1;
```

```
    char buf[8]
    strcpy (buf2, "give me key! !");
    strcpy(buf, argv[1]);
    if(check==65) {
        Challenge(buf);
    }
    else {
        printf("Check is not 65 (%d) \n Program terminated!!\n",check);
    }
    return 0;
}
```

【问题 1】(3 分)

main()函数内的三个本地变量所在的内存区域称为什么？它的两个最基本操作是什么？

【问题 2】(3 分)

在图 27-4-2 中画出 buf、check、buf2 三个变量在内存的布局图。

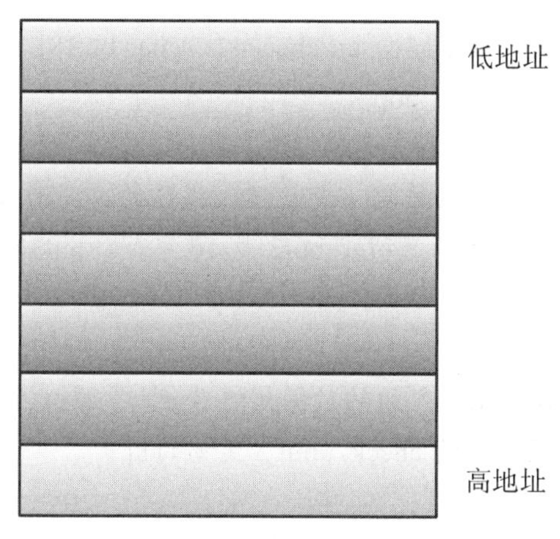

图 27-4-2 试题用图

【问题 3】(2 分)

应该给程序提供什么样的命令行参数值（通过 argv 变量传递），才能使程序执行流程进入判断语句 if(check==65)...然后调用 Challenge()函数？

【问题 4】(4 分)

上述代码中存在的漏洞名称是什么？针对本例代码，请简要说明如何修正上述代码以修补此漏洞。

试题分析

【问题 1】

内存结构如图 27-4-3 所示。

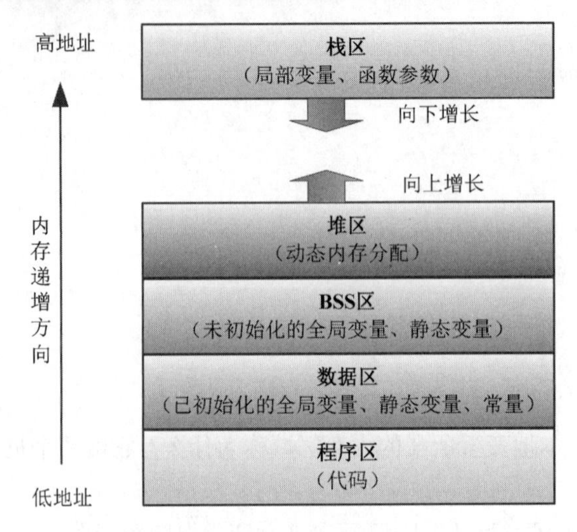

图 27-4-3　内存结构

main()函数的三个变量：char buf2[16]、int check=1、char buf[8]，都是局部变量处于栈区。栈区的两个操作就是压栈（push）、出栈（pop）。

【问题 2】

进入栈区的次序是先进的在堆栈最里端。变量进入栈区的次序为 buf2、check、buf。

而依据 C 语言，char 变量占 1 字节，所以 buf2 是 16 字节，buf 是 8 字节；int 变量占 4 字节，所以 check 是 4 个字节。

【问题 3】

由图 27-4-4 可以知道，当写入 buf 数组的数据超过 8 位时，就发生缓冲区溢出，多余的值会向高地址位写，从而可能会覆盖高地址的 check、buf2 变量的值。

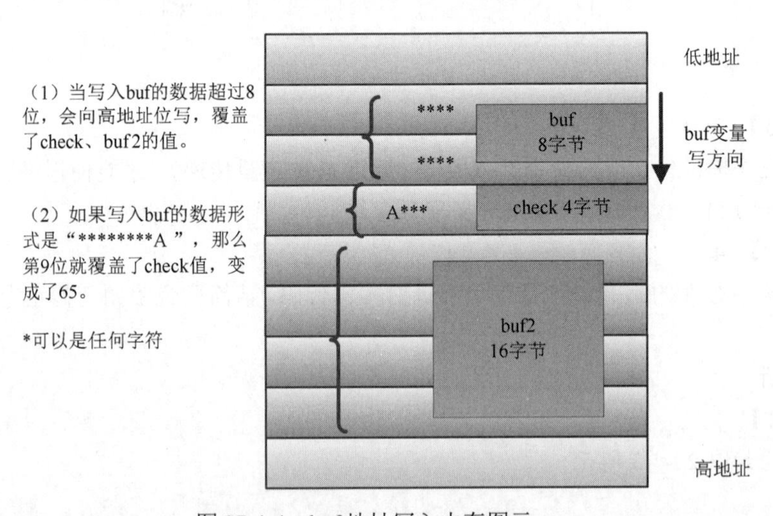

图 27-4-4　buf 地址写入内存图示

当写入 buf 数组的数据形式是“********A”（*代表任何字符），那么 buf 数组第 9 位的“A”值就覆盖了 check 的原来值，变成了 65（A 的 ASCII 码的值是 65）。

此时，程序执行语句 if(check==65)，就会直接调用 Challenge()函数。

注意：本题用图采用了障眼法，将高地址标在了图的底部，低地址标在了图的顶部。

【问题 4】

上述代码中存在的漏洞是缓存溢出。原因是没有对输入的变量进行长度检测，没有判断数组越界的情况，从而引发缓冲区溢出。

解决方法：检查 strcpy(buf,argv[1])语句中，输入 buf 数组数据的长度。

参考答案

【问题 1】栈区（可以写堆栈）；压栈（push）、出栈（pop）。

【问题 2】三变量在内存的布局图如图 27-4-5 所示。

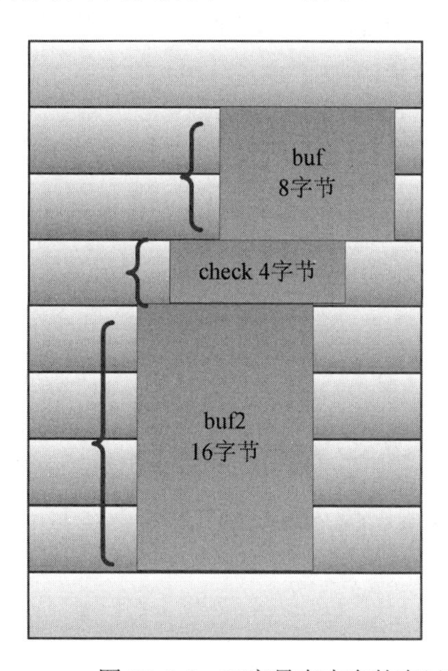

图 27-4-5 三变量在内存的布局图

【问题 3】输入 buf 数组的数据形式是“********A”（*代表任何 1 位字符，A 为大写字母）。

【问题 4】缓存溢出。

解决方法：检查输入参数的长度。

试题三（共 15 分）

阅读下列说明和 C 语言代码，回答问题 1 至问题 4，将解答填入答题纸的对应栏内。

【说明】

在客户服务器通信模型中，客户端需要每隔一定时间向服务器发送数据包，以确定服务器是否掉线，服务器也能以此判断客户端是否存活，这种每隔固定时间发一次的数据包也称为心跳包。心跳包的内容没有什么特别的规定，一般都是很小的包。某系统采用的请求和应答两种类型的心跳包格式如图 27-4-6 所示。

心跳包类型（1字节）	心跳包数据长度（2字节）	数据/负载

心跳包协议字段组成

图 27-4-6　协议包格式

心跳包类型占 1 个字节，主要是请求和响应两种类型。心跳包数据长度字段占 2 个字节，表示后续数据或者负载的长度。

接收端收到该心跳包后的处理函数是 process_ heartbeat ()，其中参数 p 指向心跳包的报文数据，s 是对应客户端的 socket 网络通信套接字。

```
void process_heartbeat(unsigned char *p,SOCKET s)
{
unsigned short hbtype
unsigned int payload
hbtype=*p++;      //心跳包类型
n2s(p,payload);      //心跳包数据长度
pl=p;    //pl 指向心跳包数据
If(hbtype==HB_REQUEST) {
unsigned char*buffer,*bp;
buffer=malloc(1+2+payload);
bp=buffer;                   //bp 指向刚分配的内存
*bp++=HB_RESPONSE;  //填充 1byte 的心跳包类型
s2n(payload,bp);          //填充 2 bytes 的数据长度
memcpy(bp,pl,payload);
/*将构造好的心跳响应包通过 socket s 返回给客户端 */
r=write_bytes(s,buffer,3+payload);
}
}
```

【问题 1】（4 分）

（1）心跳包数据长度字段的最大取值是多少？

（2）心跳包中的数据长度字段给出的长度值是否必须和后续的数据字段的实际长度一致？

【问题 2】（5 分）

（1）上述接收代码存在什么样的安全漏洞？

（2）该漏洞的危害是什么？

【问题 3】（2 分）

模糊测试（Fuzzing）是一种非常重要的信息系统安全测评方法，它是一种基于缺陷注入的自

动化测试技术。请问模糊测试属于黑盒测试还是白盒测试？其测试结果是否存在误报？

【问题 4】（4 分）

模糊测试技术能否测试出上述代码存在的安全漏洞？为什么？

试题分析

【问题 1】

（1）心跳包数据长度字段占 2 个字节，表示后续数据或者负载的长度。所以心跳包数据长度字段的最大取值为 2^{16}=64KB。

（2）必须一致。

【问题 2】

OpenSSL 的心跳处理逻辑没有检测心跳包中的长度字段是否和后续的数据字段相符合，攻击者可以利用这一点，构造异常的数据包，来获取心跳数据所在的内存区域的后续数据。这些数据中可能包含了证书私钥、用户名、用户密码、用户邮箱等敏感信息。“心脏出血”漏洞是一个出现在加密程序库 Open SSL 的安全漏洞，该漏洞允许攻击者从内存中读取多达 64KB 的数据。

【问题 3】

模糊测试: 属于软件测试中的黑盒测试，是一种通过向目标系统提供非预期的输入并监视异常结果来发现软件漏洞的方法。模糊测试不需要程序的源代码就可以发现问题。

模糊测试是一种自动化的动态漏洞挖掘技术，不存在误报，也不需要人工进行大量的逆向分析工作。

【问题 4】

可利用黑盒测试方法向服务器发送特定报文，通过服务器返回数据解析出报文，解析并判断是否存在“心脏出血”漏洞。

参考答案

【问题 1】

（1）64KB。

（2）必须一致。

【问题 2】

（1）“心脏出血”漏洞。

（2）造成重要信息泄露。

【问题 3】

（1）黑盒测试。

（2）不存在误报。

【问题 4】

（1）能。

（2）可利用黑盒测试方法向服务器发送特定报文，通过服务器返回数据解析出报文，解析并判断是否存在“心脏出血”漏洞。

试题四（共 17 分）

阅读下列说明和图，回答问题 1 至问题 4，将解答填入答题纸的对应栏内。

【说明】

信息系统安全开发生命周期（Security Development Life Cycle，SDLC）是微软提出的从安全角度指导软件开发过程的管理模式，它将安全纳入信息系统开发生命周期的所有阶段，各阶段的安全措施与步骤如图 27-4-7 所示。

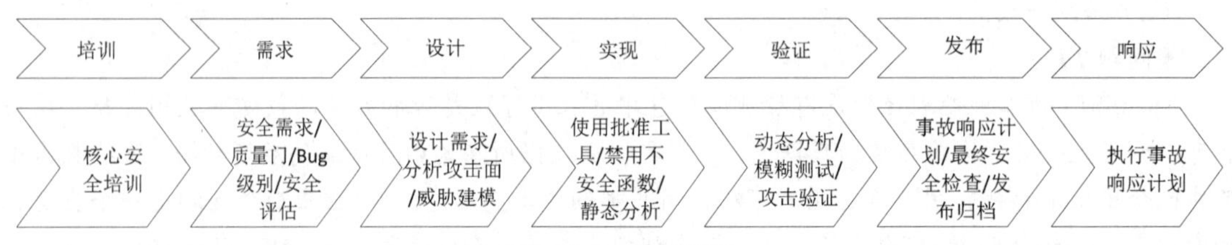

图 27-4-7　试题用图

【问题 1】（4 分）

在培训阶段，需要对员工进行安全意识培训，要求员工向弱口令“说不”，针对弱口令最有效的攻击方式是什么？以下口令中，密码强度最高的是（　　）。

A．security2019　　B．2019Security　　C．Security@2019　　D．Security2019

【问题 2】（6 分）

大数据时代，个人数据正被动地被企业搜集并利用，在需求分析阶段，需要考虑采用隐私保护技术防止隐私泄露，从数据挖掘的角度，隐私保护技术主要有基于数据失真的隐私保护技术、基于数据加密的隐私保护技术、基于数据匿名的隐私保护技术。

请问以下隐私保护技术分别属于上述三种隐私保护技术的哪一种？

（1）随机化过程修改敏感数据。

（2）基于泛化的隐私保护技术。

（3）安全多方计算隐私保护技术。

【问题 3】（4 分）

有下述口令验证代码：

```
#define PASSWORD "1234567"
int verify password(char *password)
{
int authenticated;
char buffer[8];
authenticated="strcmp(password,PASSWORD);
strcpy(buffer, password);
return authenticated;
}
int main(int argc, char*argy[])
```

```
{
int valid-flag=0
char password[1024]
while(1)
{
printf("please input password: ");
scanf("%s",password);
valid_flag= verify password(password);/验证口令
if(valid-flag)// 口令无效
    {
        printf("incorrect password!\n\n ")
    }
else // 口令有效
    {
        printf("Congratulation! You have passed the verification!\n");
        break;
    }
    }
}
```

其中 main 函数在调用 verify password 函数进行口令验证时，堆栈的布局如图 27-4-8 所示。

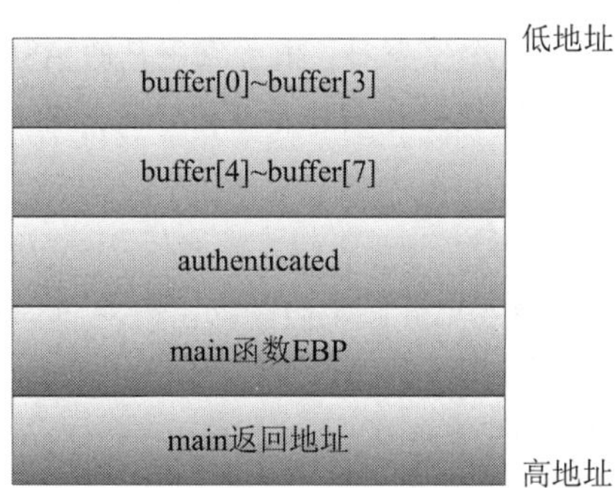

图 27-4-8 堆栈的布局

请问调用 verify password 函数的参数满足什么条件，就可以在不知道真实口令的情况下绕过口令验证功能？

【问题 4】(3 分)

SDLC 安全开发模型的实现阶段给出了三种可以采取的安全措施，请结合【问题 3】的代码举例说明。

试题分析

【问题 1】

如果启用“密码必须符合复杂性要求”策略，密码必须符合下列最低要求：

（1）不能包含用户的账户名，不能包含用户姓名中超过两个连续字符的部分。

（2）至少有六个字符长。

（3）包含以下四类字符中的三类字符：英文大写字母（A ~ Z），英文小写字母（a ~ z），10个基本数字（0 ~ 9），非字母字符（例如!、$、#、%）。

（4）启用“密码必须符合复杂性要求”策略后，操作系统会在更改或创建密码时执行复杂性要求。

【问题 2】

从数据挖掘的角度，隐私保护技术主要可以分为以下三类：

（1）基于数据失真的技术：使敏感数据失真，但同时保持某些关键数据或数据属性不变的方法。例如，采用添加噪声、交换等技术对原始数据进行扰动处理，但要求保证处理后的数据仍然可以保持某些统计方面的性质，以便进行数据挖掘等操作。

（2）基于数据加密的技术：采用加密技术在数据挖掘过程中隐藏敏感数据的方法。

（3）基于数据匿名化的技术：根据具体情况有条件地发布数据。如不发布数据的某些域值、数据泛化。

【问题 3】

strcpy(buffer,password)，如果 password 数组过长，赋值给 buffer 数组后，就能够让 **buffer** 数组越界。而越界的 **buffer[8~11]**将值写入相邻的变量 **authenticated** 中。

如果 password [8~11]恰好内容为 4 个空字符，由于空字符的 ASCII 码值为 0，这部分溢出数据恰好把 **authenticated** 改为 0，则系统密码验证程序被跳过，无须输入正确的密码“1234567”。

【问题 4】

（1）使用批准工具：编写安全代码。

（2）禁用不安全函数：禁用 C 语言中有隐患的函数，例如 gets()、sprintf()、strcpy()、strcat()、fscant()、scant()、vsprintf()等。

（3）静态分析：检测程序指针的完整性。

参考答案

【问题 1】

针对弱口令最有效的攻击方式是穷举攻击。

C 选项密码强度最高。

【问题 2】

（1）随机化过程修改敏感数据属于**基于数据失真的隐私保护技术。**

（2）基于泛化的隐私保护技术属于**基于数据匿名的隐私保护技术。**

（3）安全多方计算隐私保护技术属于**基于数据加密的隐私保护技术。**

【问题 3】

参数 password 的值满足的条件为：

password 数组长度大于等于 12 个字符，其中，password[8]～password[11]这部分每个字符均为空字符。

【问题 4】

（1）使用批准工具：编写安全代码。

（2）禁用不安全函数：禁用 C 语言中有隐患的函数。

（3）静态分析：检测程序指针的完整性。

27.5 符号化过程题

试题一（共 18 分）

阅读下列说明，回答问题 1 至问题 4，将解答填入答题纸的对应栏内。

【说明】

用户的身份认证是许多应用系统的第一道防线，身份识别对确保系统和数据的安全保密极其重要，以下过程给出了实现用户 B 对用户 A 身份的认证过程。

1. A→B:A

2. B→A:{B，Nb}pk(A)

3. A→B:h(Nb)

此处，A 和 B 是认证实体，Nb 是一个随机值，pk(A)表示实体 A 的公钥，{B，Nb}pk(A)表示用 A 的公钥对消息{B，Nb}进行加密处理，h(Nb)表示用哈希算法 h 对 Nb 计算哈希值。

【问题 1】（5 分）

认证与加密有哪些区别？

【问题 2】（6 分）

（1）包含在消息 2 中的“Nb”起什么作用？

（2）“Nb”的选择应满足什么条件？

【问题 3】（3 分）

为什么消息 3 中的 Nb 要计算哈希值？

【问题 4】（4 分）

上述协议存在什么安全缺陷？请给出相应的解决思路。

试题分析

【问题 1】

参见答案。

【问题 2】

参见答案。

【问题 3】

参见答案。

【问题 4】

攻击者可以通过截获 h(Nb)冒充用户 A 的身份给用户 B 发送 h(Nb)。

解决方案：用户 A 通过将 A 的标识和随机数 Nb 进行哈希运算，将其哈希值 h(A,Nb)发送给用户 B，用户 B 接收后，利用哈希函数对自己保存的用户标识 A 和随机数 Nb 进行哈希运算，并与接收到的 h(A,Nb)进行比较。若两者相等，则用户 B 确认用户 A 的身份是真实的，否则认为用户 A 的身份被冒充。

参考答案

【问题 1】

加密用于确保数据的机密性，阻止信息泄露。

认证用于确保报文发送者和接收者身份的真实性以及报文的完整性，阻止如冒充、篡改等攻击。

【问题 2】

（1）Nb 是一个随机值，只有发送方 B 和 A 知道，起到抗重放攻击的作用。

（2）应具备随机性，不易被猜测。

【问题 3】

哈希算法具有单向性，经过哈希值运算之后的随机数，即使被攻击者截获也无法对该随机数进行还原，获取该随机数 Nb 的产生信息。

【问题 4】

存在重放攻击和中间人攻击。

解决方案：针对重放攻击加入时间戳、验证码等；针对中间人攻击加入针对身份的双向验证。

试题二（共 10 分）

阅读下列说明，回答问题 1 和问题 2，将解答填入答题纸的对应栏内。

【说明】

在公钥体制中，每一用户 U 都有自己的公开密钥 PK_u 和私钥 SK_u。如果任意两个用户 A 和 B 按以下方式通信：

A 发给 B 消息 $[E_{PK_B}(m),A]$。

其中 $E_k(m)$代表用密钥 K 对消息 m 进行加密。

B 收到以后，自动向 A 返回消息 $[E_{PK_A}(m),B]$，以使 A 知道 B 确实收到消息 m。

【问题 1】（4 分）

用户 C 怎样通过攻击手段获取用户 A 发送给用户 B 的消息 m？

【问题 2】（6 分）

若通信格式变为：

A 给 B 发消息：$E_{PK_B}(E_{SK_A}(m),m,A)$

B 给 A 发消息：$E_{PK_A}(E_{SK_B}(m),m,B)$

这时的安全性如何？请分析 A、B 此时是如何相互认证并传递消息的。

试题分析

【问题1】

由于A发给B消息$[E_{PK_B}(m),A]$，B收到该消息后就知道是A发出的，但消息中的A是明文容易被篡改。

攻击用户C的攻击过程如下：

第一步：用户C截获消息：$(E_{PK_B}(m),A)$。

第二步：用户C篡改消息，并发给B：$(E_{PK_B}(m),C)$。

第三步：用户B接收消息，以为是C发出，返回消息：$(E_{PK_C}(m),B)$。

第四步：用户C解密收到的消息，最后得到明文m。

【问题2】

若通信格式变为：

A给B发消息：$E_{PK_B}(E_{SK_A}(m),m,A)$

B给A发消息：$E_{PK_A}(E_{SK_B}(m),m,B)$

这种方式提高了安全性，实现了加密和认证的双重功能，并且能对信息传输进行确认。但存在重放攻击的可能。

A给B发消息：

（1）A发送消息到B：A用私钥SK_A对消息m加密，也就是进行数字签名；附上m和A信息后；最后用B的公钥PK_B加密所有信息。

（2）B接收了A发过来的消息：先用B的私钥解密，再用A的公钥验证签名信息，确认和认证A的身份，并得到明文m。

B给A发消息：

（1）B发送消息到A：B用私钥SK_B对消息m加密，也就是进行数字签名；附上m和B信息后；最后用A的公钥PK_A加密所有信息。

（2）A接受了B发过来的消息：先用A的私钥解密，再用B的公钥验证签名信息，确认和认证B的身份，并得到明文m。

参考答案

【问题1】

攻击用户C的攻击过程如下：

第一步：用户C截获消息，即$(E_{PK_B}(m),A)$。

第二步：用户C篡改消息，并发给B，即$(E_{PK_B}(m),C)$。

第三步：用户B接收消息，以为是C发出，返回消息，即$(E_{PK_C}(m),B)$。

第四步：用户C解密收到的消息，最后得到明文m。

【问题2】

这种方式提高了安全性，实现了加密和认证的双重功能，并且能对信息传输进行确认。但存在重放攻击的可能。（2分）

A 给 B 发消息：

（1）A 发送消息到 B：A 用私钥 SK_A 对消息 m 加密，也就是进行数字签名；附上 m 和 A 信息后；最后用 B 的公钥 PK_B 加密所有信息。

（2）B 接受了 A 发过来的消息：先用 B 的私钥解密，再用 A 的公钥验证签名信息，确认和认证 A 的身份，并得到明文 m。

同样，A 也可以通过 $E_{PK_A}(E_{SK_B}(m),m,B)$，安全发送 m 消息，并验证 B 身份。（4 分）

27.6 Windows 安全配置

试题一（共 6 分）

阅读下列说明，回答问题 1 至问题 2，将解答填入答题纸的对应栏内。

【说明】

Windows 系统的用户管理配置中，有多项安全设置，如图 27-6-1 所示。

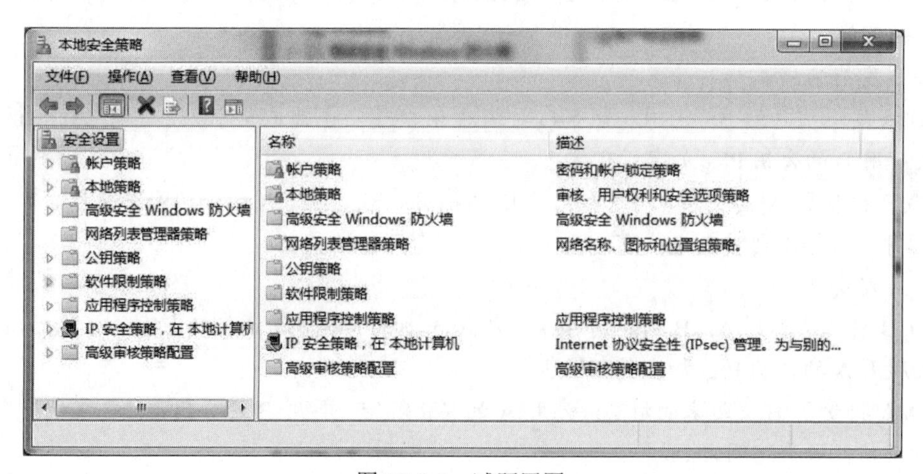

图 27-6-1 试题用图

【问题 1】（3 分）

请问密码和账户锁定安全选项设置属于图中安全设置的哪一项？

【问题 2】（3 分）

Windows 的密码策略中的安全策略就是要求密码必须符合复杂性要求，如果启用此策略，那么请问：用户 Administrator 拟选取的以下六个密码中的哪些符合此策略？

（1）123456 （2）Admin123 （3）Abcd321 （4）Admin@ （5）test123！ （6）123@host

试题分析

【问题 1】

账户策略主要包括密码策略和账户锁定策略两种安全设置，具体如图 27-6-2 所示。

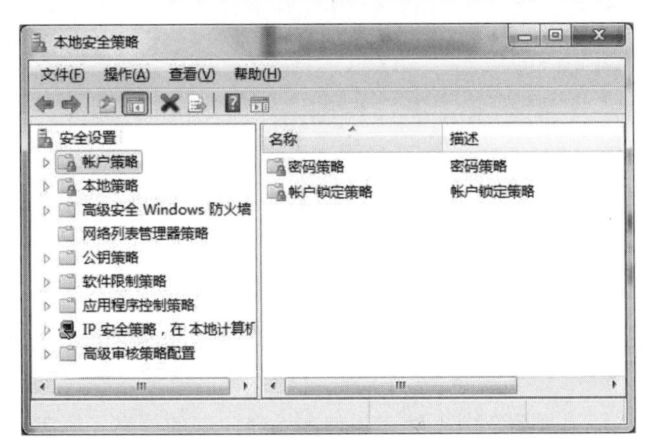

图 27-6-2　账户策略

【问题 2】

Windows 的密码开启“密码必须符合复杂性要求”策略时，具体说明如图 27-6-3 所示。

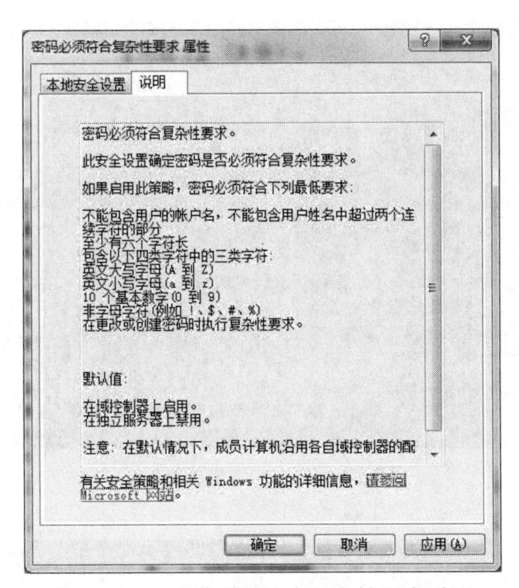

图 27-6-3　密码必须符合复杂性要求说明

如果启用“密码必须符合复杂性要求”策略，密码必须符合下列最低要求：

（1）不能包含用户的账户名，不能包含用户姓名中超过两个连续字符的部分。

（2）至少有六个字符长。

（3）包含以下四类字符中的三类字符：英文大写字母（A ~ Z），英文小写字母（a ~ z），10 个基本数字（0 ~ 9），非字母字符（例如 !、$、#、%）。

启用“密码必须符合复杂性要求”策略后，操作系统会在更改或创建密码时执行复杂性要求。

依据上述条件限制，只有 Abcd321、test123!、123@host 符合复杂性要求。

参考答案

【问题 1】

账号策略。

【问题 2】

（3）Abcd321　（5）test123！　（6）123@host

试题二（共 18 分）

阅读下列说明和图，回答问题 1 至问题 9，将解答填入答题纸的对应栏内。

【说明】

Windows 系统日志是记录系统中硬件、软件和系统问题的信息，同时还可以监视系统中发生的事件。用户可以通过它来检查错误发生的原因，或者寻找受到攻击时攻击者留下的痕迹。

有一天，王工在夜间的例行安全巡检过程中，发现有异常日志告警，如图 27-6-4 和图 27-6-5 所示。通过查看 NTA 全流量分析设备，找到了对应的可疑流量，请分析其中可能的安全事件。

日志事件数：3,625

级别	日期和时间	来源	事件ID	任务类别
①信息	2022/7/23 22:00:04	Microsoft Windows security auditing.	4625	Logon
①信息	2022/7/23 22:00:04	Microsoft Windows security auditing.	4625	Logon
①信息	2022/7/23 22:00:04	Microsoft Windows security auditing.	4625	togon
①信息	2022/7/23 22:00:04	Microsoft Windows security auditing.	4625	Logon
①信息	2022/7/23 22:00:04	Microsoft Windows security auditing.	4625	Logon
①信息	2022/7/23 22:00:03	Microsoft Windows security auditing.	4625	Logon
①信息	2022/7/23 22:00:03	Microsoft Windows security auditing.	4625	Logon
①信息	2022/7/23 22:00:03	Microsoft Windows security auditing.	4625	Logon
①信息	2022/7/23 22:00:03	Microsoft Windows security auditing.	4625	Logon
①信息	2022/7/23 22:00:03	Microsoft Windows security auditing.	4625	Logon
①信息	2022/7/23 22:00:03	Microsoft Windows security auditing.	4625	Logon
①信息	2022/7/23 22:00:03	Microsoft Windows security auditing.	4625	Logon
①信息	2022/7/23 22:00:03	Microsoft Windows security auditing.	4625	Logon
①信息	2022/7/23 22:00:03	Microsoft Windows security auditing.	4625	Logon

图 27-6-4　日志告警分析 1

ID	Source	Destination	Protocol	Info
11898	192.168.69.69	192.168.1.100	TCP	60 49924→3389 [ACK] Seq=1 Ack=1 Win=65536 Len=0
11891	192.168.69.69	192.168.1.100	TLSv1	73 Ignored Unknown Record
11892	192.168.1.100	192.168.69.69	TCP	54 3389→49924 [ACK] Seq=1 Ack=20 Win=65536 Len=0
11893	192.168.1.100	192.168.69.69	TLSv1	73 Ignored Unknown Record
11899	192.168.69.69	192.168.1.100	TCP	60 49924→3389 [ACK] Seq=20 Ack=20 Win=65536 Len=0
12161	192.168.69.69	192.168.1.100	TLSv1	248 Client Hello
12162	192.168.1.100	192.168.69.69	TLSV1	878 Server Hello, Certificate, Server Hello Done
12164	192.168.69.69	192.168.1.100	TLSv1	380 client Key Exchange, Change Cipher spec, Encrypted Handshake Message
12165	192.168.1.100	192.168.69.69	TLSv1	113 Change Cipher spec, Encrypted Handshake Message
12167	192.168.69.69	192.168.1.100	TCP	60 49924→3389 [ACK] Seq=548 Ack=903 Win=64768 len=0
12168	192.168.69.69	192.168.1.100	TLSv1	139 Application Data
12169	192.168.1.100	192.168.69.69	TLSv1	251 Application Data
12170	192.168.69.69	192.168.1.100	TLSV1	875 Application Data
12171	192.168.1.100	192.168.69.69	TLSv1	395 Application Data

图 27-6-5　日志告警分析 2

【问题1】（2分）

Windows 系统提供的日志有三种类型，分别是系统日志、应用程序日志和安全日志，请问图27-6-4的日志最有可能来自哪种类型的日志？

【问题2】（2分）

请选择 Windows 系统所采用的记录日志信息的文件格式后缀名。

备选项：

A．log　　B．txt　　C．xml　　D．evt

【问题3】（2分）

访问 Windows 系统中的日志记录有多种方法，请问通过命令行窗口快速访问日志的命令名字（事件查看器）是什么？

【问题4】（2分）

Windows 系统通过事件 ID 来记录不同的系统行为，图27-6-4的事件 ID 为4625，请结合任务类别，判断导致上述日志的最有可能的情况。

备选项：

A．本地成功登录　　B．网络失败登录

C．网络成功登录　　D．本地失败登录

【问题5】（2分）

王工通过对攻击流量的关联分析定位到了图27-6-5所示的网络分组，请指出上述攻击针对的是哪一个端口。

【问题6】（2分）

如果要在 Wireshark 当中过滤出上述流量分组，请写出在显示过滤框中应输入的过滤表达式。

【问题7】（2分）

Windows 系统为了实现安全的远程登录使用了 TLS 协议，请问图27-6-5中，服务器的数字证书是在哪一个数据包中传递的？通信双方是从哪一个数据包开始传递加密数据的？请给出对应数据包的序号。

【问题8】（2分）

网络安全事件可分为有害程序事件、网络攻击事件、信息破坏事件、信息内容安全事件、设备设施故障、灾害性事件和其他事件。请问上述攻击属于哪一种网络安全事件？

【问题9】（2分）

此类攻击针对的是三大安全目标，即保密性、完整性、可用性中的哪一个？

试题分析

【问题1】（2分）

Windows 日志有三种类型：系统日志、应用程序日志和安全日志，它们对应的文件名为 Sysevent.evt、Appevent.evt 和 Secevent.evt。这些日志文件通常存放在操作系统安装的区域“system32\config”目录下。系统日志包含由 Windows 系统组件记录的事件，记录系统进程和设备驱动程序的活动；应用程序日志包含计算机系统中的用户程序和商业程序在运行时出现的错误活动；安全日志记录与安全相关的事件，包括成功和不成功的登录或退出、系统资源使用事件（系统文件的创建、删除、更改）等。根据图 27-6-4 中的事件来源 “Microsoft Windows security auditing” 安全审计，可知该日志最有可能来自安全日志。

【问题 2】（2 分）

Windows 日志有三种类型：系统日志、应用程序日志和安全日志，它们对应的文件名为 Sysevent.evt、Appevent.evt 和 Secevent.evt。日志文件的后缀名是.evt。

【问题 3】（2 分）

通过命令行窗口快速访问事件查看器，可以使用命令“eventvwr”。也可以在开始菜单的运行中输入“eventvwr.msc”。

【问题 4】（2 分）

根据任务类别 logon，说明是登录事件，事件 ID：4624 表示登录成功，4625 表示登录失败，所以可以排除 A、C 选项。另外事件日志详细信息中还会列出登录类型，题干中并没有列出说明，所以需要结合上下文来判断，根据【问题 5】针对 3389 的远程桌面端口，以及图 27-6-4 的登录失败的事件频率，可以基本判定是通过远程桌面进行的暴力密码攻击，属于网络登录。

【问题 5】（2 分）

根据图 27-6-5 所示的网络分组，发现是 IP 地址 192.168.69.69 的主机与 IP 地址 192.168.1.100 的主机之间的通信，由 192.168.69.69 向 192.168.1.100 发起了针对目标端口为 3389 的 TCP 链接，该端口对应的是远程桌面 RDP 服务，根据图 27-6-4 的登录失败的事件频率，可以基本判定是通过远程桌面进行的暴力密码攻击。

【问题 6】（2 分）

图 27-6-5 中流量分组都是 IP 地址 192.168.69.69 的主机与 IP 地址 192.168.1.100 的主机之间的通信，所以可以设定两个 IP 地址的过滤表。即 ip.addr == 192.168.69.69 and ip.addr == 192.168.1.100。

【问题 7】（2 分）

SSL/TSL 的四次握手如下：

（1）客户端发送序号 12161 的数据包发起 Client Hello 请求。

（2）服务器回应序号 12162 的数据包 Server Hello，其中包含协商版本信息、加密方法以及数字证书。

（3）客户端发送序号 12164 的数据包回应，其中包含约定好的 HASH 计算握手消息。

（4）服务器发送序号 12165 的数据包完成握手，其中包含密码加密一段握手消息。

所以服务器传输数字证书在第二次握手阶段，数据包序号 12162；四次握手完成后开始传递加密数据，对应序号是 12168。

【问题 8】（2 分）

有害程序事件：是指插入信息系统的一段程序，会对信息系统的完整性、保密性和可用性产生危害，甚至影响营销系统的正常运转。计算机病毒、蠕虫事件、混合攻击程序事件等都是有害程序，这类事件具有故意编写、传播有害程序的特点。

网络攻击事件：是指通过网络技术、利用系统漏洞和协议对信息系统实施攻击，对信息系统造成危害或造成系统异常的安全事件，如 DDoS 攻击、后门攻击、漏洞攻击等。

信息破坏事件：是指通过网络等其他手段，对系统中的信息进行篡改或窃取、泄露等的安全事件，主要包括信息篡改、信息泄露等。

信息内容安全事件：是指利用网络信息发布、传播危害国家安全、社会安全和公共利益安全的事件。

设备实施故障：是指因信息系统本身的故障或人为破坏信息系统设备而导致的网络安全事件。

灾害性事件：是指外界环境对系统造成物理破坏而导致的网络安全事件。

题干表述的攻击是通过网络技术对信息系统造成异常的安全事件，属于网络攻击事件。

【问题9】（2分）

由于基本判定为利用3389端口进行的暴力密码攻击。针对的是保密性。

参考答案

【问题1】

安全日志

【问题2】

D

【问题3】

eventvwr

【问题4】

B

【问题5】

3389

【问题6】

ip.addr == 192.168.69.69 and ip.addr == 192.168.1.100

【问题7】

服务器数字证书在序号为12162的数据包中传递；

通信双方是从序号为12168的数据包开始传递加密数据。

【问题8】

网络攻击事件

【问题9】

保密性

27.7 Linux 安全配置

试题一（共 15 分）

阅读下列说明，回答问题 1 至问题 3，将解答填入答题纸的对应栏内。

【说明】在 Linux 系统中，用户账号是用户的身份标志，它由用户名和用户口令组成。

【问题 1】（4 分）

Linux 系统将用户名和口令分别保存在哪些文件中？

【问题 2】（7 分）

Linux 系统的用户名文件通常包含如下形式的内容：

root:x:0:0:root:root:/bin/bash

bin:x:1:1:bin:/bin:/shin/nologin

hujw:x:500:500:hujianwei:/home/hujw:/bin/bash

文件中的一行记录对应着一个用户，每行记录用冒号“:”分隔为 7 个字段，请问第一个冒号后（第二列）和第二个冒号后（第三列）的含义是什么？上述用户名文件中，第三列的数字分别代表什么含义？

【问题 3】（4 分）

Linux 系统中用户名文件和口令字文件的默认访问权限分别是什么？

试题分析

【问题 1】

Linux 系统中的/etc/passwd 文件是用于存放用户密码的重要文件，这个文件对所有用户都是可读的，系统中的每个用户在/etc/passwd 文件中都有一行对应的记录。/etc/shadow 保存着加密后的用户口令。

【问题 2】

/etc/passwd 中一行记录对应着一个用户，每行记录又被冒号“:”分隔为 7 个字段，其格式和具体含义如下：

用户名:口令:用户 ID:用户组 ID:注释:主目录:登录 shell

- 用户名：一个用户的唯一标示，用户登录时所用用户名。
- 口令：早期 Linux 密码加密存放在该字段中，每个用户均能读取，存在隐患；现在 Linux 采用影子密码，存放在/etc/shadow 中，只有 root 用户能查看。
- 用户 ID：用户 ID 使用整数表示。值为 0 表示系统管理员，值为 1～499 表示系统保留账号，值大于 500 表示一般账号。
- 用户组 ID：唯一地标识了一个用户组。
- 注释：用户账号注释。

- 主目录：用户目录。
- 登录 shell：通常是/bin/bash。

【问题3】

/etc/passwd 和/etc/shadow 默认访问权限分别为 rw- r-- r--；r-- r-- ---。

参考答案

【问题1】

Linux 系统将用户名保存在/etc/passwd 中；

Linux 系统将口令保存在/etc/shadow 中。

【问题2】

第一个冒号后（第二列）表示口令；

第二个冒号后（第三列）表示用户 ID；

root 用户 ID 为 0；bin 用户 ID 为 1；hujw 用户 ID 为 500。

【问题3】

/etc/passwd 和/etc/shadow 默认访问权限分别为 rw- r-- r--；r-- r-- ---。

试题二（共 20 分）

阅读下列说明，回答问题 1 至问题 5，将解答填入答题纸的对应栏内。

【说明】

Linux 系统中所有内容都是以文件的形式保存和管理的，即一切皆文件。普通文本、音视频、二进制程序是文件，目录是文件，硬件设备（键盘、监视器、硬盘、打印机）是文件，就连网络套接字等也都是文件。在 Linux Ubuntu 系统下执行 ls -l 命令后显示的结果如图 27-7-1 所示。

```
hujianwei@local:~/var/run$ ls -l
drwxr-xr-x. 2 root root      40 7月20日 16:11  openvpn
lrwxrwxrwx. 1 root root       8 7月20日 16:11  shm->/dev/shm
srw-rw-rw-. 1 root root       0 7月20日 16:11  snapd.socket
-rw-r--r--. 1 root root       4 7月20日 16:11  crond.pid
-rwxr-xr-x. 1 root root  203768 7月20日 16:11  abc
```

图 27-7-1　习题用图

【问题1】（2 分）

请问执行上述命令的用户是普通用户还是超级用户？

【问题2】（3 分）

（1）请给出图 27-7-1 中属于普通文件的文件名。

（2）请给出图 27-7-1 中的目录文件名。

（3）请给出图 27-7-1 中的符号链接文件名。

【问题3】（2 分）

符号链接作为 Linux 系统中的一种文件类型，它指向计算机上的另一个文件或文件夹。符号链接类似于 Windows 中的快捷方式。如果要在当前目录下，创建图 27-7-1 中所示的符号链接，请给出相应命令。

【问题 4】（3 分）

当源文件（或目录）被移动或者被删除时，指向它的符号链接就会失效。

（1）请给出命令，列出/home 目录下各种类型（如文件、目录及子目录）的所有失效链接。

（2）在（1）基础上，完善命令以实现删除所有失效链接。

【问题 5】（10 分）

Linux 系统的权限模型由文件的所有者、文件的组、所有其他用户以及读（r）、写（w）、执行（x）组成。

（1）请写出第一个文件的数字权限表示。

（2）请写出最后一个文件的数字权限表示。

（3）请写出普通用户执行最后一个文件后的有效权限。

（4）请给出去掉第一个文件的“x”权限的命令。

（5）执行（4）给出的命令后，请说明 root 用户能否进入该文件。

试题分析

【问题 1】（2 分）

Linux Ubuntu 系统中打开一个终端窗口时，首先看到的是 shell 的提示符，Ubuntu 系统的标准提示符包括了用户登录名、登入的机器名、当前所在的工作目录和提示符号。其中，普通用户提示符号为$，超级用户提示符号为#。

图中的 hujianwei 是用户名，显然是普通用户，Linux Ubuntu 系统的超级用户的用户名为 root。

【问题 2】（3 分）

Linux Ubuntu 系统下文件的权限位共有十个：按照 1bit，3bit，3bit，3bit 划分为 4 组。第 1 组只有 1 位，用于表示文件类型；第 2 组是第 2～4 位，用于表示文件拥有者对该文件所拥有的权限；第 3 组是第 5～7 位，表示文件所有者的属组对该文件所拥有的权限；第 4 组是第 8～10 位，表示其他人（除了拥有者和所属组之外的人）对该文件所拥有的权限。

其中第 1 位文件类型分为普通文件、目录文件、特殊文件、管道文件、套接字文件、符号链接文件。文件类型对应的指定符号参见表 27-7-1。

表 27-7-1　文件类型对应的指定符号

文件类型		指定符号
普通文件		-
目录文件		d
特殊文件	字符特殊文件	c
	块特殊文件	b
管道文件		p

续表

文件类型	指定符号
套接字 socket 文件	s
符号链接文件	l

ls -l 命令列出的 5 个文件中，第 1 个文件的权限位第 1 位是“d”，表示这个文件是一个目录；第 2 个文件的权限位第 1 位是“l”，表示符号链接文件；第 3 个文件的权限位第 1 位是“s”，表示套接字文件；第 4、5 个文件的权限位第 1 位是“-”，表示普通文件。

【问题 3】（2 分）

在 Linux Ubuntu 系统下创建符号链接的命令是 ln。（这里需要注意 Windows 下的类似命令是 mklink）。

ln 命令的基本格式：ln [选项] 源文件 目标文件

选项-s 表示创建软链接，在图中，文件名“shm->/dev/shm”中符号“→”前的 shm 是目标文件，符号“→”后的/dev/shm 是源文件，所以创建图中的符号链接的命令如下：

hujianwei@local:~/var/run$ ln -s /dev/shm shm

【问题 4】（3 分）

（1）当源文件（或目录）被移动或者被删除时，指向它的符号链接就会失效。过多的失效链接会影响系统的管理及性能，可以使用 find 命令按文件类型对失效链接进行搜索。find 命令的格式如下：

find path -option [-print] [-exec -ok command] {} \

根据题意，参数 path 路径应该为/home；选项参数使用文件类型有很多，其中使用-xtype l 或-type l 指定类型为失效链接文件，使用-print 将文件或目录名称列出到标准输出。

即：find /home -xtype l -print

（2）用 find 命令时，还可以同时使用 exec 选项后面跟随着所要执行的命令或脚本，其中删除的 shell 命令是 rm，然后是一对儿{}，一个空格和一个\，最后是一个分号。所以可以在第（1）问的基础上加上“-exec rm {} \”来完成删除失效链接操作。

即：find /home -xtype l -exec rm {} \

【问题 5】（10 分）

（1）第一个文件的权限是 drwxr-xr-x，因此第 2～4 位对应 111，即十进制数 7；第 5～7 位对应的是 101，即十进制数 5；8～10 位对应 101，即十进制数 5；所以第一个文件的数字权限表示为 755。

（2）同理，最后一个文件的权限是-rwxr-xr-x，2～4 位对应 111，即 7；5～7 位对应 101，即 5；8～10 位对应 101，即 5；所以最后一个文件的数字权限也表示为 755。

（3）普通用户有效权限对应的是 8～10 位代表的权限，r-x 表示有效权限是可读、不可写、可执行。

（4）修改权限的命令是 chmod，可以使用权限设定字符来设定，也可以使用数字权限来设定。语法：chmod [who] [+/-/=] [mode] 文件名。

即：chmod a-x openvpn 或者 chmod 644 openvpn，a 表示所有用户，-表示去掉对应权限。

（5）执行（4）命令后，第一个文件的权限由 drwxr-xr-x 变成了 drw-r--r--，该文件的所有者 root 对应的权限是 rw-，即可读、可写、不可执行。文件夹的读权限代表能否查看文件夹中的东西；文件夹的写权限代表能否在文件夹中添新东西；文件夹的执行权限代表能否进入文件夹。第一个文件是文件夹，如果不可执行，那么就无法通过 cd 命令进入到该文件夹。

参考答案

【问题 1】

普通用户

【问题 2】

（1）crond.pid、abc

（2）openvpn

（3）shm->/dev/shm

【问题 3】

ln -s /dev/shm shm

【问题 4】

（1）find /home -xtype l -print

（2）find /home -xtype l -exec rm {} \

【问题 5】

（1）755

（2）755

（3）可读、不可写、可执行

（4）chmod a-x openvpn 或者 chmod ugo-x openvpn 或者 chmod 644 openvpn

（5）执行（4）命令后，第一个文件的所有者 root 权限为可读、可写、不可执行，不可执行即不能进入该文件。

27.8 恶意代码防护题

试题一（共 15 分）

阅读下列说明，回答问题 1 至问题 4，将解答填入答题纸的对应栏内。

【说明】恶意代码是指为达到恶意目的专门设计的程序或者代码。常见的恶意代码类型有特洛伊木马、蠕虫、病毒、后门、Rootkit、僵尸程序、广告软件。2017 年 5 月，勒索软件 WanaCry 席卷全球，国内大量高校及企事业单位的计算机被攻击，文件及数据被加密后无法使用，系统或服务无法正常运行，损失巨大。

【问题1】(2分)

按照恶意代码分类，此次爆发的恶意软件属于哪种类型？

【问题2】(2分)

此次勒索软件针对软件攻击目标是Windows还是Linux类系统？

【问题3】(6分)

恶意代码具有的共同特征是什么？

【问题4】(5分)

由于此次勒索软件需要利用系统的SMB服务漏洞（端口号445）进行传播，我们可以配置防火墙过滤规则来阻止勒索软件的攻击，请填写表27-8-1中的空（1）～（5），使该过滤规则完整。

注：假设本机IP地址为1.2.3.4，“*”表示通配符。

表27-8-1 防火墙过滤规则表

规则号	源地址	目的地址	源端口	目的端口	协议	ACK	动作
1	（1）	1.2.3.4	（2）	（3）	（4）	（5）	拒绝
...	...	...	...	...	...	...	...
...	*	*	*	*	*	*	拒绝

试题分析

【问题1】

WannaCry（又叫Wanna Decryptor）是一种“蠕虫式”的勒索病毒软件，大小为3.3MB，由不法分子利用美国国家安全局（National Security Agency，NSA）泄露的危险漏洞“Eternal Blue”（永恒之蓝）进行传播。

当用户主机系统被该勒索软件入侵后，弹出勒索对话框，提示勒索目的并向用户索要比特币。而对于用户主机上的重要文件，如照片、图片、文档、压缩包、音频、视频、可执行程序等几乎所有类型的文件，都被加密的文件后缀名统一修改为“.WNCRY”。目前，安全业界暂未能有效破除该勒索软件的恶意加密行为，用户主机一旦被勒索软件渗透，只能通过重装操作系统的方式来解除勒索行为，但用户重要数据文件不能直接恢复。

【问题2】

WannaCry主要利用了微软Windows操作系统的漏洞，以获得自动传播的能力。

【问题3】

恶意代码的特点如下：

（1）恶意的目的。

（2）本身是计算机程序。

（3）通过执行发生作用。

【问题 4】

防火墙设置就是关闭外网到内网，TCP 协议 445 端口的连接。

参考答案

【问题 1】蠕虫病毒。

【问题 2】Windows 操作系统。

【问题 3】恶意代码的特点如下：

（1）恶意的目的。

（2）本身是计算机程序。

（3）通过执行发生作用。

【问题 4】

（1）*　（2）>1024　（3）445　（4）TCP　（5）*

27.9 密码学算法题

试题一（共 16 分）

阅读下列说明，回答问题 1 至问题 5，将解答填入答题纸的对应栏内。

DES 是一种分组密码，已知 DES 加密算法的某个 S 盒见表 27-9-1。

表 27-9-1 S 盒

	0	1	2	3	4	5	6	7	8	9	10	11	12	13	14	15
0	7	13	14	3	0	6	9	(1)	1	2	8	5	11	12	4	15
1	13	8	11	5	(2)	15	0	3	4	7	2	12	1	10	14	9
2	10	6	9	0	12	11	7	13	15	(3)	3	14	5	2	8	4
3	3	15	0	6	10	1	13	8	9	4	5	(4)	12	7	2	14

【问题 1】（4 分）

请补全该 S 盒，填补其中的空（1）～（4），将解答写在答题纸的对应栏内。

【问题 2】（2 分）

如果该 S 盒的输入为 110011，请计算其二进制输出。

【问题 3】（6 分）

DES 加密的初始置换表见表 27-9-2。

表 27-9-2　DES 加密的初始置换表

58	50	42	34	26	18	10	2
60	52	44	36	28	20	12	4
62	54	46	38	30	22	14	6
64	56	48	40	32	24	16	8
57	49	41	33	25	17	9	1
59	51	43	35	27	19	11	3
61	53	45	37	29	21	13	5
63	55	47	39	31	23	15	7

置换时，从左上角的第一个元素开始，表示输入的明文的第 58 位置换成输出的第 1 位，输入明文的第 50 位置换成输出的第 2 位，从左至右，从上往下，以此类推。

DES 加密时，对输入的 64 位明文首先进行初始置换操作。

若置换输入的明文 M=0123456789ABCDEF（十六进制），请计算其输出（十六进制表示）。

【问题 4】（2 分）

如果有简化的 DES 版本，其明文输入为 8 比特，初始置换表 IP 如下：

IP：2　6　3　1　4　8　5　7

请给出其逆初始置换表。

【问题 5】（2 分）

DES 加密算法存在一些弱点和不足，主要为密钥太短和存在弱密钥。请问弱密钥的定义是什么？

试题分析

【问题 1】

DES 算法中的每个 S 盒都是由 4 行 16 列的矩阵构成，每行都是 0 到 15 这 16 个数字，通过题目给出 S 盒表的缺失项可以分析得出，第 0 行缺少 10，第 1 行缺少 6，第 3 行缺少 1，第 4 行缺少 11。

【问题 2】

0100 S 盒的运算规则，设输入为 110011:

第 1 位和第 6 位数字组成的二进制数为 $11=(3)_{10}$，表示选中该 S 盒表中的行号为 3 的一行。

其余 4 位数字组成的二进制数为 $1001=(9)_{10}$，表示选中该 S 盒表中列号为 9 的一列。

S 盒表的第 3 行，第 9 列的值为 4，转换成二进制为 0100。

【问题 3】

DES 的初始置换表就是要打乱明文的顺序，其步骤如下：

首先，将 $M=(0123456789ABCDEF)_{16}$ 表示成二进制形式，即 1 位十六进制数字可表示为 4 位二进制，即 $M=(00000001\ 00100011\ 01000101\ 01100111\ 10001001\ 10101011\ 11001101\ 11101111)_2$。

然后，按照初始置换表进行置换，基本置换规则为：原始数据中的第 58 位放在第 1 位；第 50

位放第 2 位；第 42 位放第 3 位，……，其余以此类推。

置换后的结果为：M' =(11001100 00000000 11001100 11111111 11110000 10101010 11110000 10101010)$_2$ =(CC00CCFFF0AAF0AA)$_{16}$

M=(0123456789ABCDEF)$_{16}$ =(00000001 00100011 01000101 01100111 10001001 10101011 11001101 11101111)$_2$

经过 IP 置换，结果为：M' =(11001100 00000000 11001100 11111111 11110000 10101010 11110000 10101010)$_2$ =(CC00CCFFF0AAF0AA)$_{16}$

【问题 4】

逆初始置换是在初始置换的基础上进行逆置换；比如原始数据顺序为 1 2 3 4 5 6 7 8，经过初始置换之后变为 2 6 3 1 4 8 5 7，则逆初始置换是要将其顺序进行还原。

比如，原始数据中第 1 位数据经初始置换之后放到了第 4 位，那么逆初始置换就要将初始置换后的第 4 位放到第 1 位，即逆初始置换表第 1 位为 4。

原始数据中第 2 位数据经初始置换之后放到了第 1 位，那么逆初始置换就要将初始置换后的第 1 位放到第 2 位，即逆初始置换表第 2 位为 1。

其余以此类推，得出该逆初始置换表为 4 1 3 5 7 2 8 6。

【问题 5】

DES 算法中存在着弱密钥和半弱密钥。

（1）弱密钥：如果存在一个密钥，由其产生的子密钥是相同的，则称其为弱密钥。

DES 中存在 4 个弱密钥，如下：

弱密钥 1：K_1=……=K_{16}=(000000000000)$_{16}$

弱密钥 2：K_1=……=K_{16}=(FFFFFFFFFFFF)$_{16}$

弱密钥 3：K_1=……=K_{16}=(000000FFFFFF)$_{16}$

弱密钥 4：K_1=……=K_{16}=(FFFFFF000000)$_{16}$

（2）半弱密钥：有些种子密钥只能生成两个不同的子密钥，这样的种子密钥 K 称为半弱密钥，DES 至少存在 12 个半弱密钥。半弱密钥将导致把明文加密成相同的密文。

参考答案

【问题 1】

（1）10　（2）6　（3）1　（4）11

【问题 2】

0100

【问题 3】

M=(00000001 00100011 01000101 01100111 10001001 10101011 11001101 11101111)$_2$

经过 IP 置换

M' =(11001100 00000000 11001100 11111111 11110000 10101010 11110000 10101010)$_2$

IP=(CC00CCFFF0AAF0AA)$_{16}$

【问题4】

4 1 3 5 7 2 8 6

【问题5】

如果存在一个密钥K，由其产生的子密钥是相同的，则称其为弱密钥。

试题二（共17分）

阅读下列说明，回答问题1至问题5，将解答填入答题纸的对应栏内。

【说明】

网络安全侧重于防护网络和信息化的基础设施，特别重视重要系统和设施、关键信息基础设施以及新产业、新业务和新模式的有序和安全。数据安全侧重于保障数据在开放、利用、流转等处理环节的安全以及个人信息隐私保护。网络安全与数据安全紧密相连，相辅相成。数据安全要实现数据资源异常访问行为分析，高度依赖网络安全日志的完整性。随着网络安全法和数据安全法的落地，数据安全已经进入法制化时代。

【问题1】（6分）

2022年7月21日，国家互联网信息办公室公布的对××股份有限公司依法做出网络安全审查相关行政处罚的决定，开出了80.26亿元的罚单，请分析一下，××股份有限公司违反了哪些网络安全法律法规？

【问题2】（2分）

根据《中华人民共和国数据安全法》，数据分类分级已经成为企业数据安全治理的必选题。一般企业按数据敏感程度划分，数据可以分为一级公开数据、二级内部数据、三级秘密数据、四级机密数据。请问，一般员工个人信息属于几级数据？

【问题3】（2分）

隐私可以分为身份隐私、属性隐私、社交关系隐私、位置轨迹隐私等几大类，请问员工的薪水属于哪一类隐私？

【问题4】（2分）

隐私保护常见的技术措施有抑制、泛化、置换、扰动和裁剪等。若某员工的月薪为8750元，经过脱敏处理后，显示为5k～10k，这种处理方式属于哪种技术措施？

【问题5】（5分）

密码学技术也可以用于实现隐私保护，利用加密技术阻止非法用户对隐私数据的未授权访问和滥用。若某员工的用户名为“admin”，计划用RSA对用户名进行加密，假设选取的两个素数p=47，q=71，公钥加密指数e=3。

请问：

（1）上述RSA加密算法的公钥是多少？

（2）请给出上述用户名的十六进制表示的整数值。

（3）直接利用（1）中的公钥对（2）中的整数值进行加密是否可行？请简述原因。

（4）请写出对该用户名进行加密的计算公式。

试题分析

【问题 1】

2022 年 7 月 21 日，根据网络安全审查结论及发现的问题和线索，国家互联网信息办公室依法对 × × 股份有限公司涉嫌违法行为进行立案调查。经查实，× × 股份有限公司违反《中华人民共和国网络安全法》《中华人民共和国数据安全法》《中华人民共和国个人信息保护法》的违法违规行为事实清楚、证据确凿、情节严重、性质恶劣。

7 月 21 日，国家互联网信息办公室依据《中华人民共和国网络安全法》《中华人民共和国数据安全法》《中华人民共和国个人信息保护法》《中华人民共和国行政处罚法》等法律法规，对 × × 股份有限公司处人民币 80.26 亿元罚款。

【问题 2】

一般企业按数据敏感程度进行划分，划分级别见表 27-9-3。

表 27-9-3　数据敏感程度表

级别	敏感程度	判断标准
一级	公开数据	可以免费获得和访问的信息，没有任何限制或不利后果，例如营销材料、联系信息、客户服务合同和价目表
二级	内部数据	安全要求较低但不打算公开的数据，例如客户数据、销售手册和组织结构图
三级	秘密数据	敏感数据，如果泄露可能会对运营产生负面影响，包括损害公司、其客户、合作伙伴或员工。例如，包括供应商信息、客户信息、合同信息、员工信息和薪水信息等
四级	机密数据	高度敏感的公司数据，如果泄露可能会使组织面临财务、法律、监管和声誉风险。例如包括客户身份信息、个人身份和信用卡信息

【问题 3】

隐私保护的类型技术原理可以分为如下四种，身份隐私、属性隐私、社交关系隐私、位置和轨迹隐私。

（1）身份隐私。身份隐私是指可以通过分析用户数据来识别特定用户的真实身份信息。

（2）属性隐私。信息是用于描述个人用户的属性特征，如用户年龄、用户性别、用户工资、用户购物历史等。

（3）社交关系隐私。社交关系隐私是指用户不愿意公开的社交关系信息。

（4）位置和轨迹隐私。位置隐私是指用户为防止个人敏感信息暴露而非自愿公开的位置轨迹数据和信息。目前位置和轨迹信息的来源主要有城市交通系统、GPS 导航、行程规划系统、无线接入点和打车软件。

【问题 4】

隐私保护常见的技术措施有抑制、泛化、置换、扰动和裁剪等。

（1）抑制：通过数据置空的方式限制数据发布。

（2）泛化：通过降低数据精度实现数据匿名。

（3）置换：不对数据内容进行更改，只改变数据的属主。

（4）扰动：在数据发布时添加一定的噪声，包括数据增删、变换等。

（5）裁剪：将数据分开发布。

若某员工的月薪为 8750 元，经过脱敏处理后，显示为 5k ~ 10k，这种处理方式显然通过降低数据精度实现数据匿名，属于泛化。

【问题 5】

（1）RSA 的密钥生成过程：

两个大质数 p=47，q=71，p 不等于 q；

模数 n=p*q=47 × 71=3337；（p-1)(q-1)=3220;

公钥加密指数 e=3，e 满足 1<e<(p-1)(q-1)，且 e 和(p-1)(q-1)互为质数。

计算公钥 d，使得 e × d=1 mod (p-1)(q-1)。

3 × d=1 (mod 3220)

通过扩展欧几里得算法，计算得到 d=2147。

（2）字母对应的 ASCII 码。a 对应 97，十六进制 61；d 对应 100，十六进制 64；m 对应 109，十六进制 6D；i 对应 105，十六进制 69；n 对应 110，十六进制 6E；所以用户名 admin 的十六进制表示为 0x61646D696E。

（3）明文的值为 0x61646D696E，显然，这个明文对应的数值大于模数 n=3337，如果使用 RSA 对该明文加密，加密后得到的密文的数值必定小于 n；造成解密数据不正确。即解密后，得到的不是原来的明文。所以不能直接用公钥对用户名的十六进制整数进行加密。

（4）假设公钥=(e,n)，私钥=(d,n)。

加密：C=M^e mod n，解密：M=C^d mod n。（M 表示明文，C 表示密文）

参考答案

【问题 1】

《中华人民共和国网络安全法》《中华人民共和国数据安全法》《中华人民共和国个人信息保护法》

【问题 2】

三级

【问题 3】

属性隐私

【问题 4】

泛化

【问题 5】

（1）2147

（2）0x61646D696E

（3）不行，因为明文长度不能超过模数 n

（4）密文=明文^e mod n

第28章 模拟试题

28.1 基础知识试题

- 计算机犯罪是指利用信息科学技术且以计算机为犯罪对象的犯罪行为。具体可以从犯罪工具角度、犯罪关系角度、资产对象角度、信息对象角度等方面定义。从__(1)__角度，是利用计算机犯罪。以构成犯罪行为和结果的空间为标准，可分为预备性犯罪和实行性犯罪。从__(2)__角度，计算机犯罪是指与计算机相关的危害社会并应当处以刑罚的行为。

  （1）A．犯罪工具角度　　B．犯罪关系角度
  　　C．资产对象角度　　D．信息对象角度

  （2）A．犯罪工具角度　　B．犯罪关系角度
  　　C．资产对象角度　　D．信息对象角度

- 我国__(3)__杂凑密码算法的ISO/IEC10118-3:2018《信息安全技术 杂凑函数 第3部分：专用杂凑函数》最新一版（第4版）由国际标准化组织（ISO）发布。

  A．SM1　　B．SM2　　C．SM3　　D．SM4

- 《中华人民共和国刑法》第二百八十五条（非法侵入计算机信息系统罪）：违反国家规定，侵入国家事务、国防建设、尖端科学技术领域的计算机信息系统的，处__(4)__年以下有期徒刑或者拘役。

  A．五　　B．三　　C．十　　D．一

- 《全国人民代表大会常务委员会关于维护互联网安全的决定》明确了可依照《中华人民共和国刑法》有关规定追究刑事责任的行为。其中__(5)__不属于威胁互联网运行安全的行为；__(6)__不属于威胁国家安全和社会稳定的行为。

  （5）A．侵入国家事务、国防建设、尖端科学技术领域的计算机信息系统

B．故意制作、传播计算机病毒等破坏性程序，攻击计算机系统及通信网络，致使计算机系统及通信网络遭受损害

C．违反国家规定，擅自中断计算机网络或者通信服务，造成计算机网络或者通信系统不能正常运行

D．利用互联网销售伪劣产品或者对商品、服务作虚假宣传

（6）A．通过互联网窃取、泄露国家秘密、情报或者军事秘密

B．利用互联网煽动民族仇恨、民族歧视，破坏民族团结

C．利用互联网组织邪教组织、联络邪教组织成员，破坏国家法律、行政法规实施

D．利用互联网侮辱他人或者捏造事实诽谤他人

- 《计算机信息系统 安全保护等级划分准则》（GB 17859—1999）中规定了计算机系统安全保护能力的五个等级，其中__（7）__的主要特征是计算机信息系统可信计算基对所有主体及其所控制的客体（例如进程、文件、段、设备）实施强制访问控制。

  A．用户自主保护级　　B．系统审计保护级

  C．安全标记保护级　　D．结构化保护级

- 近代密码学认为，一个密码仅当它能经得起__（8）__时才是可取的。

  A．已知明文攻击　　B．基于物理的攻击

  C．差分分析攻击　　D．选择明文攻击

- 《中华人民共和国网络安全法》要求，采取监测、记录网络运行状态、网络安全事件的技术措施，并按照规定留存相关的网络日志不少于__（9）__个月。

  A．一　　B．三　　C．六　　D．十二

- 依据《中华人民共和国网络安全法》网络运营者应当制定__（10）__，及时处置系统漏洞、计算机病毒、网络攻击、网络侵入等安全风险。

  A．网络安全事件应急演练方案　　B．网络安全事件应急预案

  C．网络安全事件补救措施　　D．网络安全事件应急处置措施

- 一个密码系统如果用 E 表示加密运算，D 表示解密运算，M 表示明文，C 表示密文，则下列描述必然成立的是__（11）__。

  A．E(E(M))=C　　B．E(D(C))=C　　C．D(E(M))=C　　D．D(D(M))=M

- 以下关于 S/Key 的说法正确的是__（12）__。

  A．S/Key 不适合用于身份认证

  B．S/Key 口令是一种一次性口令生成方案

  C．S/Key 口令可解决重放攻击

  D．S/Key 协议的操作是基于浏览器/服务器端模式

- 隐私保护技术可以有多种，其中，采用添加噪声、交换等技术对原始数据进行扰动处理，但要求保证处理后的数据仍然可以保持某些统计方面的性质，以便进行数据挖掘等操作。属于__（13）__。

A．基于数据分析的隐私保护技术　　B．基于数据失真的隐私保护技术
C．基于数据匿名化的隐私保护技术　　D．基于数据加密的隐私保护技术

● 所谓个人位置隐私，是指由于服务或系统需要用户提供自身的“身份，位置，时间”三元组信息而导致的用户隐私泄露问题。__（14）__不属于位置隐私保护体系结构。
A．集中式体系结构　　B．客户/服务器体系结构
C．B/S 体系结构　　D．分布式体系结构

● __（15）__波及一个或多个省市的大部分地区，会极大威胁国家安全，引起社会动荡，对经济建设有极其恶劣的负面影响，或者严重损害公众利益。
A．特别重大的社会影响　　B．重大的社会影响
C．较大的社会影响　　D．一般的社会影响

● 应急响应计划中的__（16）__是标识信息系统的资产价值，识别信息系统面临的自然和人为的威胁，识别信息系统的脆弱性，分析各种威胁发生的可能性。
A．风险评估　　B．业务影响分析
C．制订应急响应策略　　D．制订网络安全预警流程

● 下列关于编制应急响应预案的说法，错误的是__（17）__。
A．应急响应预案应当描述支持应急操作的技术能力，并适应机构要求
B．应急响应预案需要在详细程度和灵活程度之间取得平衡，通常是计划越简单，其方法就越缺乏弹性和通用性
C．预案编制者应当根据实际情况对其内容进行适当调整、充实和本地化，以更好地满足组织特定系统、操作和机构需求
D．预案应明确、简洁、易于在紧急情况下执行，并尽量使用检查列表和详细规程

● 业务连续性管理框架中，确定 BCM 战略不包括以下哪个内容？__（18）__
A．事件的应急处理计划　　B．连续性计划
C．识别关键活动　　D．灾难恢复计划

● 属于散布险情、疫情、警情等违法有害信息的是__（19）__。
A．某甲路过某地火灾现场，拍照、视频并上传到个人空间
B．某乙从医院病友处听到某新型禽流感发生的消息，发布在朋友圈
C．某丙聚集朋友在飞机上打牌，说出“炸弹”等牌语
D．某丁公务员考试未中，发帖怀疑结果内定

● __（20）__是对信息系统弱点的总称，是风险分析中最重要的一个环节。
A．脆弱性　　B．威胁　　C．资产　　D．损失

● 关于日志与监控，下列说法不正确的是__（21）__。
A．系统管理员和系统操作员往往拥有较高的系统权限，应记录他们的活动并定期审查
B．需要保护系统日志，因为如果其中的数据被修改或删除，可能导致一个错误的安全判断
C．不需要有额外的保护机制和审查机制来确保特权用户的可核查性

D．记录日志的设施和日志信息应加以保护，以防止篡改和未授权的访问

- 信息系统安全风险评估是信息安全保障体系建立过程中重要的__（22）__和决策机制。

A．信息来源　　B．评价方法　　C．处理依据　　D．衡量指标

- 信息系统安全管理强调按照“三同步”原则进行，即__（23）__、同步建设、同步运行。

A．同步实施　　B．同步发布　　C．同步设计　　D．同步部署

- __（24）__是指除计算机病毒以外，利用信息系统缺陷，通过网络自动复制并传播的有害程序。

A．计算机病毒　　B．蠕虫　　C．特洛伊木马　　D．僵尸网络

- __（25）__是一个全盘的管理过程，重在识别潜在的影响，建立整体的恢复能力和顺应能力，在危机或灾害发生时保护信息系统所有者的声誉和利益。

A．业务一致性管理　　B．业务连接性管理

C．业务连续性管理　　D．业务协调性管理

- 《商用密码管理条例》规定，__（26）__主管全国的商用密码管理工作。

A．公安部　　B．国安部

C．国家密码管理机构　　D．网络安全和信息化委员会办公室

- __（27）__负责研究提出涉密信息系统安全保密标准体系；制定和修订涉密信息系统安全保密标准。

A．信息安全标准体系与协调工作组（WG1）

B．涉密信息系统安全保密标准工作组（WG2）

C．密码技术标准工作组（WG3）

D．鉴别与授权工作组（WG4）

- 一般情况下，核心涉密人员的脱密期为__（28）__。

A．1 年至 2 年　　B．2 年至 3 年　　C．5 年至 6 年　　D．3 年至 5 年

- 关于可信计算基系统评测准则（TCSEC）内容的说法，正确的是__（29）__。

A．类 A 中的级别 A1 是最高安全级　　B．类 C 中的级别 C1 是最高安全级

C．类 D 中的级别 D1 是最高安全级　　D．类 A 中的级别 A1 是最低安全级

- 以下不是为了减小雷电损失采取的措施有__（30）__。

A．设置避雷地网

B．设置安全防护地与屏蔽地

C．部署 UPS

D．在做好屏蔽措施的基础上，做好穿越防雷区域界面上不同线路的保护

- 通过各种线路传导出去，可以将计算机系统的电源线，机房内的电话线、地线等作为媒介的数据信息泄露方式称为__（31）__。

A．辐射泄露　　B．传导泄露　　C．电信号泄露　　D．媒介泄露

- 安全从来就不是只靠技术就可以实现的，它是一种把技术和管理结合在一起才能实现的目标。在安全领域一直流传着一种观点：“__（32）__分技术，七分管理。”

A．一　　B．三　　C．五　　D．九

● 网络攻击方式多种多样，从单一方式向多方位、多手段、多方法结合化发展。（33）是指攻击者在非授权的情况下，对用户的信息进行修改，如修改电子交易的金额。

A．信息泄露攻击　　B．完整性破坏攻击

C．拒绝服务攻击　　D．非法使用攻击

● 网络攻击是指对网络系统和信息的机密性、完整性、可用性、可靠性和不可否认性产生破坏的任何网络行为。（34）是指攻击者对目标网络和系统进行合法、非法的访问。

A．攻击者　　B．安全漏洞

C．攻击访问　　D．攻击工具

● 应用代理是防火墙提供的主要功能之一，其中应用代理的功能不包括（35）。

A．鉴别用户身份　　B．访问控制

C．阻断用户与服务器的直接联系　　D．防止内网病毒传播

● 入侵检测系统（Intrusion Detection System，IDS）可以定义为“识别非法用户未经授权使用计算机系统，或合法用户越权操作计算机系统的行为”，通过收集计算机网络中的若干关键点或计算机系统资源的信息并对其进行分析，从中发现网络或系统中是否有违反安全策略的行为和被攻击的迹象的计算机系统，包含计算机软件和硬件的组合。下列不属于入侵检测系统的体系结构是（36）。

A．基于主机型　　B．基于网络型

C．基于主体型　　D．基于协议的入侵防御系统

● 通常所说的网络漏洞扫描，实际上是对网络安全扫描技术的一个俗称。网络安全扫描的第一阶段是（37）。

A．发现目标主机或网络

B．发现目标后进一步搜集目标信息

C．根据搜集到的信息判断或者进一步测试系统是否存在安全漏洞

D．根据检测到的漏洞看能否解决

● 网络隔离的关键在于系统对通信数据的控制，即通过隔离设备在网络之间不存在物理连接的前提下，完成网间的数据交换。比较公认的说法认为，网络隔离技术发展至今经历了五个阶段。第四代隔离技术是（38）。

A．硬件卡隔离　　B．完全的物理隔离

C．数据转播隔离　　D．空气开关隔离

● 下列关于Botnet的说法错误的是（39）。

A．可结合Botnet网络发起DDoS攻击

B．Botnet的显著特征是大量主机在用户不知情的情况下被植入的

C．拒绝服务攻击与Botnet网络结合后攻击能力大大削弱

D．Botnet可以被用来传播垃圾邮件、窃取用户数据、监听网络

- ___（40）___是一种基于协议特征分析的 DoS/DDoS 检测技术。

  A．弱口令检查　　　　B．TCP SYN Cookie

  C．TCP 状态检测　　　　D．HTTP 重定向

- PKI 是利用公开密钥技术所构建的、解决网络安全问题的、普遍适用的一种基础设施。PKI 提供的核心服务不包括的信息安全的要求是___（41）___。PKI 技术的典型应用不包含___（42）___。

  （41）A．访问安全性　　B．真实性　　C．完整性　　D．保密性

  （42）A．安全电子邮件　　B．匿名登录

  C．安全 Web 服务　　D．VPN 应用

- Web 服务器可以使用___（43）___严格约束并指定可信的内容来源。

  A．内容安全策略　　　　B．同源安全策略

  C．访问控制策略　　　　D．浏览器沙箱

- 以下关于跨站脚本的说法，不正确的是___（44）___。

  A．跨站脚本攻击是常见的 Cookie 窃取方式

  B．跨站攻击是指入侵者在远程 Web 页面的 HTML 代码中插入具有恶意目的的数据，用户认为该页面是可信赖的，但是当浏览器下载该页面，嵌入其中的脚本将被解释执行

  C．输入检查是指对用户的输入进行检查，检查用户的输入是否符合一定的规则

  D．可利用脚本插入实现攻击的漏洞都被称为 XSS

- 网页防篡改技术中，外挂轮巡技术又称为___（45）___。

  A．时间轮巡技术　　　　B．核心内嵌技术

  C．事件触发技术　　　　D．文件过滤驱动技术

- Windows 系统中的___（46）___，任何在本地登录的用户都属于这个组。

  A．全局组　　B．本地组　　C．Interactive 组　　D．来宾组

- 在 Windows 命令窗口中输入___（47）___命令，可看到如图 28-1-1 所示的结果。

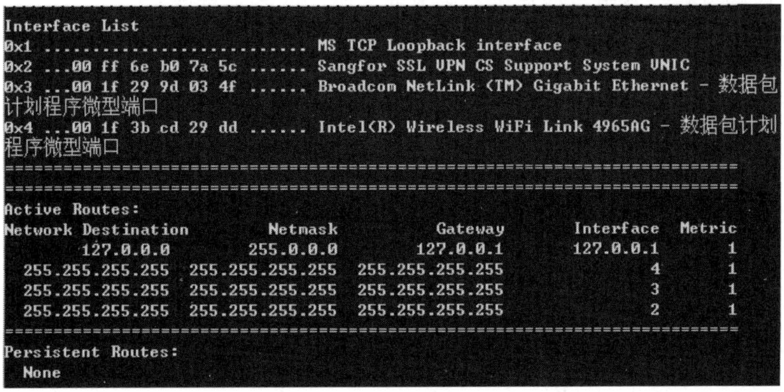

```
Interface List
0x1 ........................... MS TCP Loopback interface
0x2 ...00 ff 6e b0 7a 5c ...... Sangfor SSL VPN CS Support System VNIC
0x3 ...00 1f 29 9d 03 4f ...... Broadcom NetLink (TM) Gigabit Ethernet - 数据包计划程序微型端口
0x4 ...00 1f 3b cd 29 dd ...... Intel(R) Wireless WiFi Link 4965AG - 数据包计划程序微型端口
===========================================================================
===========================================================================
Active Routes:
Network Destination        Netmask          Gateway       Interface  Metric
        127.0.0.0        255.0.0.0        127.0.0.1       127.0.0.1       1
  255.255.255.255  255.255.255.255  255.255.255.255               4       1
  255.255.255.255  255.255.255.255  255.255.255.255               3       1
  255.255.255.255  255.255.255.255  255.255.255.255               2       1
===========================================================================
Persistent Routes:
  None
```

图 28-1-1　命令结果

A．ipconfig /all　　B．route print　　C．tracert -d　　D．nslookup

- 在 Linux 中，某文件的访问权限信息为“-rwxr--r--”，以下对该文件的说明中，正确的是＿（48）＿。

  A．文件所有者有读、写和执行权限，其他用户没有读、写和执行权限

  B．文件所有者有读、写和执行权限，其他用户只有读权限

  C．文件所有者和其他用户都有读、写和执行权限

  D．文件所有者和其他用户都只有读和写权限

- Android 使用＿（49）＿作为操作系统。

  A．Windows　　B．Chrome OS　　C．Linux　　D．Mac

- ＿（50）＿是指验证用户的身份是否真实、合法。

  A．用户身份鉴别　　B．用户角色　　C．数据库授权　　D．数据库安全

- 以下防范措施不能防范 SQL 注入攻击的是＿（51）＿。

  A．配置 IIS

  B．在 Web 应用程序中，将管理员账号连接数据库

  C．去掉数据库不需要的函数、存储过程

  D．检查输入参数

- 一个典型的计算机病毒的生命周期不包括以下＿（52）＿阶段。

  A．潜伏阶段　　B．传播阶段　　C．触发阶段　　D．预备阶段

- 以下说法不正确的是＿（53）＿。

  A．扫描器是反病毒软件的核心，决定着反病毒软件的杀毒效果。大多数反病毒软件同时包含多个扫描器

  B．恶意行为分析是通过对恶意样本的行为特征进行分析和建模，从中抽取恶意代码的行为特征，在应用执行过程中，判断应用的行为序列是否符合某些已知的恶意行为

  C．基于特征码的扫描技术和基于行为的检测技术都需要执行潜在的恶意代码并分析它们的特征或行为，但是这可能会给系统带来安全问题

  D．在恶意代码检测技术中，沙箱技术会破坏主机上或其他程序数据

- 下列选项中不符合一个完善的签名必须要求的是＿（54）＿。

  A．签名是可信和可验证的，任何人都可以验证签名的有效性

  B．签名是不可伪造的，除了合法签名者之外，任何人伪造签名是十分困难的

  C．签名是不可复制的

  D．签名是不唯一的

- 分级保护针对的是涉密信息系统，划分等级不包括＿（55）＿。

  A．秘密　　B．机密　　C．绝密　　D．公开

- 风险评估能够对信息安全事故防患于未然，为信息系统的安全保障提供最可靠的科学依据。风险评估的基本要素不包括＿（56）＿。

  A．要保护的信息资产　　B．信息资产的脆弱性

  C．信息资产面临的威胁　　D．已经渡过的风险

● 以下选项中，不属于生物识别中的表明身体特征方法的是＿（57）＿。

A．掌纹识别　　B．行走步态　　C．人脸识别　　D．人体气味

● WPDRRC 模型有六个环节和三大要素。其中，W 表示＿（58）＿。

A．保护　　B．检测　　C．反应　　D．预警

● 电子证据也称为计算机证据，是指在计算机或计算机系统运行过程中产生的，以其记录的内容来证明案件事实的电磁记录。其中，电子证据很容易被篡改、删除而不留任何痕迹。这是指电子证据的＿（59）＿特性。

A．高科技性　　B．直观性　　C．易破坏性　　D．无形性

● 关于 MySQL 安全，以下做法不正确的是＿（60）＿。

A．设置 sy1 用户，并赋予 MySQL 库 user 表的存取权限

B．尽量避免以 root 权限运行 MySQL

C．删除匿名账号

D．安装完毕后，为 root 账号设置口令

● 所谓水印攻击，就是对现有的数字水印系统进行攻击。水印攻击方法有很多，其中，＿（61）＿以减少或消除数字水印的存在为目的，包括像素值失真攻击、敏感性分析攻击和梯度下降攻击等。

A．鲁棒性攻击　　B．表达攻击　　C．解释攻击　　D．法律攻击

● 已知 DES 算法 S 盒如下：

	0	1	2	3	4	5	6	7	8	9	10	11	12	13	14	15
0	7	13	14	3	0	6	9	10	1	2	8	5	11	12	4	15
1	13	8	11	5	6	15	0	3	4	7	2	12	1	10	14	9
2	10	6	9	0	12	11	7	13	15	1	3	14	5	2	8	4
3	3	15	0	6	10	1	13	8	9	4	5	11	12	7	2	14

如果该 S 盒的输入为 100011，则其二进制输出为＿（62）＿。

A．1111　　B．1001　　C．0100　　D．0101

● TCP 协议使用＿（63）＿次握手机制建立连接，当请求方发出 SYN 连接请求后，等待对方回答＿（64）＿，这样可以防止建立错误的连接。

（63）A．一　　B．二　　C．三　　D．四

（64）A．SYN，ACK　　B．FIN，ACK

C．PSH，ACK　　D．RST，ACK

● 在 Kerberos 系统中，使用一次性密钥和＿（65）＿来防止重放攻击。

A．时间戳　　B．数字签名　　C．序列号　　D．数字证书

● 安全电子邮件使用＿（66）＿协议。

A．PGP　　B．HTTPS　　C．MIME　　D．DES

● 下列 IP 地址中，属于私有地址的是＿（67）＿。

A．100.1.32.7　　B．192.178.32.2　　C．172.17.32.15　　D．172.35.32.244

- 操作系统的安全审计是指对系统中有关安全的活动进行记录、检查和审核。以下关于审计的说法，不正确的是__（68）__。

  A．审计是对访问控制的必要补充，是访问控制的一个重要内容，它的主要目的就是检测和阻止非法用户对计算机系统的入侵，并显示合法用户的误操作

  B．审计是一种事先预防的手段保证系统安全，是系统安全的第一道防线

  C．审计与监控能够再现原有的进程和问题，这对于责任追查和数据恢复非常有必要

  D．审计会对用户使用何种信息资源、使用的时间，以及如何使用（执行何种操作）进行记录与监控

- A 方有一对密钥($K_{A公开}$,$K_{A秘密}$)，B 方有一对密钥($K_{B公开}$,$K_{B秘密}$)，A 方向 B 方发送数字签名 M，对信息 M 加密为：$M'= K_{B公开}(K_{A秘密}(M))$。B 方收到密文的解密方案是__（69）__。

  A．$K_{B公开}(K_{A秘密}(M'))$　　B．$K_{A公开}(K_{A公开}(M'))$

  C．$K_{A公开}(K_{B秘密}(M'))$　　D．$K_{B秘密}(K_{A秘密}(M'))$

- 选择明文攻击是指__（70）__。

  A．仅知道一些密文　　B．仅知道一些密文及其所对应的明文

  C．可得到任何明文的密文　　D．可得到任何密文的明文

- Without proper safeguards, every part of a network is vulnerable to a security breach or unauthorized activity from__（71）__, competitors, or even employees. Many of the organizations that manage their own__（72）__ network security and use the Internet for more than just sending/receiving e-mails experience a network__（73）__ and more than half of these companies do not even know they were attacked. Smaller__（74）__ are often complacent, having gained a false sense of security. They usually react to the last virus or the most recent defacing of their website. But they are trapped in a situation where they do not have the necessary time and __（75）__ to spend on security.

  （71）A．intruders　　B．terminals　　C．hosts　　D．users

  （72）A．exterior　　B．internal　　C．centre　　D．middle

  （73）A．attack　　B．collapse　　C．breakdown　　D．virus

  （74）A．users　　B．campuses　　C．companies　　D．networks

  （75）A．safeguards　　B．businesses　　C．experiences　　D．resources

28.2　应用技术试题

试题一（15 分）

勒索软件最早出现在 1989 年，当年，哈佛大学毕业的 Joseph L.Popp 创建了第一个勒索软件病毒 AIDS Trojan。在 1996 年，哥伦比亚大学和 IBM 的安全专家撰写了一个叫 Cryptovirology 的文件，明确概述了勒索软件 Ransomware 的概念：利用恶意代码干扰中毒者的正常使用，只有交钱才能恢

复正常。

2017 年 5 月 12 日，WannaCry 蠕虫通过 MS17-010 漏洞在全球范围大爆发，感染了大量的计算机，该蠕虫感染计算机后会向计算机中植入敲诈者病毒，导致计算机大量文件被加密。

【问题 1】（4 分）

WannaCry 病毒主要利用了__（1）__漏洞工具，进行网络端口攻击。该漏洞工具主要针对 Windows 的__（2）__服务模块，并可进行病毒传播。

【问题 2】（2 分）

勒索软件需要利用系统服务端口号为__（3）__。

【问题 3】（6 分）

WannaCry 病毒的主程序为 mssecsvc.exe，运行后会扫描随机的互联网机器，尝试感染，也会扫描局域网相同网段的机器进行感染传播。此外，会释放敲诈者程序 tasksche.exe，对磁盘文件进行加密勒索。

简述该病毒的加密措施。

【问题 4】（3 分）

某单位初级网络管理员张工在拿到一台中毒机器后，发现机器文件全部被加密，同时屏幕弹出如图 28-2-1 的消息框。

图 28-2-1 试题用图

张工是否有可能通过重装系统的方法破解被加密文件？为什么？

试题二（15 分）

在网络安全中，防火墙主要用于逻辑隔离外部网络与受保护的内部网络。某图书馆服务器区网络（202.197.127.0/255.255.255.0）通过防火墙与外部网络互连，其安全需求为：①允许内部用户访问外部网络的网页服务器；②允许外部用户访问内部网络的网页服务器（202.197.127.125）；③除①和②外，禁止其他任何网络流量通过该防火墙。

注意：安全规则的动作方式一般为 reject 或 drop。

填写表 28-2-1 中的空（1）至空（15）。

表 28-2-1　试题表

序号	源地址	源端口	目标地址	目标端口	协议	ACK	动作
A	（1）	>1024	*	（2）	TCP	*	accept
B	（3）	（4）	202.197.127.0/24	>1024	TCP	Yes	accept
C	（5）	>1024	202.197.127.125	80	TCP	*	（6）
D	202.197.127.125	（7）	*	（8）	TCP	Yes	（9）
E	（10）	>1024	*	53	（11）	*	（12）
F	*	53	（13）	>1024	UDP	*	（14）
G	*	*	*	*	*	*	（15）

试题三（15 分）

图 28-2-2 是某企业网络拓扑，网络区域分为办公区域、服务器与数据区域，线上商城系统为公司提供产品在线销售服务。公司网络保障部负责员工办公计算机和线上商城的技术支持和保障工作。

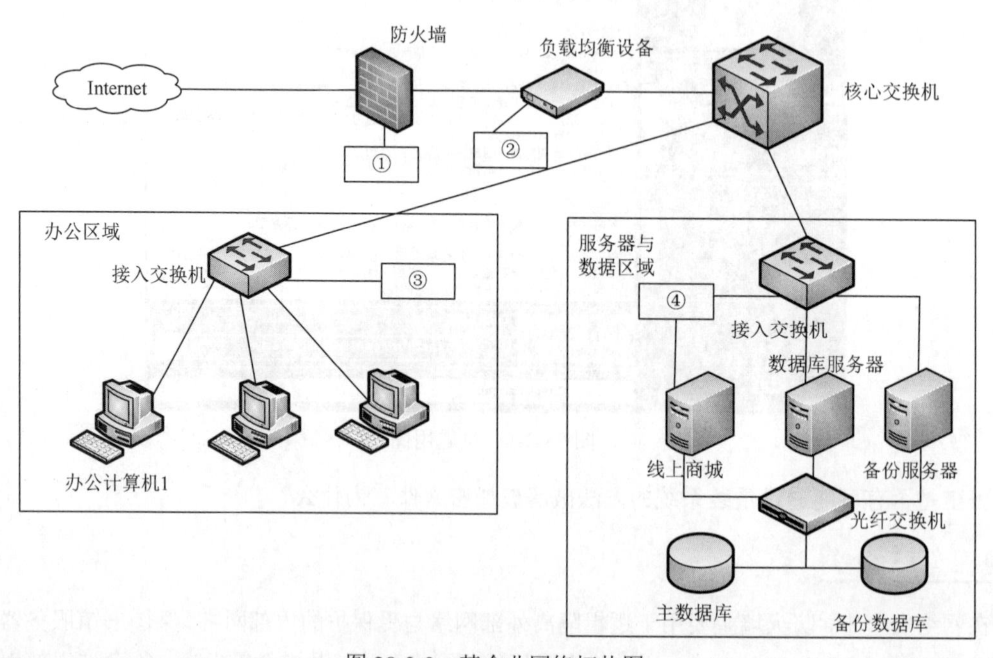

图 28-2-2　某企业网络拓扑图

【问题 1】（6 分）

某天，公司有一台计算机感染“勒索”病毒，网络管理员应采取__（1）__、__（2）__、__（3）__措施。

（1）～（3）备选答案：

A．断开已感染主机的网络连接

B．更改被感染文件的扩展名

C．为其他电脑升级系统漏洞补丁

D．网络层禁止 135/137/139/445 端口的 TCP 连接

E．删除已感染病毒的文件

【问题 2】（2 分）

图 28-2-2 中，为提高线上商城的并发能力，公司计划增加两台服务器，三台服务器同时对外提供服务，通过在图中__（4）__设备上执行__（5）__策略，可以将外部用户的访问负载平均分配到三台服务器上。

（5）备选答案：

A．散列　　B．轮询　　C．最少连接　　D．工作一备份

【问题 3】（2 分）

其中一台服务器的 IP 地址为 192.168.20.5/27，请将配置代码补充完整。

ifcfg-eml 配置片段如下：

```
DEVICE =eml
TYPE=Ethernet
UUID=36878246-2a99-43b4-81df-2db1228eea4b
ONBOOT=yes
NM_CONTROLLED=yes
BOOTPROTO=none
HWADDR=90:B1:1C:51:F8:25
IPADDR=192.168.20.5
NETMASK=__（6）__
GATEWAY=192.168.20.30
DEFROUTE= yes
IPV4_FAILURE_FATAL=yes
IPV6INTI=no
```

【问题 4】（4 分）

网络管理员发现线上商城系统总是受到 SQL 注入、跨站脚本等攻击，公司计划购置__（7）__设备/系统，加强防范；该设备应部署在图 28-2-2 中设备①～④的__（8）__处。

（7）备选答案：

A．杀毒软件　　B．主机加固

C．WAF（Web 应用防护系统）　　D．漏洞扫描

【问题5】（1分）

图28-2-2中，存储域网络采用的是__（9）__网络。

试题四（15分）

图28-2-3为某公司拟建数据中心的简要拓扑图，该数据中心安全规划设计要求符合信息安全等级保护（三级）相关要求。

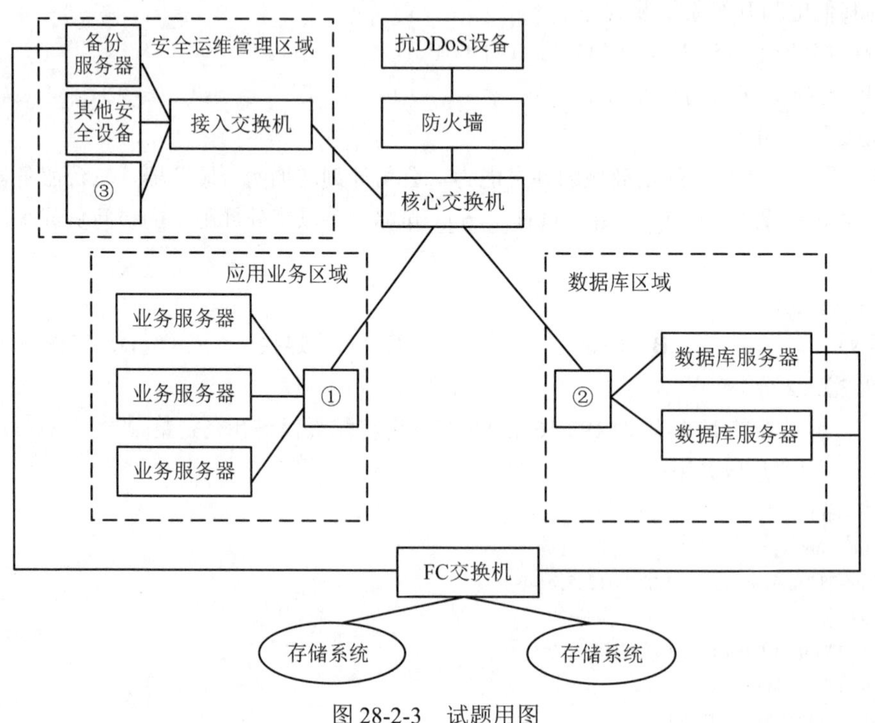

图28-2-3　试题用图

【问题1】（6分）

1．在信息安全规划和设计时，一般通过划分安全域实现业务的正常运行和安全的有效保障，结合该公司实际情况，数据中心应该合理地划分为__（1）__、__（2）__、__（3）__三个安全域。

2．为了实现不同区域的边界防范和隔离，在图28-2-3的设备①处应部署__（4）__设备，通过基于HTTP/HTTPS的安全策略进行网站等Web应用防护，对攻击进行检测和阻断；在设备②处应部署__（5）__设备，通过有效的访问控制策略，对数据库区域进行安全防护；在设备③处应部署__（6）__设备，定期对数据中心内服务器等关键设备进行扫描，及时发现安全漏洞和威胁，可供修复和完善。

【问题2】（4分）

信息安全管理一般从安全管理制度、安全管理机构、人员安全管理、系统建设管理、系统运维管理等方面进行安全管理规划和建设。其中应急预案制定和演练、安全事件处理属于__（7）__方面；人员录用、安全教育和培训属于__（8）__方面；制定信息安全方针与策略和日常操作规程属于__（9）__方面；设立信息安全工作领导小组，明确安全管理职能部门的职责和分工属于__（10）__方面。

【问题 3】（5 分）

随着分布式拒绝服务（Distributed Denial of Service，DDoS）攻击的技术门槛越来越低，使其成为网络安全中最常见、最难防御的攻击之一，其主要目的是让攻击目标无法提供正常服务。请列举常用的 DDoS 攻击防范方法。

试题五（15 分）

【问题 1】（7 分）

在下列各题中，表述正确的在括号内划“√”，表述错误的在括号内划“×”。

（1）流密码是将明文划分成字符（单个字母），或其编码的基本单元（0，1 数字），字符分别与密钥流作用进行加密，解密时以同步产生的同样的密钥流实现。（ ）

（2）以一个本原 $f(x)$ 函数为特征多项式的 LFSR 的输出序列一定是 m 序列。（ ）

（3）DES 加密算法不是一种对合函数加密算法。（ ）

（4）SHA-1 的输出长度为 160 位。（ ）

（5）入侵检测与防护的技术主要有入侵检测（IDS）和入侵防护（IPS）两种系统。（ ）

（6）绝大多数 IDS 系统都是主动的。（ ）

（7）IPS 倾向于提供被动防护。（ ）

【问题 2】（4 分）

入侵检测的基本模型是 PDR 模型，其思想是防护时间大于检测时间和响应时间。针对静态的系统安全模型提出了动态安全模型（P2DR）。阐述 P2DR 模型包含的四个主要部分。

【问题 3】（4 分）

入侵检测技术主要分成两大类型：异常入侵检测和误用入侵检测。阐述这两种类型的特点。

28.3 基础知识试题分析

■ 试题分析 计算机犯罪是指利用信息科学技术且以计算机为犯罪对象的犯罪行为。具体可以从犯罪工具角度、犯罪关系角度、资产对象角度、信息对象角度等方面定义。

首先是利用计算机犯罪，即将计算机作为犯罪工具。以构成犯罪行为和结果的空间为标准，可分为预备性犯罪和实行性犯罪。对于前者，犯罪的后果必须通过现实空间而不是虚拟空间实现。

从犯罪关系角度定义，计算机犯罪是指与计算机相关的危害社会并应当处以刑罚的行为。

从资产对象角度定义，计算机犯罪是指以计算机资产作为犯罪对象的行为。例如公安部计算机管理监察司认为计算机犯罪是“以计算机为工具或以计算机资产作为对象实施的犯罪行为”。

从信息对象角度定义，计算机犯罪是以计算机和网络系统内的信息作为对象进行的犯罪，即计算机犯罪的本质特征是信息犯罪。

■ 参考答案 （1）A （2）B

■ 试题分析 SM3是杂凑密码算法。

■ 参考答案 （3）C

■ 试题分析 《中华人民共和国刑法》第二百八十五条（非法侵入计算机信息系统罪）：违反国家规定，侵入国家事务、国防建设、尖端科学技术领域的计算机信息系统的，处三年以下有期徒刑或者拘役。

■ 参考答案 （4）B

■ 试题分析 《全国人民代表大会常务委员会关于维护互联网安全的决定》规定，威胁互联网运行安全的行为：

（1）侵入国家事务、国防建设、尖端科学技术领域的计算机信息系统。

（2）故意制作、传播计算机病毒等破坏性程序，攻击计算机系统及通信网络，致使计算机系统及通信网络遭受损害。

（3）违反国家规定，擅自中断计算机网络或者通信服务，造成计算机网络或者通信系统不能正常运行。

威胁国家安全和社会稳定的行为：

（1）利用互联网造谣、诽谤或者发表、传播其他有害信息，煽动颠覆国家政权、推翻社会主义制度，或者煽动分裂国家、破坏国家统一。

（2）通过互联网窃取、泄露国家秘密、情报或者军事秘密。

（3）利用互联网煽动民族仇恨、民族歧视，破坏民族团结。

（4）利用互联网组织邪教组织、联络邪教组织成员，破坏国家法律、行政法规实施。

■ 参考答案 （5）D （6）D

■ 试题分析 安全标记保护级的计算机信息系统可信计算基具有系统审计保护级所有功能。本级的主要特征是计算机信息系统可信计算基对所有主体及其所控制的客体（例如进程、文件、段、设备）实施强制访问控制。

■ 参考答案 （7）C

■ 试题分析 近代密码学认为，一个密码仅当它能经得起已知明文攻击时才是可取的。

■ 参考答案 （8）A

■ 试题分析 《中华人民共和国网络安全法》要求，采取监测、记录网络运行状态、网络安全事件的技术措施，并按照规定留存相关的网络日志不少于六个月。

■ 参考答案 （9）C

■ 试题分析 《中华人民共和国网络安全法》第二十五条：网络运营者应当制定网络安全事件应急预案，及时处置系统漏洞、计算机病毒、网络攻击、网络侵入等安全风险；在发生危害网络安全的事件时，立即启动应急预案，采取相应的补救措施，并按照规定向有关主管部门报告。

■ 参考答案 （10）B

■ 试题分析 密文C经D解密后，再经E加密，可以得到密文本身。

■ 参考答案 （11）B

■ **试题分析** S/Key 口令是一种一次性口令生成方案。S/Key 可以对访问者的身份与设备进行综合验证。S/Key 协议的操作是基于客户端/服务器端模式。客户端可以是任何设备，如普通的 PC 或者是有移动商务功能的手机。而服务器一般都是运行 UNIX 系统。S/Key 协议可以有效地解决重放攻击。

■ **参考答案** （12）B

■ **试题分析** 基于数据失真的技术：使敏感数据失真，但同时保持某些关键数据或数据属性不变的方法。例如，采用添加噪声、交换等技术对原始数据进行扰动处理，但要求保证处理后的数据仍然可以保持某些统计方面的性质，以便进行数据挖掘等操作。

■ **参考答案** （13）B

■ **试题分析** 位置隐私保护体系结构可分为三种：集中式体系结构、客户/服务器体系结构和分布式体系结构。

■ **参考答案** （14）C

■ **试题分析** 特别重大的社会影响波及一个或多个省市的大部分地区，会极大威胁国家安全，引起社会动荡，对经济建设有极其恶劣的负面影响，或者严重损害公众利益。

■ **参考答案** （15）A

■ **试题分析** 应急响应计划中的风险评估是标识信息系统的资产价值，识别信息系统面临的自然和人为的威胁，识别信息系统的脆弱性，分析各种威胁发生的可能性。

■ **参考答案** （16）A

■ **试题分析** 通常是计划做得越详细，在实施过程中的弹性和通用性越小。

■ **参考答案** （17）B

■ **试题分析** 业务连续性管理（Business Continuity Management，BCM）找出组织中有潜在影响的威胁及其对组织业务运行的影响，通过有效的应对措施来保护组织的利益、信誉、品牌和创造价值的活动，并为组织提供建设恢复能力框架的整体管理过程。

确定 BCM 战略具体包括事件的应急处理计划、连续性计划和灾难恢复计划等内容。

■ **参考答案** （18）C

■ **试题分析** 某乙从医院病友处听到某新型禽流感发生的消息，发布在朋友圈属于散布险情、疫情、警情等违法有害信息。

■ **参考答案** （19）B

■ **试题分析** 脆弱性是对信息系统弱点的总称。

■ **参考答案** （20）A

■ **试题分析** 日志与监控需审核和保护特权用户的权限。

■ **参考答案** （21）C

■ **试题分析** 信息系统安全风险评估是信息安全保障体系建立过程中重要的评价方法和决策机制。

■ **参考答案** （22）B

■ 试题分析 信息系统安全管理按照“三同步”原则进行，即同步设计、同步建设、同步运行。

■ 参考答案 （23）C

■ 试题分析 蠕虫是利用信息系统缺陷，通过网络自动复制并传播的有害程序。

■ 参考答案 （24）B

■ 试题分析 业务连续性管理是一个全盘的管理过程，重在识别潜在的影响，建立整体的恢复能力和顺应能力，在危机或灾害发生时保护信息系统所有者的声誉和利益。

■ 参考答案 （25）C

■ 试题分析 《商用密码管理条例》规定商用密码的科研、生产由国家密码管理机构指定的单位承担，商用密码产品的销售则必须经国家密码管理机构许可，拥有《商用密码产品销售许可证》才可进行。

■ 参考答案 （26）C

■ 试题分析 涉密信息系统安全保密标准工作组负责研究提出涉密信息系统安全保密标准体系；制定和修订涉密信息系统安全保密标准。

■ 参考答案 （27）B

■ 试题分析 涉密人员的脱密期应根据其接触、知悉国家秘密的密级、数量、时间等情况确定。一般情况下，核心涉密人员为3～5年，重要涉密人员为2～3年，一般涉密人员为1～2年。

■ 参考答案 （28）D

■ 试题分析 《可信计算机系统评测准则（Trusted Computer System Evaluation Criteria，TCSEC）》，又称橘皮书。

TCSEC将系统分为4类7个安全级别：

D级：最低安全性。

C1级：自主存取控制。

C2级：较完善的自主存取控制（DAC）、审计。

B1级：强制存取控制（MAC）。

B2级：良好的结构化设计、形式化安全模型。

B3级：全面的访问控制、可信恢复。

A1级：形式化认证。

■ 参考答案 （29）A

■ 试题分析 部署UPS不防雷电。

■ 参考答案 （30）C

■ 试题分析 通过各种线路传导出去，可以将计算机系统的电源线，机房内的电话线、地线等作为媒介的数据信息泄露方式称为传导泄露。

■ 参考答案 （31）B

■ 试题分析 三分技术，七分管理。

■ 参考答案 （32）B

■ **试题分析** 完整性是指保护数据不被未经授权者修改、建立、嵌入、删除、重复传送或者由于其他原因使原始数据被更改。

■ **参考答案** （33）B

■ **试题分析** 攻击访问是指攻击者对目标网络和系统进行合法、非法的访问。

■ **参考答案** （34）C

■ **试题分析** 防火墙防止病毒内网向外网或者外网向内网传播，但不能防止内网病毒传播。

■ **参考答案** （35）D

■ **试题分析** 入侵检测系统的体系结构大致可以分为基于主机型（Host-Based）、基于网络型（Network-Based）和基于主体型（Agent-Based）三种。

■ **参考答案** （36）D

■ **试题分析** 一次完整的网络安全扫描分为三个阶段：

第一阶段：发现目标主机或网络。

第二阶段：发现目标后进一步搜集目标信息，包括操作系统类型、运行的服务以及服务软件的版本等。如果目标是一个网络，还可以进一步发现该网络的拓扑结构、路由设备以及各主机的信息。

第三阶段：根据搜集到的信息判断或者进一步测试系统是否存在安全漏洞。

■ **参考答案** （37）A

■ **试题分析** 第四代隔离技术：空气开关隔离。

■ **参考答案** （38）D

■ **试题分析** 拒绝服务攻击原理简单、实施容易，但是难以防范，特别是与 Botnet 网络结合后，其攻击能力大大提高。

■ **参考答案** （39）C

■ **试题分析** SYN Cookie 是对 TCP 服务器端的三次握手协议作一些修改，专门用来防范 SYN flood 攻击的一种手段。

■ **参考答案** （40）B

■ **试题分析** PKI 提供的核心服务包括真实性、完整性、保密性、不可否认性等信息安全的要求。

■ **参考答案** （41）A （42）B

■ **试题分析** 内容安全策略（Content Security Policy，CSP）使用可信白名单，来限制网站只接受指定的资源。CSP 可缓解广泛的内容注入漏洞，比如 XSS、数据注入等。

■ **参考答案** （43）A

■ **试题分析** 不是任何利用脚本插入实现攻击的漏洞都被称为 XSS，因为还有另一种攻击方式：Injection（脚本注入）。

跨站脚本攻击和脚本注入攻击的区别在于脚本注入攻击会把插入的脚本保存在被修改的远程 Web 页面里，如 SQL Injection、XPath Injection。但跨站脚本是临时的，执行后就消失了。

■ **参考答案** （44）D

■ **试题分析** 时间轮巡技术，也可称为“外挂轮巡技术”，是利用一个网页检测程序，以轮询方式读出要监控的网页，与真实网页相比较，来判断网页内容的完整性，对于被篡改的网页进行报警和恢复。

■ **参考答案** （45）A

■ **试题分析** Windows 系统中的 Interactive 组，任何本地登录的用户都属于这个组。

■ **参考答案** （46）C

■ **试题分析** ipconfig/all：显示所有网络适配器的完整 TCP/IP 配置信息。

route print：用于显示路由表中的当前项目。

tracert -d：禁止 tracert 将中间路由器的 IP 地址解析为名称。这样可加速显示 tracert 的结果。

nslookup：用于查询域名对应的 IP 地址。

■ **参考答案** （47）B

■ **试题分析**

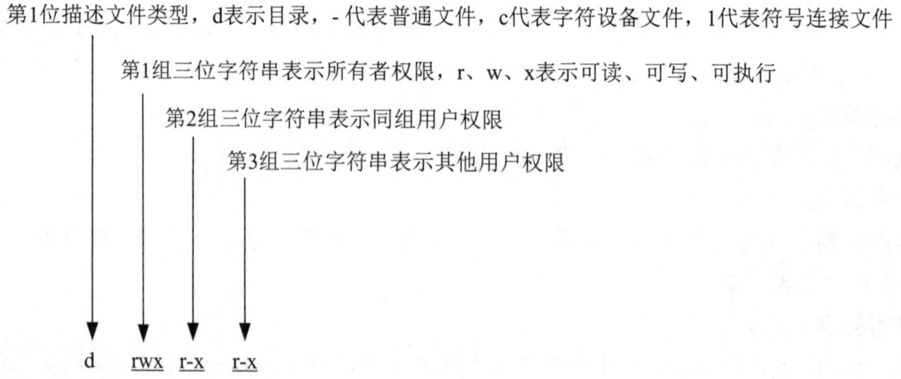

第1位描述文件类型，d表示目录，- 代表普通文件，c代表字符设备文件，l代表符号连接文件

第1组三位字符串表示所有者权限，r、w、x表示可读、可写、可执行

第2组三位字符串表示同组用户权限

第3组三位字符串表示其他用户权限

d rwx r-x r-x

■ **参考答案** （48）B

■ **试题分析** Android 使用 Linux 作为操作系统。

■ **参考答案** （49）C

■ **试题分析** 用户身份鉴别是指验证用户的身份是否真实、合法。

■ **参考答案** （50）A

■ **试题分析** SQL 注入可能导致攻击者使用应用程序登录在数据库中执行命令。如果应用程序使用特权过高的账户连接到数据库，后果会变得更严重。

■ **参考答案** （51）B

■ **试题分析** 计算机病毒的生命周期一般包括潜伏阶段、传播阶段、触发阶段、发作阶段四个阶段。

■ **参考答案** （52）D

■ **试题分析** 沙箱里的资源被虚拟化或被间接化，沙箱里的不可信程序的恶意行为往往会被限制在沙箱中。

■ 参考答案 （53）D

■ 试题分析 完善的签名是唯一的。

■ 参考答案 （54）D

■ 试题分析 涉密信息系统，划分等级包括秘密、机密、绝密。

■ 参考答案 （55）D

■ 试题分析 风险评估能够对信息安全事故防患于未然，已经渡过的风险就不应成为风险评估的基本要素。

■ 参考答案 （56）D

■ 试题分析 经验表明身体特征（指纹、掌纹、视网膜、虹膜、人体气味、脸型、手的血管和DNA等）和行为特征（签名、语音、行走步态等）可以对人进行唯一标示，可以用于身份识别。

■ 参考答案 （57）B

■ 试题分析 WPDRRC模型有六个环节和三大要素。六个环节是W、P、D、R、R、C，它们具有动态反馈关系。其中，P、D、R、R与PDRR模型中出现的保护、检测、反应、恢复等四个环节相同；W即预警（warning）；C（counterattack）则是反击。

■ 参考答案 （58）D

■ 试题分析 易破坏性是指电子证据很容易被篡改、删除而不留任何痕迹。计算机取证要解决的关键问题是电子物证如何收集、如何保护、如何分析和如何展示。

■ 参考答案 （59）C

■ 试题分析 由于MySQL中可以通过更改MySQL数据库的user表进行权限的增加、删除、变更等操作。因此，除了root以外，任何用户都不应该拥有对user表的存取权限（SELECT、UPDATE、INSERT、DELETE等），避免带来系统的安全隐患。

■ 参考答案 （60）A

■ 试题分析 鲁棒性攻击以减少或消除数字水印的存在为目的，包括像素值失真攻击、敏感性分析攻击和梯度下降攻击等。

■ 参考答案 （61）A

■ 试题分析 当S盒输入为“100011”时，则第1位与第6位组成二进制串“11”（十进制3），中间四位组成二进制“0001”（十进制1）。查询S盒的3行1列，得到数字15，得到输出二进制数是1111。

■ 参考答案 （62）A

■ 试题分析 TCP协议是一种可靠的、面向连接的协议，通信双方使用三次握手机制来建立连接。当一方收到对方的连接请求时，回答一个同意连接的报文，这两个报文中的SYN=1，并且返回的报文当中还有一个ACK=1的信息，表示是一个确认报文。

■ 参考答案 （63）C （64）A

■ 试题分析 Kerberos系统使用一次性密钥和时间戳来防止重放攻击。

■ 参考答案 （65）A

■ 试题分析 标准的电子邮件协议使用的 SMTP、PoP3 或者 IMAP 都是不能加密的。而安全的电子邮件协议使用 PGP 加密。

■ 参考答案 （66）A

■ 试题分析 一共有三个私有地址段，地址范围分别是 10.0.0.0 ~ 10.255.255.255; 172.16.0.0 ~ 172.31.255.255; 192.168.0.0 ~ 192.168.255.255。

■ 参考答案 （67）C

■ 试题分析 审计和监控是实现系统安全的最后一道防线，处于系统的最高层。审计作为一种事后追查的手段来保证系统的安全，它对涉及系统安全的操作做一个完整的记录。

■ 参考答案 （68）B

■ 试题分析 B 方收到密文的解密方案是：先使用 B 方的秘密密钥对密文 M'进行解密，然后使用 A 方的公钥对结果进行解密。

■ 参考答案 （69）C

■ 试题分析 选择明文攻击：攻击者可以任意创造一条明文，并得到其加密后的密文。

■ 参考答案 （70）C

■ 试题分析 英文译文如下：如果缺乏适当的安全措施，网络的每一部分对安全部门来说都是脆弱的，特别是遭受来自闯入者、竞争对手甚至内部雇员的未经授权的侵入活动时。很多管理自己内部网络安全的组织，使用互联网不仅仅是为了发送/接收电子邮件，这些公司大多数都经历过网络攻击，超过半数甚至还不知道他们被攻击过。那些小公司还会因为虚假的安全感觉而洋洋自得。他们通常只能对最近发现的计算机病毒或者给他们网站造成的损害做出反应。但是他们已经陷入了没有必要的时间和资源来进行安全防护的困境。

■ 参考答案 （71）A （72）B （73）A （74）C （75）D

28.4 应用技术试题分析

试题一分析

【问题 1】

WannaCry 病毒利用方程式组织工具包中的“永恒之蓝”漏洞工具，进行网络端口扫描攻击。EternalBlue（永恒之蓝）是方程式组织开发的针对 SMB 服务进行攻击的模块。

【问题 2】

勒索软件需要利用系统服务端口号为 445。

【问题 3】

病毒加密使用 AES 加密文件，并使用非对称加密算法 RSA 加密随机密钥，每个加密文件使用一个随机密钥。

试题一答案

【问题 1】

（1）永恒之蓝　（2）SMB

【问题 2】

（3）445

【问题 3】

病毒加密使用 AES 加密文件，并使用非对称加密算法 RSA 加密随机密钥，每个加密文件使用一个随机密钥。

【问题 4】

不能破解被加密文件。因为病毒加密后的文件，不能通过重装系统恢复。

试题二分析

规则 A 和 B 允许内部用户访问外部网络的网页服务器。

规则 C 和 D 允许外部用户访问内部网络的网页服务器。

规则 E 和 F 允许内部用户访问域名服务器。

规则 G 是缺省拒绝的规则。

安全规则涉及的服务有网页服务器、域名服务，所以其端口有 80、53。完整表格见表 28-4-1。

表 28-4-1　完整表格

序号	源地址	源端口	目标地址	目标端口	协议	ACK	动作
A	202.197.127.0/24	>1024	*	80	TCP	*	accept
B	*	80	202.197.127.0/24	>1024	TCP	Yes	accept
C	*	>1024	202.197.127.125	80	TCP	*	accept
D	202.197.127.125	80	*	>1024	TCP	Yes	accept
E	202.197.127.0/24	>1024	*	53	UDP	*	accept
F	*	53	202.197.127.0/24	>1024	UDP	*	accept
G	*	*	*	*	*	*	drop

试题二答案

（1）202.197.127.0/24　（2）80　（3）*　（4）80　（5）*

（6）accept　（7）80　（8）>1024　（9）accept　（10）202.197.127.0/24

（11）UDP　（12）accept　（13）202.197.127.0/24　（14）accept　（15）drop

试题三分析

【问题 1】

合适的做法包括断开已感染主机的网络连接、为其他电脑升级系统漏洞补丁、网络层禁止 135/137/139/445 端口的 TCP 连接。

【问题 2】

负载均衡设备就是实现负载均衡的基本设备，因此（4）应该选择负载均衡设备。具体的均衡的方法可以使用轮询的形式，每个请求按照访问的顺序，逐个循环地分配到三台主机上。

【问题 3】

从/27 就可以计算掩码是 255.255.255.224。

【问题 4】

Web 应用防护系统（Web Application Firewall，WAF）代表了新兴的信息安全技术，用以解决防火墙一类传统设备束手无策的 Web 应用安全问题。WAF 工作在应用层，因此对 Web 应用防护具有明显的优势。

【问题 5】

从光纤交换机就可以看出应该是 SAN 网络。

试题三答案

【问题 1】

（1）A　（2）C　（3）D

【问题 2】

（4）负载均衡设备　（5）B

【问题 3】

（6）255.255.255.224

【问题 4】

（7）C　（8）④

【问题 5】

（9）SAN

试题四分析

略

试题四答案

【问题 1】

（1）核心数据域　（2）核心业务域　（3）安全管理域

注：（1）～（3）不分位置。

（4）WAF　（5）防火墙　（6）漏洞扫描或者威胁感知

【问题 2】

（7）系统运维管理　（8）人员安全管理　（9）安全管理制度　（10）安全管理机构

【问题 3】

常用的 DDoS 攻击防范方法如下：

（1）购买运营商流量清洗服务。

（2）采购防 DDoS 设备。

（3）修复系统漏洞，关闭不必要开放的端口。

（4）购买云加速服务。

（5）增加出口带宽，提升硬件性能。

（6）CDN 加速。

试题五分析

【问题 1】

n 级的线性反馈移位寄存器输出序列周期小于等于 2^n-1。使用合适的连接多项式可以使得周期等于 2^n-1，此时的输出序列称为 **m 序列**。

DES 使用了**对合运算**，加密和解密共用同一算法。

入侵检测技术（IDS）注重的是网络安全状况的监管，通过监视网络或系统资源，寻找违反安全策略的行为或攻击迹象，并发出报警。因此绝大多数 IDS 系统都是被动的。

入侵防护系统（IPS）则倾向于提供主动防护，注重对入侵行为的控制。

【问题 2】

Policy（安全策略）、Protection（防护）、Detection（检测）和 Response（响应）。

【问题 3】

误用入侵检测能直接检测不利的或不可接受的行为，而异常入侵检测是检查出与正常行为相违背的行为。

试题五答案

【问题 1】

（1）√ （2）√（3）× （4）√ （5）√ （6）× （7）×

【问题 2】

Policy（安全策略）、Protection（防护）、Detection（检测）和 Response（响应）。

【问题 3】

异常入侵检测是指能够根据异常行为和使用计算机资源情况检测出来的入侵。这种检测方式试图用定量方式描述可接受的行为特征，以区分非正常的、潜在的入侵性行为。

误用入侵检测是指利用已知系统和应用软件的弱点攻击模式来检测入侵。

参 考 文 献

[1] 谢希仁．计算机网络[M]．5 版．北京：电子工业出版社，2008．
[2] 王达．路由器配置与管理完全手册（Cisco 篇）[M]．武汉：华中科技大学出版社，2011．
[3] 王达．交换机配置与管理完全手册（Cisco/H3C）[M]．北京：中国水利水电出版社，2009．
[4] Andrew S.Tanenbaum．计算机网络[M]．4 版．潘爱民，译．北京：清华大学出版社，2009．
[5] 黄传河．网络规划设计师教程[M]．北京：清华大学出版社，2009．
[6] 张焕国．信息安全工程师教程[M]．北京：清华大学出版社，2016．
[7] 朱小平，施游．网络工程师 5 天修炼[M]．2 版．北京：中国水利水电出版社，2015．
[8] 施游，朱小平．信息安全工程师 5 天修炼[M]．2 版．北京：中国水利水电出版社，2021．